普通高等教育土建学科专业「十二五」规划教材

A+U高校建筑学与城市规划专业教材

建筑施工图表达

中国建筑西北设计研究院
西安建筑科技大学建筑学院
北京奥兰斯特建筑工程设计有限公司 编著

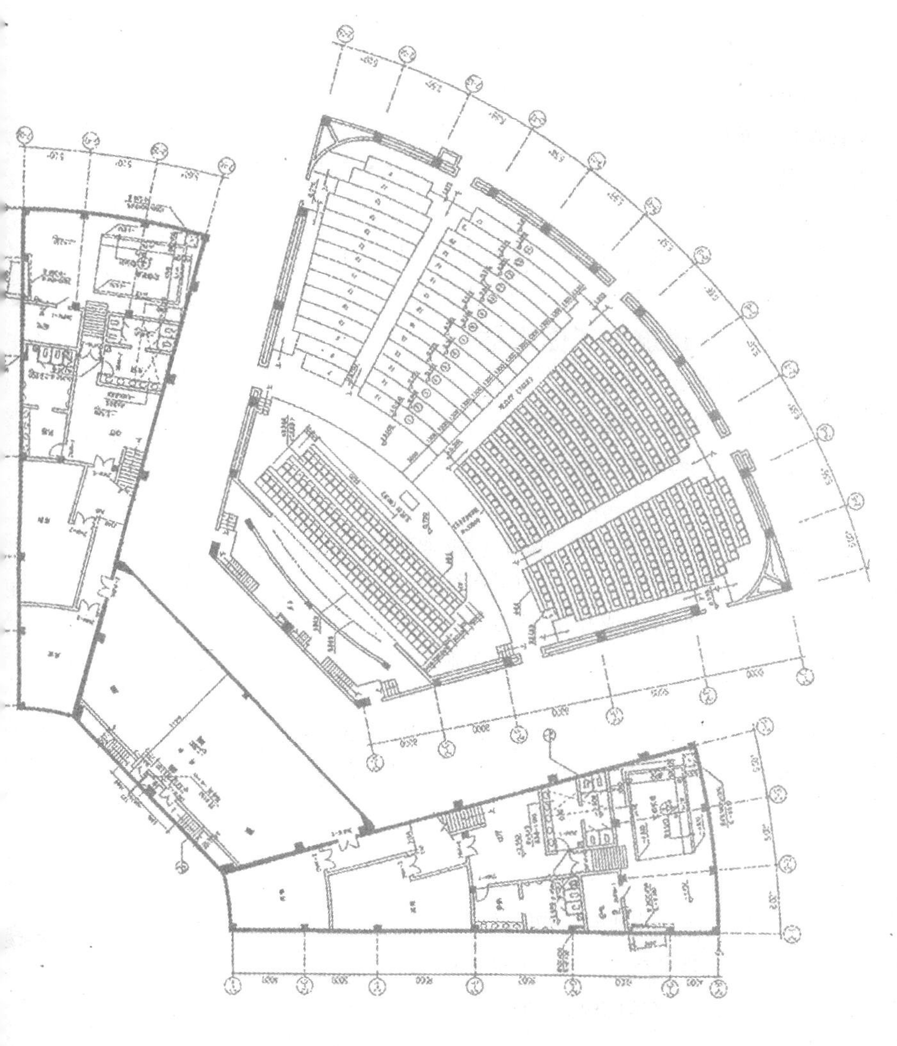

中国建筑工业出版社

图书在版编目(CIP)数据

建筑施工图表达/中国建筑西北设计研究院，西安建筑科技大学建筑学院，北京奥兰斯特建筑工程设计有限公司编著. —北京：中国建筑工业出版社，2008（2021.7重印）
普通高等教育土建学科专业“十二五”规划教材
A+U高校建筑学与城市规划专业教材
ISBN 978-7-112-10217-4

Ⅰ.建… Ⅱ.①中…②西…③北… Ⅲ.建筑制图-高等学校-教材 Ⅳ.TU204

中国版本图书馆CIP数据核字(2008)第104822号

本书以文字阐述为前导，系统介绍建筑施工图表达的深度要求及其文件编制的框架与模式。并辅以示例图纸、插图、附录、思考题和练习题，图文并茂、互为诠释。目的在于使读者尽早建立起建筑施工图表达的理论体系，以备指导日后从事的设计实践，彻底摆脱盲目性。

本书系针对建筑学、城市规划专业的本科生编写的，故可作为相关课程和设计实习的教材，也可供研究生和在职年轻建筑师学习参考。

* * *

责任编辑：杨 虹
责任设计：董建平
责任校对：孟 楠 刘 钰

普通高等教育土建学科专业“十二五”规划教材
A+U高校建筑学与城市规划专业教材
建筑施工图表达
中国建筑西北设计研究院
西安建筑科技大学建筑学院 编著
北京奥兰斯特建筑工程设计有限公司
*
中国建筑工业出版社出版、发行（北京西郊百万庄）
各地新华书店、建筑书店经销
北京天成排版公司制版
北京建筑工业印刷厂印刷
*
开本：787×1092毫米 1/16 印张：15¼ 字数：380千字
2008年10月第一版 2021年7月第十一次印刷
定价：**35.00**元
ISBN 978-7-112-10217-4
（17020）

前　　言

基于我国建筑业的蓬勃发展，建筑设计市场也随之兴旺，但设计水平却参差不齐，在整体上仍处于滞后的状态。其中作为设计单位最终的技术产品，直接交付建造和使用的施工图设计质量尤显突出。为此，住房和城乡建设部于近年实施了“施工图设计文件审查制度”，旨在保证建筑项目的投资、环境与社会效益，保护国家财产和人民生命的安全，维护社会公众利益。

建筑专业施工图的设计质量也不例外，究其原因，除任务庞杂、体制约束、个人素质等因素外，尚存在下述不足：其一，在当前的高校建筑学专业教学中，仅安排有“设计实习”及“建筑构造”课程，缺乏建筑施工图设计基础知识的系统学习与训练，以致从业前毫无储备，可谓“先天不足”；其二，建筑施工图设计的启蒙与提高，历来习惯于言传帮教、师徒相承，致使工作在众多中小设计单位的年轻建筑师，常陷入既无师可问又无图可依的茫然境地，可谓“投师无门”；其三，尽管建筑施工图设计的内容千差万别，但其内容的表达还是有法有式的。只是至今无人分析总结，形成指导实践的理论体系，从而摆脱盲目性，可谓“未立经纬”。

中国建筑西北设计研究院自 2000 年即致力于此项理论体系的探索(获 2006 年中国建筑工程总公司科学技术三等奖)，并编著了《建筑施工图示例图集》一书，至今已发行三万余册，力图缓解年青建筑师的燃眉之急。其最终目的在于：从前期入手，主动确保建筑施工图的设计质量，扭转依靠后期审查的被动局面，形成良性循环，促进建筑设计行业整体水平的持续提高。

三年前，西安交通大学建筑系和西安建筑科技大学建筑学院为满足学生适应就业需求的愿望，先后试验开设了“建筑施工图表达”的选修课程，并暂以《建筑施工图示例图集》为参考教材。但效果表明，因为该书的读者定位于在职的年轻建筑师，对于基本没有施工图设计实践的学生而言自然较难适应。因此深感如欲开设此项课程，若无相关教材，实为“无米之炊”。

去年初，《建筑施工图示例图集》第二版修编完毕后，中国建筑工业出版社即提议续编教材，与中国建筑西北设计研究院和西安建筑科技大学建筑学院的思路不谋而合，其后北京奥兰斯特建筑工程设计有限公司欣然加盟，并就教材的编写原则达成以下共识：

1. 读者对象以建筑学专业、城市规划专业本科生为主，研究生和在职年青建筑师次之。

2. 内容更应简明系统、通俗易懂，旨在首先建立建筑施工图表达的基本框架与模式，也即“先虚后实、以虚务实”。为此：

(1) 将《建筑工程设计文件编制深度规定》的原文不再单列，而是融入文字叙述中。

(2) 针对基本概念和难点增绘插图。

(3) 只选用设计内容比较简单和具有代表性的示例图纸。

(4) 每节之后增列思考题。

——从而形成文字阐述、插图注解、图纸示范、命题思考四者互为诠释、易于理解、重点突出的特点。

3. 适当延伸介绍施工图设计的某些技术内涵，如主要指标和术语；建筑防火、防水、人防工程、无障碍设计的要点；建筑热工节能计算的主要步骤等。但仅作为附录，可供酌情选学，深入解读。

4. 最后列有练习题，用以综合检验学习成果。虽不附标准答案，但有评分标准和难点示图，以利师生探讨切磋、评判提高。

本教材的编著在国内尚属首例，难免粗糙，但仍愿献出，以期借此推动建筑施工图设计相关课程的设置，促进我国的建筑教育与实践相结合，造就更能广泛适应国情需要的专业人才。

本书文字编写工作主要由教锦章和肖莉完成，刘绍周、王觉、屈兆焕等承担校核，示例图纸则由北京奥兰斯特建筑工程设计有限公司和中国建筑西北设计研究院提供。此间始终得到下述三个单位有关领导的全力支持，他们是：中国建筑西北设计研究院院长樊宏康、总建筑师赵元超、科技处处长艾学农，西安建筑科技大学建筑学院院长刘克成和北京奥兰斯特建筑工程设计有限公司副总经理、第三设计所所长徐绍梅。正是基于共同的努力，才使本书得以顺利完成，特此志之。

中国建筑西北设计研究院

西安建筑科技大学建筑学院

北京奥兰斯特建筑工程设计有限公司

2008 年 8 月 1 日

目　录

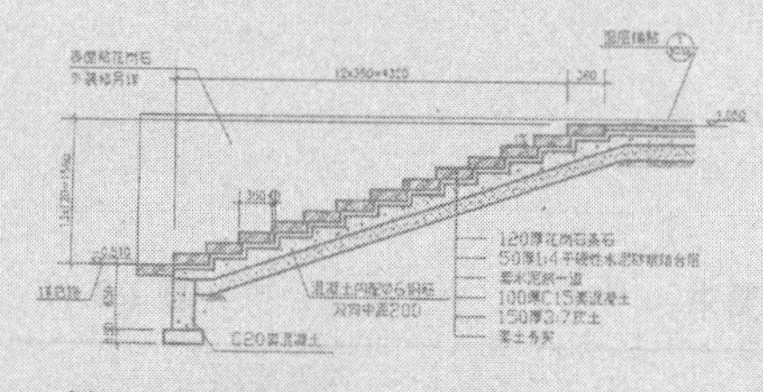

第一章 概 述

第一节　建筑工程设计

随着经济建设的高速发展和人民生活水平的日益提高，我国建筑业的产值已占GDP总值的20%以上，其中民用建筑（居住和公共建筑）工程又约占该值的80%左右，并以每年近20%的速度持续增长。显然，建筑业已成为我国国民经济“举足轻重、影响广泛”的支柱产业。

常言说“百年大计，质量第一”、“工程建设，设计先行”，因此，建筑工程的质量首先取决于建筑工程设计的质量。作为设计单位产品的建筑工程设计文件，自然成为工程设计质量优劣的具体表现。特别是施工图设计文件，由于是直接交付实施的最终成品，其重要性更不言而喻。

基于目前建筑工程项目的构成情况，本书所述及的内容和适用范围也均限于民用建筑工程，对于工业建筑(房屋部分)的设计仅供参考。

一、建筑工程设计阶段的划分

建筑工程是一项复杂的系统工程，从立项到建成不可能一蹴而就。为此，根据《建筑工程设计文件编制深度规定》，建筑工程设计一般均应分为方案设计、初步设计、施工图设计三个阶段(表1-1)。只有对于技术要求简单者，经主管部门同意，并在合同中约定的，才可在方案设计审批后直接进入施工图设计。三个阶段的设计性质、服务对象和深度要求各有不同，见表1-2。

建筑工程设计阶段的划分　　　**表1-1**

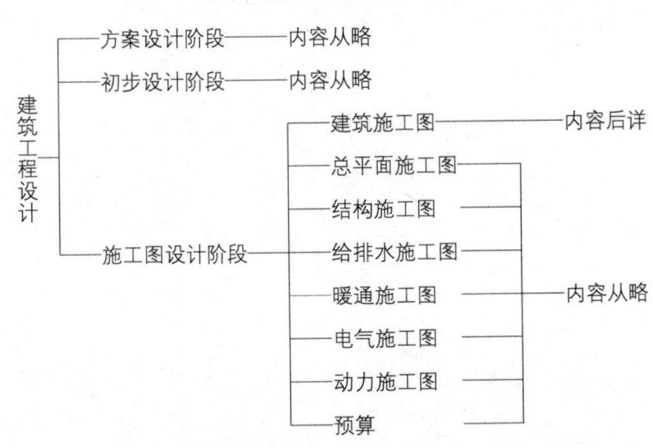

建筑工程设计三个阶段的不同要求　　　**表1-2**

阶　段	设计性质	服务对象	深度要求
方案设计	建筑方案的宏观定性	业主、主要审批部门	可供编制初步设计文件
初步设计	各专业方案的宏观定性与定量	业主、审批部门	可供编制施工图设计文件
施工图设计	各专业工程实施的微观定性与定量	业主、审批部门、土建施工及分包单位	可供土建施工、设备材料采购、非标准设备制作

由该表可以看出：

1. 建筑工程设计阶段的划分，实质是从宏观到微观、从定性到定量、从决策到实施逐步深化的过程。

2. 依据各阶段不同的服务对象和深度要求、相应设计文件的编制内容和表达形式也各异。

二、 建筑工程设计文件的质量特性

前已述及，建筑工程的质量首先取决于工程设计文件的质量，为此，住房及城乡建设部在《民用建筑工程设计文件质量特性和质量评定实施细则》中规定设计文件应符合下列五项要求：①满足切实合理的需要、用途和目的；②满足顾客的期望与受益者的要求；③符合适用的标准和规定；④符合社会要求；⑤及时提供完整合格的设计文件。

上述质量要求结合建筑工程设计的具体实践和特点转化为下列质量特性，以便对设计文件进行定性和定量的控制与评定。以施工图设计文件为例，其质量特性如下：

1. 功能性：通常包括建筑工程的用途、规模及相应的各种指标要求，还包括建筑美学及环境景观的要求。

2. 安全性：各专业设计文件中的设计和计算必须正确无误，营造和构造做法合理可靠。有关安全性内容的描述和表达，必须具体、确切、完整、清楚，以满足确保安全方面的要求。

3. 经济性：工程预算应控制在批准的初步设计概算总投资以内，否则应认真分析和说明原因，并必须控制在规定的可调整幅度(一般为 5%)之内。

4. 可信性：指建筑工程的可用性、可靠性、维修性和维修保障性所作的综合性的定性描述。即应充分反映建筑工程竣工后投入使用的可信性程度。

5. 可实施性：各专业设计文件必须符合《建筑工程设计文件编制深度》的要求。同时，各专业设计文件的内容必须协调一致、配套齐全，而且图纸的质量良好，没有影响施工安装进度和造成经济损失的错、漏、碰、缺现象。

6. 适应性：指建筑工程适应外界环境变化的能力。

7. 时间性：各专业设计文件(包括设计变更或补充文件)应按合同规定按时提供给顾客。

[思考题]

1. 建筑工程设计分为哪三个阶段？在何种条件下可简化为两个阶段设计？
2. 各设计阶段的性质和服务对象有何不同？

第二节 施工图设计

在建筑设计市场竞争激烈的今天，建筑方案能否胜人一筹，固然是设计单位取得设计权的关键，但施工图设计的能力和质量，同样是衡量设计单位整体水平的主要因素。

一、 施工图设计的服务对象

施工图设计对建筑师而言，是将自己的构思细化的创作过程。但在设计单位已经企业化的今天，从市场运作的角度来看，则是“技术产品”的生产过程。因而，建筑师必须作为生产者和经营者，明确知道“顾客”是谁？并且深知他们的需求何在？才能“产销对路、开拓市场”，牢记犹如企业生命线的价值观：“只有以最好和最具特色的产品和服务，才能换取最大的回报”。

施工图设计主要服务于下列三组“顾客群”：

1. 业主(建设单位)。施工图是其组织建造、使用(或销售)、维修或改建该工程的依据。

2. 审批部门。主要是规划、施工图审查、消防、人防、节能、环保等主管机构，他们要求施工图中简明地表达相关设计的依据、数据和措施，以便其审批是否符合相应法规、规范和标准。

3. 土建施工和分包单位。施工图是土建施工、相关材料和成品设备采购，以及非标准设备制作的依据，并要求优良的可实施性。

二、 析说施工图设计

当前，有些建筑师只热衷于方案设计，视施工图设计为雕虫小技，难以展现自己的才华。这种片面认识，主要是由于对施工图设计的下述特点缺乏了解所致。

1. 施工图设计的严肃性

施工图是设计单位最终的“技术产品”，是进行建筑施工的依据，对建设项目建成后的质量及效果，负有相应的技术与法律责任。因此，常说“必须按图施工”，未经原设计单位的同意，任何人和部门不得擅自修改施工图纸。经协商或要求后，同意修改的，也应由原设计单位编制补充设计文件，如变更通知单、变更图、修改图等，与原施工图一起形成完整的施工图设计文件，并应归档备查。

即便是在建筑物竣工投入使用后，施工图也是对该建筑进行维修、改建、扩建的基础资料。特别是一旦发生质量或使用事故，施工图则是判断技术与法律责任的主要根据。

因此，《中华人民共和国建筑法》第五十六条中规定：“……设计文件应当符合有关法律、行政法规的规定和建筑工程质量、安全标准、建筑工程勘察、设计技术规范以及合同的约定。设计文件选用的建筑材料、建筑构配件和设备，应当注明其规格、型号、性能等技术指标，其质量要求必须符合国家规定的标准”。

2. 施工图设计的承前性

建筑工程设计分为方案设计、初步设计和施工图设计三个阶段。如前所述，其实质可以认为是从宏观到微观、从定性到定量、从决策到实施逐步深化的过程。后者是前者的延续，前者是后者的依据。就施工图设计而论，必须以方案与初步设计为依据，忠实于既定的基本构思和设计原则。如有重大修改变化时，应对施工草图进行审定确认或者调整初步设计，甚至重做再审。

由此可见，建筑师只有参与施工图设计，通过本专业和其他专业间反复推敲、协调的量化过程，才能深化、修正、完善最初的建筑构思。也即首先确保施工图设计不变形，才能使建筑竣工后“不走样”!

3. 施工图设计的复杂性

就一般民用建筑而言，如果说建筑方案的优劣，主要取决于建筑师构思的水平。那么，建筑施工图的优劣，不仅取决于处理好建筑专业本身的技术问题，同时更取决于各专业之间的配合协作。诚然，建筑专业在施工图设计阶段，仍处于“龙头”地位，因为建筑的总体布局、平面构成、空间处理、立面造型、色彩用料、细部构造，以及功能、防火、节能等关键设计内容依旧要在建筑工种的施工图内表达，并成为其他专业设计的基础资料。但是，建筑师也要根据其他专业的“反要求”，修正、完善自己的施工图纸。同理，其他专业之间也存在着彼此“要求”和“反要求”的技术配合问题。因为本专业认为“最合理”的设计措施，对另一专业或几个专业，都可能造成技术上的不合理甚至不可行。所以，必须通过各专业之间反复磋商、磨合，才能形成一套诸多技术都比较合理、可靠、经济，且施工方便的设计图纸。以保证建成后的建筑物，在安全、适用、经济、美观等各方面均得到业主乃至社会的认可与好评。

4. 施工图设计的精确性

前已述及，作为建筑工程设计最后阶段的施工图设计，是从事相对微观、定量和实施性的设计。如果说方案和初步设计的重心在于确定想做什么，那么施工图设计的重心则在于如何做。因此，施工图设计犹如先在纸上盖房子，必须处处有依据，件件有交代。仅以建筑专业施工图为例，平面图不仅要表示各房间的布局，还必须确定房间的位置和尺寸；墙体的厚度、材料与定位；门窗的位置、形式、大小。同样，立面图也不仅是画出门窗、台阶、雨篷、檐口、线脚的位置和形状，还要进一步用墙身大样和详图节点交代具体细部的构造、材料和尺寸，以及与结构、设备构配件的关系。其中有标准图的可以引用，没有的必须画出来，需其他行业另行设计、制作的也要提出相关的要求。除了图纸之外，还要用设计说明、工程做法、门窗表等文字和表格，系统交代有关配件、用料和注意事项。而上述种种之最终目的在于：指导施工和方便施工。由此可以断言：逻辑不清、交代不详、错漏百出的施工图，必将导致施工费时费力，设计修改，频繁返工，某些专业的设计无法合理使用或留下隐患，经济上造成浪费或损失。建成后自然难以达到建筑师的初衷与构想，也无法达到业主的期望。

5. 施工图设计的逻辑性

施工图的内容庞杂，而且要求交代详细，图纸数量必然较多。因此，图纸的编排需要有较强的逻辑性，并已基本形成了约定俗成的编制框架和表达模式，而此点也正是本书力图阐明的基本内容。其目的不仅是便于设计者，就本专业和其他专业之间的技术问题，进行按部就班、系统地思考和绘图。更重要的是：便于施工图的主要服务对象——施工者看图与实施，以避免施工错漏，确保工程质量。

综上所述，首先可以推论，一个对施工图设计有丰富经验的建筑师，他所作的建筑方案必然更加成熟完整，现实可行。其次可以看出，施工图设计同样大有学问，并非是简单的重复劳动，也不可能无师自通。对于一个有志于成为优秀建筑师者，既要具有提出项目构成和建筑策划的能力，精通建筑设计和场地设计，还必须熟习建筑结构、环境控制、建筑设备、建筑材料，了解建筑经济、施工与设计业务管理等诸多方面的知识。而施工图设计恰恰是学习、掌握上述知识结构和实践能力的有效途径。

[思考题]

1. 施工图设计主要服务于哪三类“顾客群”？
2. 施工图设计的五点特性是什么？

第三节　建筑施工图表达

一、建筑施工图的内容与表达

1. 建筑施工图的内容：主要是指为满足使用和建造要求而采用的技术措施，并应符合相关设计规范的规定。如建筑物的平面构成、立面造型、剖面处理、构造做法，以及建筑防火、防水、节能、人防、环保、安防和无障碍设计等。

2. 建筑施工图的表达：依据相关的深度规定、制图标准、逻辑模式，正确表达上述建筑施工图的内容，主要使土建施工和设备制作者、安装者、审查和监理者易于理解和实施。

无论是手工或是电脑绘制的建筑施工图，其实质都是将建筑师的三维设计构思转译为二维的图纸表达，供阅图者再转译复原为设计的三维空间形象。因此，作为中介载体，建筑施工图质量的重要性自然不言而喻。

经验表明：尽管建筑施工图的内容，因建筑项目类别的不同而千差万别，但建筑施工图的表达还是“有法有式”的，关键在于掌握其逻辑模式，即可无论简繁，均能举一反三，完整、准确、清楚的反映设计意图。

二、建筑施工图表达的依据

1. 深度规定

《建筑工程设计文件编制深度规定》(2003年建设部颁发)。包括总平面、建筑、结构、建筑经济以及各设备专业各阶段设计文件的编制深度。有关建筑施工图部分见附录一。

2. 制图标准

(1)《房屋建筑制图统一标准》GB/T 50001—2001。总平面、建筑、结构以及各设备专业均适用。主要内容为：图纸幅面规格、图线、字体、比例、符号、定位轴线、建筑材料图例、图样画法、尺寸标注等，详见附录二。

(2)《建筑制图标准》GB/T 50104—2001。适用于建筑专业。主要内容为：图线、比例、图例、图样画法等，详见附录三。

3. 逻辑模式

此为本书阐述的内容，所示的建筑施工图编制框架与表达模式，主要是中国建筑西北设计研究院实践经验的总结，故有一定的局限性。读者可根据所在设计单位和地区的实际情况参照应用。

三、 建筑施工图表达的基本构成

建筑施工图的内容主要通过以下两大部类进行表达：

1. 文字表述：包括封面、目录、首页(设计总说明、工程做法、门窗表)、计算书。

2. 图形表示：包括平面图、立面图、剖面图、详图。

上述基本构成见表 1-3。

建筑施工图表达的基本构成 **表 1-3**

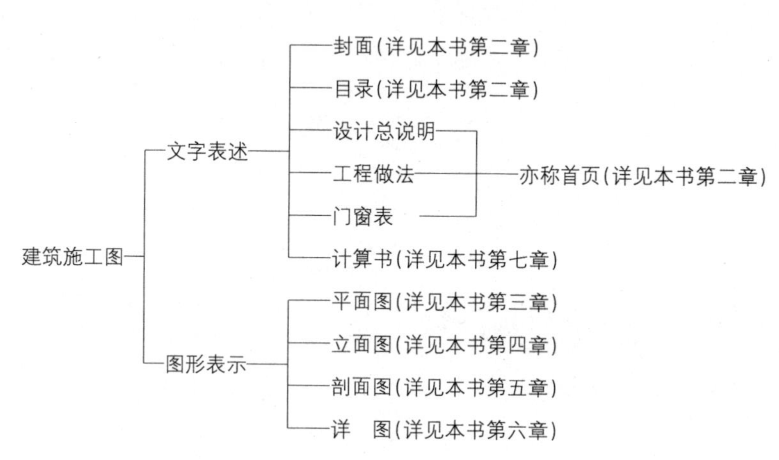

[思考题]

1. 何为建筑施工图表达的三项依据？
2. 建筑施工图的内容主要通过哪两大部类进行表达？每一部类又由何构成？

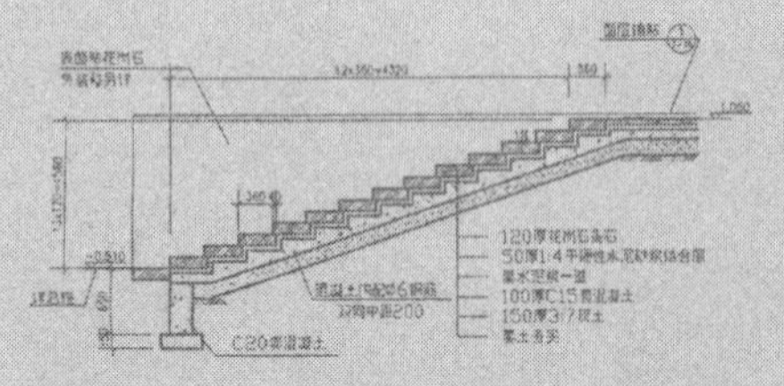

第二章　封面、目录、首页

建筑施工图表达

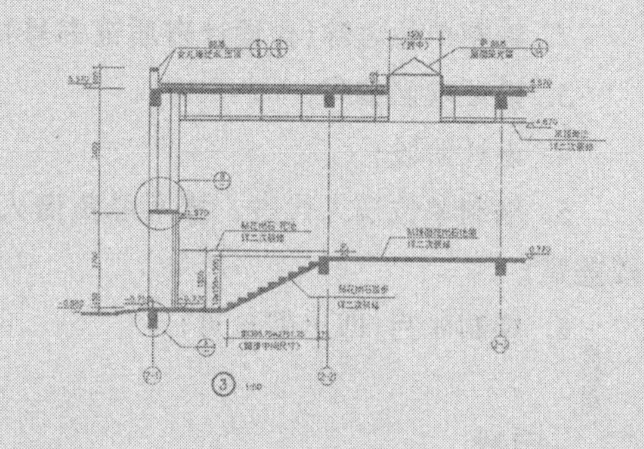

第一节 封面、目录、图幅

一、封面

根据《建筑工程设计文件编制深度规定》(以下简称《深度规定》，黑体字为引用的原文)，建筑施工图纸装订时应有总封面，其图幅与图纸一致，形式不限，但应与其他专业的施工图纸封面统一。如图幅较大、较空时，也可将图纸目录并入。

总封面应标明以下内容：

1. 项目名称；

2. 编制单位名称(含设计资质证书号)；

3. 设计项目编号；

4. 设计阶段；

5. 编制单位法人代表、技术总负责人和项目总负责人的姓名及其签字或授权盖章；

6. 编制年月(即出图年月)。

二、目录

图纸目录是施工图纸的明细和索引。编写时应注意：

1. 施工图纸目录应一个子项的一个专业书写一份，不得在一份目录内编入其他子项或其他专业新设计的施工图纸。此点与方案设计或初步设计阶段的图纸目录不同，其目的在于方便归档、查阅和修改。

2. 图纸目录应排列在施工图纸的最前面，但不编入图纸的序号内。

3. 图纸上应当先列新绘制图纸，后列选用的标准图或重复利用图。

(1) 新绘制图纸一般均按首页(设计总说明、工程做法、门窗表)、基本图(平、立、剖面)和详图三大部类的顺序进行编排。其中，基本图和详图图纸的详细编排，在有关章节内另行叙述。

(2) 选用的标准图一般应写图册编号及名称，数量多时也可只写图册编号。

(3) 重复利用图：多是利用本设计单位其他工程项目的部分图纸，应随新绘制图纸出图。重复利用图纸必须在目录中写明该项目的设计号、项目名称、图别、图号、图名，以免差错。

4. 目录上的图号、图名应与相应图纸上的图号、图名一致。设计号、工程名称、单项名称应与合同及初步设计文件相一致。结构类型应与结构设计相符。

5. 序号为流水号，不得空缺或重号加注脚码，目的在于表示本子项图纸的实际自然张数。

6. 图号应从“1”开始依次编排，不得从“0”开始。图号可以重号加注脚码，主要用于相同图名的多张图纸(如门窗表、工程做法等)。图号一般不应空缺跳号，以免混乱。

变更图或修改图的图号应加注字码，以示与原设计图纸的关系与区别。各设计单位标示各异，无统一规定。

7. 总平面定位图或简单的总平面图可编入建筑施工图纸内，并应位于单体平面图之前。复杂的总平面图应单独按总施图自行编号出图。

三、图幅

当前，有些设计单位的施工图纸装订粗糙、图幅参差不齐，施工者和审图人翻阅极为不便，急待改进。其原因有二：首先是设计人重视程度和服务意识较差；其次是电脑绘图的劳动强度与图幅无关，大小全凭出图时剪裁，以致随心所欲，如图纸规格杂乱、图幅过大、图面布置稀疏、比例不当等。

建议一个子项的图纸图幅宜控制在两种以内，且以1号及其加长图纸为佳。

有关图纸幅面的规定，详见本书附录二《房屋建筑制图统一标准》第2.1节。

四、签署

施工图标题栏的签字区包含实名列和签名列。实名列应使用印刷体记载设计各级负责人员姓名，签名列则应由实名列记载的相应人员亲自签署。标示应承担的社会责任和法律责任。

此外，对需要相关专业会签的施工图还应设置会签栏——包括会签人员所代表的专业名称、姓名(实名与签名)、日期等，记载相关专业的会签认可。

有关标题栏和会签栏的制图规定，详见本书附录二《房屋建筑制图统一标准》第2.2节。

因限于版面规格，本书中的示例图纸均略去会签栏，特此说明。

[思考题]

1. 为什么必须1个子项1个专业独立填写1份图纸目录？
2. 填写图纸目录时，新绘图纸应按哪三大部类顺序排列？
3. 图纸目录上的图名可否与相应图纸上的图名有所差异？
4. 图纸签字区为什么要设置实名列和签名列？会签栏在什么情况下需要设置？

示例一

多层办公楼（钢筋混凝土框架结构）

——为便于对照看图，本示例图纸分散于以下各章节之后

本工程为一栋多层带地下室的小型办公建筑，其功能简单、平面规整、造

型典雅、图纸清晰、易于理解，故选作本书配合文字阐述的基本例图。

为方便看图，本示例图纸除封面外，均调整为立式幅面，在实际工程中仍应以横向幅面为主。

工程图纸由北京奥兰斯特建筑工程设计有限公司提供，设计制图人为：徐绍梅、蒋乐山、夏柏新、姜衡、仇建亮。

某科技产业园办公楼

建　筑　专　业　施　工　图

设计编号：□□□□□

总 负 责 人：□□□

总 建 筑 师：□□□

项目负责人：□□□

×××设计有限公司

×年×月

×××设计有限公司

工程设计图纸目录

证书编号：甲□□□　　工程名称：某科技产业园办公楼

设计编号：________　　建筑面积：3365.37m²　　工程造价：________

设计阶段：施工图　　设计专业：建　筑

序号	图号	图名	图幅	序号	图号	图名	图幅
1	建施-01	设计总说明	A2	18	建施-18	墙身大样(二)	A2
2	建施-02	设计总说明(续)	A2	19	建施-19	门窗立面图	A2
3	建施-03	工程做法及门窗表	A2				
4	建施-04	总平面定位图	A2			选用建筑标准图集	
5	建施-05	地下室平面图	A2			88J1-1.1-3 工程做法	
6	建施-06	一层平面图	A2			88J2-2.2-3.2-10 墙身	
7	建施-07	二、三层平面图	A2			88J4-3 内装修—吊顶	
8	建施-08	四层平面图	A2			88J5-1 屋面	
9	建施-09	屋面平面图	A2			88J6-1 地下工程防水	
10	建施-10	1号楼梯、电梯放大平面图	A2			88J7-1 楼梯	
11	建施-11	2号楼梯及卫生间放大平面图	A2			88J8 卫生间、洗池	
12	建施-12	局部吊顶平面图	A2			88J9 室外工程	
13	建施-13	①~⑤及⑤~①立面图	A2			88J12-1 无障碍设施	
14	建施-14	Ⓐ~Ⓓ及Ⓓ~Ⓐ立面图	A2			88J13-3.13-4 木门、钢质防	
15	建施-15	1—1剖面图	A2			火门防火卷帘	
16	建施-16	节点详图	A2			88J14-2 居住建筑	
17	建施-17	墙身大样(一)	A2				

更改及作废记录	日期	内容摘要	经办

审定________　工程负责人________　__年__月____日

第二节　设计总说明

在《深度规定》2003 年修改版中取消了原“首页”的提法，将设计总说明、工程做法、门窗表三类内容统称为“施工图设计说明”。但由于三者的内容、性质和表述形式各异，在实际设计工作中仍分别编写，故本书也分节论述。

首页表述的主要内容见表 2-1，可供了解其全貌。

首页表达的主要内容　　**表 2-1**

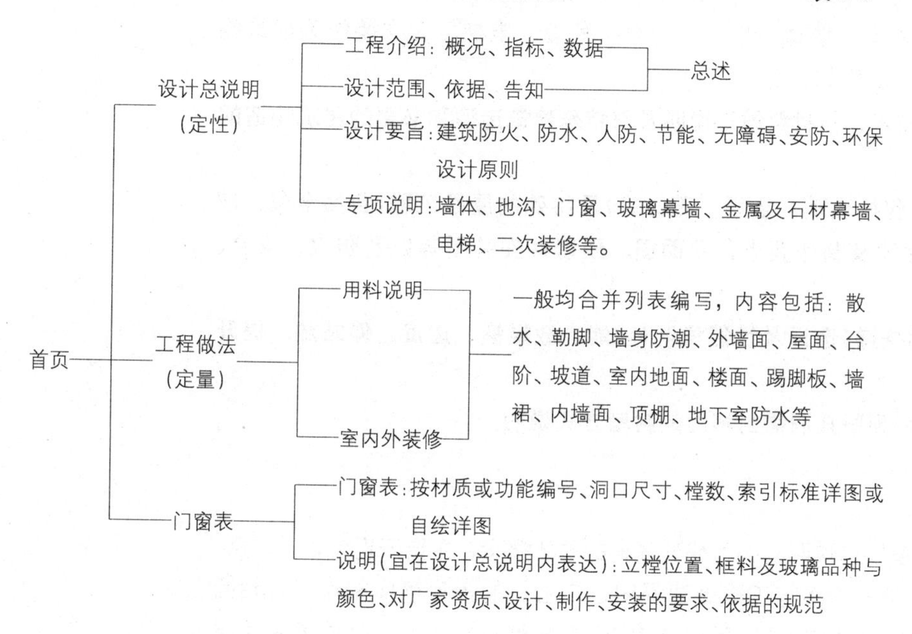

一、　设计总说明的内容

设计总说明是建筑施工图设计的纲要，不仅对设计本身起着控制和指导作用，更为施工、审查（特别是施工图审查）、建设单位明确了解设计意图提供了依据。同时，也是建筑师维护自身权益的需要。

对于民用建筑而言，设计总说明的主要内容可归纳为以下四类：

1. 工程介绍：概况及主要指标、数据等。**一般包括建筑名称、建设地点、建设单位、建筑面积、建筑基底面积、建筑工程等级、设计使用年限、建筑层数及建筑高度、防火设计建筑分类和耐火等级、抗震设防烈度等，以及能反映建筑规模的主要技术经济指标，如住宅的套型和套数（包括每套建筑面积、使用面积、阳台建筑面积。房间使用面积可在平面图中标注）、旅馆的客房间数和床位数、医院的门诊人次和住院部床位数、车库的停车泊位数等。本子项的相对标高与总图绝对标高的关系。**

其中部分条目的释义见附录五（第一至八条）。

2. 设计范围、依据、告知

(1) 设计范围：应写明承担设计专业的名称，以及与相关设计单位的分工。

(2) 设计依据：系指本子项工程施工图设计的依据性文件、批文和相关规范。

(3) 设计告知：系指其他有关设计事宜的说明，“设计文件未经审批不得施工”、“未经许可任何其他单位不得修改图纸”等。

3. 设计要旨：主要包括建筑防火、防水、人防工程、节能、无障碍、安全防护、环境保护设计的原则。其中：人防工程防护等级、屋面防水等级、地下室防水等级均应明确，详见附录五(第九、十条)。

4. 专项说明：即有关墙体、地沟、门窗、幕墙、电梯、二次装修等建筑构造和配件的设计要求。例如：

(1) **对采用新技术、新材料做法说明及对特殊建筑造型和必要的建筑构造的说明。**

(2) **幕墙工程(包括玻璃、金属、石材等)及特殊的屋面工程(包括金属、玻璃、膜结构等)的性能及制作要求，平面图、预埋件安装图等以及防火、安全、隔声构造。**

(3) **电梯(自动扶梯)选择及性能说明(功能、载重量、速度、停站数、提升高度等)。**

(4) **墙体及楼板预留孔洞需封堵时的封堵方式说明。**

二、常见弊病

不少建筑师对设计总说明的编写缺乏清晰的总体概念，主要表现为以下三点：

1. 范围界定不清——多与工程做法混同，二者有的条目确实相似，且相互具有因果关系，但前者“定性”，后者“定量”，有着本质区别。以前述有关屋面及地下室防水的条目为例，设计总说明只须明确“防水等级”和“设防要求”(定性)即可，具体构造和用料(定量)则可在工程做法中表述。同样，对于“室内地沟”，设计总说明中只须交代根据什么选用何种地沟，以及构件选用的荷载等级，具体做法可索引标准图或另绘图纸表示。

2. 编写框架不明——多有缺项，导致隐患或授人以柄。如常缺少人防工程、无障碍或节能设计有关的设计说明。

3. 条文书写不全——深度不够，实施或审查困难。如有关商店防火设计的条目，不交代疏散宽度的计算结果。电梯专项说明中漏写速度或兼为消防电梯等。

究其原因，除主观因素外，在客观上也确实存在着难点：由于建筑类型千差万别，涉及的建筑材料、技术、法规繁杂，致使“设计总说明”应表述的内容广泛却又缺乏共性规律。因此，尽管很多设计单位都在编制统一和通用的“设计总说明”，以确保设计质量和技术水平，并提高工作效率，但至今均感不够理想。

中国建筑西北设计研究院近年编制的“设计总说明”采用“提纲型”模式，共列有：总述、建筑防火、建筑防水、人防工程、建筑节能、无障碍设计、安全防范设计、环保设计、墙体、室内地沟、门窗、玻璃幕墙、金属及石材幕墙、电梯、室内二次装修和其他等16项内容。使用时首先在电脑中根据工程实际选择有关的项目，然后对其下的条文分别进行填写、编写和取舍，再选择1号或2号图纸规格出图即可。详见附录四、五，可供参考。

[思考题]

1. 设计总说明与工程做法有何性质上的区别？
2. 设计总说明的内容可归纳为哪四类？

设计总说明

一、工程概况

1. 工程名称：某科技产业园办公楼。

2. 建设地点：北京市。

3. 设计使用年限：50年。

4. 建筑耐火等级：地下一级，地上一级。

5. 抗震设防烈度：8度。

6. 建筑结构类型：钢筋混凝土框架-剪力墙结构。

7. 建筑工程等级：三类(普通)办公楼。

8. 建筑面积：3365.37m²。

9. 建筑基座面积：801.69m²。

10. 建筑层数：地上三层(局部四层)，地下一层。

11. 建筑高度(室外地坪至女儿墙)：主体13.450m，局部17.350m。

12. 设计标高：相对标高±0.000相当于绝对标高(黄海系)27.430m。

二、设计范围

1. 本工程的施工图设计包括：建筑、结构、给排水、暖通、电气等专业的配套内容。

2. 本建筑施工图室内仅做至面层下，精装修及特殊装修另行委托设计。

3. 本建筑平面定位及竖向设计详见总平面施工图。

三、设计依据

1. 相关文件

(1) 北京市城市规划委员会批准的规划意见书、订桩成果通知单，审定设计方案通知单、建筑工程规划许可证等。

(2) 建设单位提供的设计任务书、用地现状总平面、地质及工程勘察报告书等。

2. 相关主要规范、规定

(1)《建筑工程设计文件编制深度规定》2003年。

(2)《民用建筑设计通则》GB 50352—2005。

(3)《北京市建筑设计技术细则》(建筑专业)2005年。

(4)《办公建筑设计规范》JGJ 67—2006。

(5) 其他条文中直接引用者不再重复。

四、标注说明

1. 除标高及总平面的尺寸以m为单位外，其他图纸尺寸均以mm为单位。

2. 图中所注的标高除注明者外，均以建筑完成面标高。

3. 图中水、暖、电预留洞：圆洞以直径和中心标高表示，方洞以宽×高和洞底标高表示。

五、告知与申述

1. 依据国务院279号令《建设工程质量管理条理》中第二章十一条，第三章二十三条和第六条、第十二条的规定要求，在建设单位接到本工程施工图设计文件后，应即报送建设行政主管部门进行审查。在取得批准书后，方可领取施工许可证交付施工。本工程各专业设计负责人将就审查合格的施工图设计文件，向施工单位作出详细说明和设计交底。

2. 本施工图文件在施工前须由施工方、监理方、建设方进行必要的审核，如发现有疏漏、错误、矛盾或不明确处请及时与设计人联系研究，修改补充后方可施工。

3. 施工时应与各专业图纸配合，施工过程中如发生变更，需在事先征得设计方及工程监理同意，并办理修改事宜后方可施工，未经设计单位认可，不得任意变更设计图纸。

4. 本工程设计中所提出的各种设备设施、装修材料、成品的选用，凡注明性能、规格、型号等，原则上应按要求加工定货，并将有关加工图纸(如门窗、钢梯等)须经设计人审核后方可加工安装，若因某种原因需改变产品规格、品种、标准等问题则须事先征求有关设计人意见，不得任意变更设计。

5. 本工程内外装饰材料(包括门窗、石材、瓷砖、吊顶、涂料等)的产品规格、质地、颜色等均须由设计人选定并经建设方、监理同意后方可加工定货。

6. 由业主或施工总承包方选定的防水材料、装饰装修材料、门窗、幕墙、电梯等厂家均需有相当的行业资质。所选用产品的技术指标应符合国家有关规范和规定。厂家在制作前应复核土建施工后的相关尺寸，以确保安装无误。

7. 未尽事宜应严格按照国家及当地有关现行规范、规定要求进行施工。

六、建筑防火

1. 依据规范

(1)《建筑设计防火规范》GB 50016—2006。

(2)《建筑内部装修设计防火规范》GB 50222—2006(2001年版)。

2. 防火分区的划分：地上每层为1个防火分区，其面积<2500m²；地下室为两个防火分区，其面积<500m²(丁类库房)。

3. 消防疏散

(1) 地上1～3层每层设两部非封闭楼梯间，其中1部通至四层(该层面积<200m²，且另有1个直通三层屋面的安全出口)。

(2) 地下室每个防火分区有1部通至一层的封闭楼梯间，以及另外通向相邻防火分区的安全出口。

(3) 两部楼梯在一层均直通室外，楼梯宽度为1.250+1.225(m)，满足疏散要求。

4. 与一层门厅相邻的内隔墙和通向地下室的梯段处，均为耐火极限>2.0小时的不燃烧体隔墙和乙级防火门。

5. 防火门均装闭门器，双扇防火门均装顺序器，常开防火门须有自行关闭和信号反馈装置。

6. 施工注意事项

(1) 防火墙及防火隔墙应砌至梁底，不得留有缝隙。

(2) 管道穿过防火墙及楼板处应采用不燃烧材料将周围填实，管道的保温材料应为不燃烧材料。

(3) 除工艺及通风竖井外，管道井安装完管线后，应在每层楼板处补浇相同标号的钢筋混凝土将楼板封实。

(4) 金属结构构件应喷涂满足相应规范要求的防火涂料。

(5) 防火门等消防产品应选用国家颁发生产许可证的企业生产的合格产品，以及经国家有关部门检验合格并符合建筑工程消防安全要求的建筑构件、配件及装饰材料。

七、建筑防水

1. 屋面防水

根据《屋面工程技术规范》GB 50345—2004，防水等级为Ⅱ级，二道设防，详见工程做法。

2. 地下室防水

(1) 根据《地下工程防水技术规范》GB 50108—2001，防水等级为二级，二道设防，其中围护结构采用防水混凝土，其抗渗等级见结构施工图，其他防水层做法详见建施-17。

(2) 外设防水层的设防高度应高出室外地面0.5m。

(3) 穿外墙的管线均应在混凝土浇筑前埋设套管，构造详见88J6-1图集。

(4) 地下室底板上的坑、池，以及底板局部降低时，其防水施工应保持连续完整。

3. 其他防水

(1) 卫生间及其他用水房间的楼地面标高，应比同层其他房间，走廊的楼地面标高低0.02m。

总负责人			□□设计有限公司	设计证号 甲级□□□	
项目负责人					
专业负责人			某科技产业园办公楼	存档号	
复　核			设计总说明	比例	
				日期	
设　计				图名	建施-01

设计总说明(续)

(2) 配电室，弱电间，管井检查门均设120高门槛。

(3) 卫生间楼(地)面防水层详见工程做法。

八、建筑节能

1. 依据规范及详图

(1)《民用建筑热工设计规范》GB 50176—93。

(2)《公共建筑节能设计标准》GB 50189—2005。

(3)《公共建筑节能设计标准》DBJ 01—621—2005(北京市地方标准)。

(4)《公共建筑节能构造》88J2—10(2005)。

2. 本工程所属气候分区为寒冷地区，建筑面积<20000m²，属乙类公共建筑。体形系数=0.23<0.3，窗墙比：南向为0.35，其他为0.30，均<0.7。

3. 屋面保温层为55厚挤塑聚苯板(K=0.47<0.55)，外墙为250厚04级加气混凝土砌块(K=0.57<0.60)，外门窗为(5+12A+5)透明中空玻璃断桥铝合金框，其K=2.70≤2.70；SC：南向为0.77×(1−0.2)=0.62<0.70，其他朝向不限，一层楼板保温层为30厚聚苯颗粒料保温浆料(K=1.46<1.50)。

4. 经判断符合公共建筑节能标准的要求.

九、无障碍设计

1. 依据规范：《城市道路和建筑物无障碍设计规范》JGJ 50—2001。

2. 在以下部位考虑无障碍设施：建筑入口坡道、相关内外门、走道、专用厕所、无障碍电梯，详见有关建施图纸及88J12-1图集。

十、墙体

1. 地下部分

外墙：防水钢筋混凝土墙，详见结施图。

内墙：局部钢筋混凝土墙，详见结施图。

200厚陶粒混凝土空心砌块墙。

2. 地上部分

外墙：局部钢筋混凝土墙，详见结施图。

250厚04级加气混凝土砌块墙，密度为400kg/m³。

内墙：局部钢筋混凝土墙，详见结施图。

200厚陶粒混凝土空心砌块墙。

100厚陶料混凝土条板隔墙。

3. 砌块墙体的构造柱、水平配筋带、圈梁，门窗过梁，洞口等做法详结施图。

4. 砌体墙体砌筑前应先浇筑150高细石混凝土基座，宽度同墙厚。内墙除混凝土构造柱、梁一次施工完成外，一般分两步：首先在吊顶高度以下按图示尺寸留洞砌筑，待上部设备、管线安装完毕再砌至板底或梁底封堵严实，砌筑砂浆的强度等级为M5。

5. 内外墙留洞：钢筋混凝土墙预留洞，见结构和设备施工图纸；填充墙预留洞，建施图纸仅标注300mm×300mm以上者，以下者根据设备施工图预留。

6. 管道井隔墙：采用100厚陶粒条板墙，耐火极限要求大于1h，应注意先安装管线后再施工管井，并在每层楼板处用相当于楼板耐火极限的材料作防火分隔，施工时边砌边抹水泥砂浆(内外均抹)，保证管井内壁光滑平整，气密性良好。

7. 本工程所采用的加气混凝土砌块的质量应符合中华人民共和国建筑材料工业部标准《蒸压加气混凝土砌块》GB/T 11968—1997的各项指标。

8. 本工程所采用的陶粒混凝土空心砌块的性能应达到《轻集料混凝土小型空心砌块》GB 15229—2002标准，强度等级外墙不应小于MU5，内墙不应小于MU3.5，砌筑砂浆强度等级为M5，砌体砂浆要求饱满，墙体四边应严密无缝，砌筑及构造做法参见《墙身-框架结构填充轻集料混凝土空心砌块》88J2—2(2005)。

十一、楼地面

1. 应先铺设水道及暖通的管线，待管压检验合格后，再做垫层，公共部分。库房及机房装修一次到位，办公部分预留面层做法，详见工程做法。

2. 有防水要求房间穿楼板立管均应预埋防水套管，防止水渗漏，其他房间穿楼板立管是否预埋套管，按设备专业图纸要求。

3. 所有室外出入口平台除注明外均自门口向外找坡0.5%。

十二、门窗(含玻璃幕墙)

1. 依据规范

(1)《玻璃幕墙工程技术规范》JGJ 102—2003。

(2)《建筑玻璃应用技术规程》JGJ 113—2003。

(3)《建筑安全玻璃管理规定》(发改运行[2003] 2116号文)。

2. 非标准门窗立面见建施-19，该图仅表示门窗的洞口尺寸，分樘示意、开启扇位置及形式。据此，生产厂家应结合建筑功能，当地气候及环境条件，确定门窗的抗风压、水密性、气密性、隔声、隔热、防火、玻璃厚度、安全玻璃使用部位及防玻璃炸裂等技术要求，按照相应规范负责设计、制作与安装。

3. 铝合金门窗及玻璃幕墙框料为深灰色，隔热多腔铝合金型材；玻璃为透明中空玻璃(5+12A+5)，外窗开启扇外均设纱窗。

4. 除注明者外，平开内门立樘与开启方向墙面平，弹簧门、内窗及外门窗立樘均为墙中。

5. 门窗加工前应现场复核洞口尺寸。

十三、电梯

1. 根据业主的意见，暂按天津奥的斯电梯有限公司的产品进行设计，是否变更，施工前必须确定。

2. 选用电梯的主要参数如下：

客梯1台，型号为TDEC2000VF，载重量1050kg(载客14人)。

额定速度1.0m/s。共停靠4站，兼无障碍电梯。

3. 具体设计条件见建施-10。

4. 电梯井壁和井底、机房楼面与墙身上的预埋件及预埋孔，由厂家负责及时提供资料和配合施工。

十四、室内二次装修

1. 办公室允许业主根据需要进行二次装修，并另行委托设计。

2. 不得破坏建筑主体结构承重构件和超过结施图中标明的楼面荷载值，也不得任意更改公用的给排水管道，暖通风管及消防设施。

3. 不得任意降低吊顶控制标高以及改动吊顶上的通风与消防设施。

4. 不应减少安全出口及疏散走道的净宽和数量。

5. 室内二次装修设计与变更均应遵守《建筑内部装修设计防火规范》GB 50222—95，并应经原设计单位的认可。

6. 二次装修设计应符合《民用建筑工程室内环境污染控制规范》GB 50325—2001的规定。

十五、其他

1. 外墙贴面砖时必须严格执行：《外墙饰面砖工程施工及验收规程》JGJ 126—2000、《建筑工程饰面砖粘结强度检验标准》JGJ 110—97、《建筑装饰装修工程质量验收规范》GB 50210—2001的有关规定。

2. 所有预埋木砖及木门窗等木制品与墙体接触部分，均需涂刷两道环保型防腐剂。

3. 室内为混合砂浆粉刷时，墙、柱和门洞的阳角，应用20厚1∶2水泥砂浆做护角，其高度>2000，每侧宽度>50。

总负责人			□□设计有限公司	设计证号 甲级□□□	
项目负责人					
专业负责人			某科技产业园办公楼	存档号	
复　核			设计总说明(续)	比例	
				日期	
设　计				图名	建施-02

第三节　工程做法

一、用料说明和室内外装修——工程做法

1. 应涵盖本设计范围内各部位(**墙体、墙身防潮层、地下室防水、屋面、外墙面、勒脚、散水、台阶、坡道、楼面、地面、踢脚板、墙裙、内墙面、顶棚等**)的建筑用料和构造做法。多以逐层叙述的**文字说明为主；或部分文字说明，部分直接在图上引注或加注索引号**(标准图号、页次和编号)。

2. 一般常将用料说明与室内外装修合并列表编写(如本示例)，工程复杂时则可分别编写(如示例三)。

二、几点提示

1. 索引的标准图做法有局部不同时，应加注“参见”字样，并备注变更的内容。

2. **较复杂或较高级的民用建筑应另行委托室内装修设计。凡属二次装修部分，可不列装修做法表和进行室内施工图设计，但对原建筑设计、结构和设备有较大改动时，应征得原设计单位和设计人员的同意。**

3. 根据《中华人民共和建筑法》第五十七条的规定，“建筑设计单位对设计文件选用的建筑材料、建筑构配件和设备，不得指定生产厂、供应商”。

[思考题]

1. 工程做法包括哪两项内容?
2. 工程做法的两项内容何时应分别编写和合并编写?
3. 工程做法是否应尽量选用标准图集?

工程做法表（详见 88J1—1 及 88J1—3）

层数	部位／材料做法／房间名称	楼(地)面		面层厚度	踢脚 100 高		内墙面		顶棚		备注
		面层材料	做法号		面层材料	做法号	面层材料	做法号	面层材料	做法号	
地下室	丁类库房	水泥地面	地 3A	220	水泥	踢 2C-1	大白浆	内墙 4C-N-2	大白浆	棚 3B-2	地面做法：1、2、3 不做，4. 厚度改为 30 厚
	电梯厅	通体地砖	楼 8D-3	50			仿石砖	内墙 39C	白色哑光乳胶漆	棚 2B-饰 4	
	走道	通体地砖	楼 8D-3	50	通体地砖	踢 6C-3	白色哑光乳胶漆	内墙 6C	白色哑光乳胶漆	棚 2B-饰 4	
	楼梯间	预制水磨石	楼 7C	50	水磨石	踢 5C1-1	白色哑光乳胶漆	内墙 6C	白色哑光乳胶漆	棚 9A	
	配电间等设备用房	防滑地砖	楼 8D-5	50	防滑地砖	踢 6C-5	大白浆	内墙 4C-N-2	大白浆	棚 3B-2	
地上一层至四层	办公	通体地砖	楼 8D-3	50	通体地砖	踢 6C-3	白色哑光乳胶漆	内墙 6C	白色哑光乳胶漆	棚 2B-饰 4	地面做法：1、2、3 不做，4. 厚度改为 30 厚，办公部分可自行二次装修
	电梯厅 门厅	通体地砖	楼 8D-3	50			仿石砖	内墙 39C	纸面石膏板		顶棚详见建施-12
	走道	通体地砖	楼 8D-3	50	通体地砖	踢 6C-3	白色哑光乳胶漆	内墙 6C	白色哑光乳胶漆	棚 9A	
	楼梯间	预制水磨石	楼 7C	50	水磨石	踢 5C1-1	白色哑光乳胶漆	内墙 6C	白色哑光乳胶漆	棚 9A	
	公共卫生间	防滑地砖	楼 8F2-2	80			仿石砖	内墙 39C-F	铝合金穿孔方板		顶棚详见建施-12
	电梯机房	防滑地砖	楼 8D-5	50	防滑地砖	踢 6C-5	大白浆	内墙 4C-N-2	大白浆	棚 3B-2	
屋面做法	屋-1	上人屋面		详 88J1-3 屋1903/L15			屋面做法：5. 55 厚挤塑聚苯板 6. 3+3 厚 SBS 改性沥青防水卷材 其他做法不变				
	屋-2	不上人屋面		详 88J1-3 屋24A1/L23			屋面做法：2. 55 厚挤塑聚苯板 3. 3+3 厚 SBS 改性沥青防水卷材 其他做法不变				
备注	外墙、散水、坡道、台阶、地下室防水等做法见有关详图										

门　窗　表

门窗类别	设计编号	洞口尺寸(mm)		数量							适用图集	备注
		宽	高	地下层	一层	二层	三层	四层		总计		
钢质防火门	FM-1 甲	1000	2100	3						3	88J13-4	甲级防火门
	FM-2 甲	1500	2100	1						1	88J13-4	甲级防火门
	FM-1 乙	1000	2100	2	2					4	88J13-4	乙级防火门
	FM-2 乙	1500	2100	1	2					3	88J13-4	乙级防火门
	FM-1 丙	1200	2100		2	2	2			6	88J13-4	丙级防火门
玻璃幕墙	MQ-1	3000	15100		←	1	→			1	建施-19	上悬
	MQ-2	1200	11050		←	1	→			1	建施-19	上悬
铝合金门	LM-1	1200	2400		1					1	建施-19	平开
	LM-2	1000	2150					2		2	建施-19	平开
	LM-3	1200	2850	2						2	建施-19	平开
木质夹板门	M-1	1000	2400		5	5	5	3		18	88J13-3	平开
铝合金窗	C-1	1200	2850	6						6	建施-19	上悬
	C-2	1200	3450		21					21	建施-19	上悬
	C-3	6300	3450		5					5	建施-19	上悬
	C-4	1800	900		1	1	1	1		4	建施-19	推拉
	C-5	1500	900		2	2	2	1		7	建施-19	推拉
	C-6	1200	2250			38	38			76	建施-19	上悬
	C-7	2400	500			2	2			4	建施-19	上悬
	C-8	5600	2700					1		1	建施-19	上悬
	C-9	3000	900					1		1	建施-19	固定
不锈钢门	BGM-1	3000	2700		1					1	建施-19	平开
	BGM-2	1500	2400			2	2			1	建施-19	平开

总负责人		□□设计有限公司	设计证号 甲级□□□	
项目负责人				
专业负责人		某科技产业园办公楼	存档号	
复　核		工程做法及门窗表	比例	
			日期	
设　计			图名	建施-03

第四节　门窗表

门窗表是一个子项中所有门窗的汇总与索引，目的在于方便土建施工和厂家制作。

一、门窗表

门窗表的基本形式及内容见表 2-2。

门　窗　表　　　　　　　　　　　　　　　　　　　　　　　　　　　　**表 2-2**

类别	设计编号	洞口尺寸(mm)		樘数	标准图集及编号		备注
		宽	高		图集代号	编号	
门							
窗							

1. 门窗的设计编号建议按材质、功能或特征分类编排，以便于分别加工和增减樘数。现将常用的门窗类别代号列举如下，仅供参考。

(1) 门

木门—MM；钢门—GM；塑钢门—SGM；铝合金门—LM；

卷帘门—JM；防盗门—FDM；

防火门—FM甲(乙、丙)；防火卷帘门—FJM；

人防门—RFM(防护密闭门)；RMM(密闭门)；RHM(防爆活门)

(2) 窗

木窗—MC；钢窗—GC；铝合金窗—LC；

木百叶窗—MBC；钢百叶窗—GBC；铝合金百叶窗—LBC；

塑钢窗—SGC；防火窗—FC甲(乙、丙)

(3) 玻璃幕墙—MQ

2. 洞口尺寸应与平、剖面及门窗详图中的相应尺寸一致。

3. 工程复杂时，门窗樘数除总数外宜增加分层樘数和分段樘数，这样统计、校核、修改都较方便(见示例二和示例三)。

4. **采用非标准图集的门窗应绘制门窗立面图及开启方式**，表中“图集代号”改为索引该图所在的图号(如本示例中的不锈钢门、铝合金门窗和玻璃幕墙)。

5. 门窗表的备注栏内，一般多书写下列内容。

(1) 参照选用标准门窗时，注写变化更改的内容。

(2) 进一步说明门窗的特征。如同为木门，可分别注明为平开、单向或双向弹簧门；同为人防门，可分别注明为防爆活门、防爆密闭门、密闭门。

(3) 对材料或配件有其他要求者。如同为甲级防火门但要求为木质；同为铝合金门但要求加纱门。

(4) 书写在图纸上不易表达的内容。如设有门坎、高窗顶至梁底等。

二、门窗说明

在门窗表外还应加注普遍性说明，其内容主要是对**门窗性能(防火、隔声、防护、抗风压、保温、空气渗透、雨水渗透等)、用料、颜色、玻璃、五金件等的设计要求**，以及立樘位置，厂家资质、依据规范、制作安装的说明。此项说明宜在设计总说明内集中表述。

[思考题]

1. 门窗为什么应按材质、功能或特征分类编号？
2. 何时需要分层或分段统计门窗数量？目的何在？
3. 门窗洞口尺寸除应与平剖面相关尺寸一致外，还应与何图上的尺寸一致？
4. 门窗表内的附注栏和表外的门窗说明分别书写哪些内容？

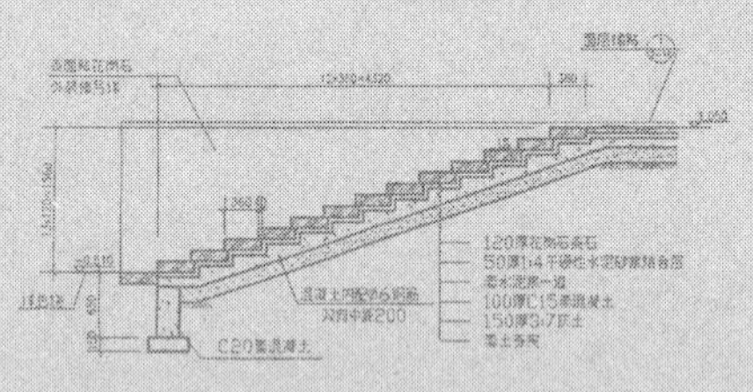
50厚1:4干硬性水泥砂浆结合层
素水泥浆一道
100厚C15素混凝土
150厚3:7灰土
素土夯实
C20素混凝土

第三章　平　面　图

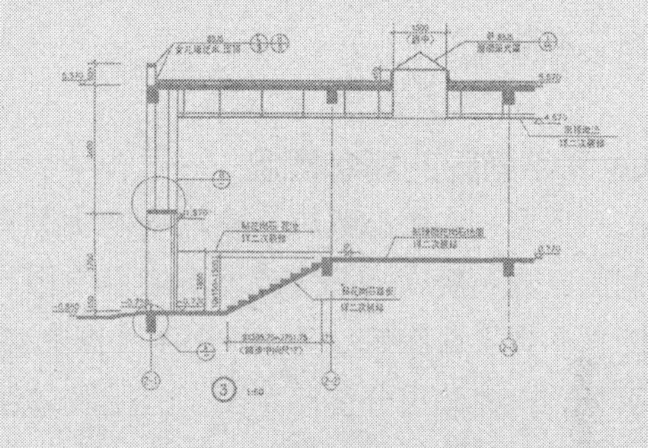

第一节　平面图综述

平面图是建筑施工图中最主要、最基本的图纸，其他图纸(如立面图、剖面图及某些详图)多是以它为依据派生和深化而成的。

同时，建筑平面图也是其他工种(如总平面、结构、设备、装修)进行相关设计与制图的主要依据。反之，其他工种(特别是结构与设备)对建筑的技术要求也主要在平面图中表示(如砖墙厚、砖柱断面尺寸、管道竖井、留洞、地沟、地坑、明沟等)。

因此，平面图与建筑施工图的其他图纸相比，则较为复杂，绘制也要求全面、准确、简明。

一、平面图的基本概念

典型平面图的实质是建筑物水平剖面图，并根据表达内容的需要，选择不同的剖视高度，从而生成地下层平面图、底层平面图、楼层平面图、地沟平面图、吊顶平面图等。至于屋面平面图其实是俯视建筑物所得的“第五”立面图。另外，一些防火分区示意图、分段及轴线关系示意图等，严格的说并不具有典型平面图的实质，而是针对某一专项内容的解析图。

典型的各层平面图，一般是指在建筑物门窗洞口处水平剖切后，按正投影法绘制的俯视图(大空间的影剧院、体育场、体育馆等的剖切位置可酌情确定)。吊顶平面图则为用镜像投影法绘制的俯视图。

二、平面图表达的内容

平面图所表达的内容可基本归纳为以下三大部分：

1. 平面图样

(1) 用粗实线和规定的图例表示剖切到的建筑实体的断面，如墙体、柱子、门窗、楼梯等。

(2) 用细实线表示剖视方向(即向下)所见的建筑部、配件，如室内楼地面、明沟、卫生洁具、台面、踏步、窗台等。有时楼层平面还应表示室外的阳台、下层的雨篷和局部屋面。底层平面则应同时表示相临的室外柱廊、平台、散水、台阶、坡道、花坛等。如需表示高窗、天窗、上部孔洞、地沟等不可见部件，以及机房内的设备时，可用细虚线表示。

应注意的是：非固定设施不在施工图阶段各层平面图的表达之列，如活动家具、屏风、盆栽等。需要时可绘制家具布置示意图和大开间建筑平面的分隔示例图，详见第七节。

2. 定位与定量

(1) 定位轴线：以横、竖两个方向的墙(柱)轴线形成平面定位网络。编绘规定详见附录二《房屋建筑制图统一标准》第 7.0.1～7.0.10 条。

(2) 标注尺寸：其中标注建筑实体或配件大小的尺寸为定量尺寸，如墙厚、柱子断面、台面的长宽、地沟宽度、门窗宽度、建筑物外包总尺寸等；而标注上述建筑实体或配件位置的尺寸则为定位尺寸，如墙与墙的轴线间距、墙身轴线与两侧墙皮的距离、地沟内壁距墙皮或轴线的距离、拖布盆与墙面的距离等(图 3-1)。

(3) 竖向标高：楼面、地面、高窗及墙身留洞高度等需加注标高，用以控制其垂直定位。

3. 标示与索引

(1) 标示：图样名称、比例、房间名称、指北针、车位示意等。

(2) 索引：门窗编号、放大平面和剖面及详图的索引等。

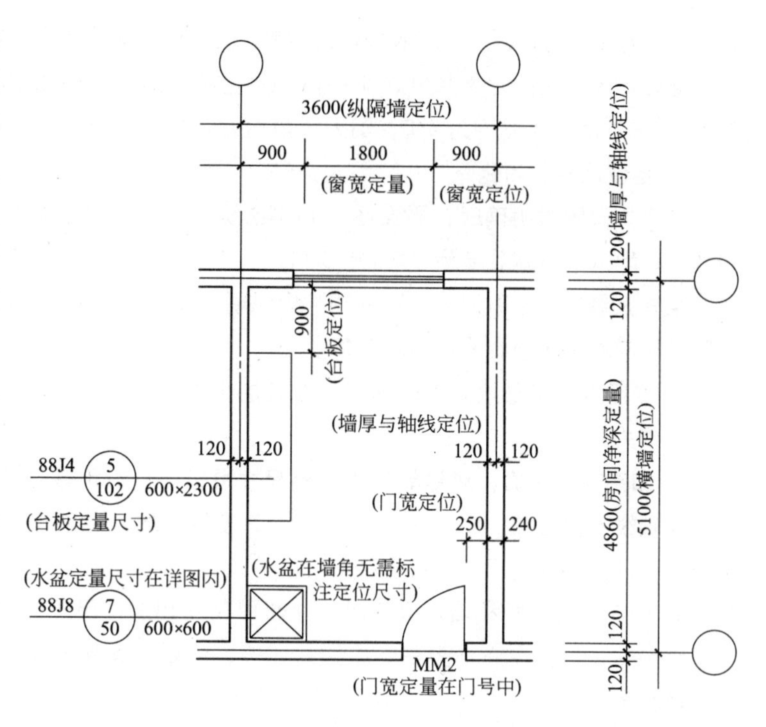

图 3-1　定量及定位尺寸的标注

上述平面图表达的基本构成可简化为表 3-1。

平面图表达的基本构成　　　　表 3-1

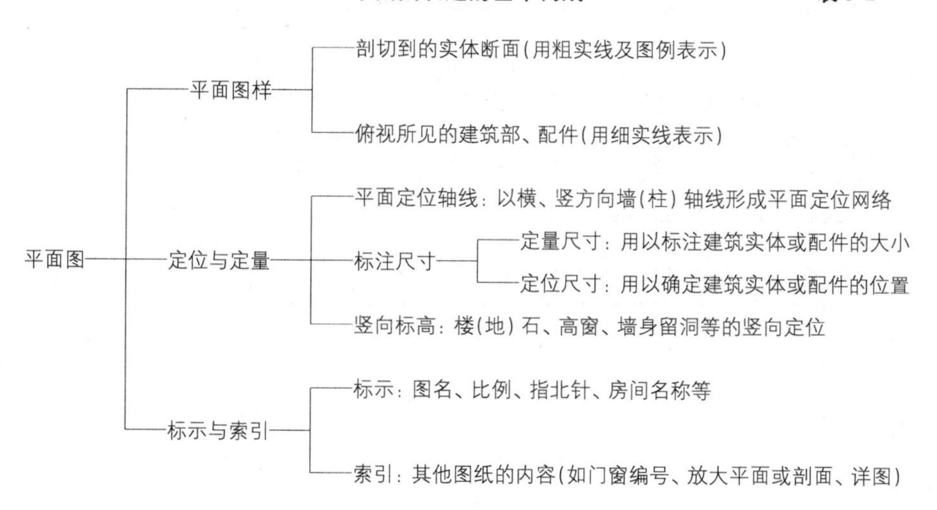

三、 平面图尺寸标注的简化

1. 定量尺寸的简化

当定量尺寸在索引的详图(含标准图)中已经标注，则在各种平面图中可不必重复。例如，内门的宽度、拖布盆的尺寸、卫生隔间的尺寸等。若标准图中的定量尺寸有多种时，则平面图应标注选用者，如地沟或明沟的宽度等(图 3-1)。

此外，大量性的定量尺寸，可在图内附注中写，不必在图内重复标注。如注写：“未注明之墙厚均为 240，门大头角均为 250” 等。

2. 定位尺寸的简化

当实体位置很明确时，平面图中则不必标注定位尺寸。如：拖布盆靠设在墙角处，地沟的尽端到墙为止等(图 3-1)。

某些大量性的定位尺寸也可在图注内说明。如：“除注明者外，墙轴线均居中”、“内门均位于所在开间中央” 等。

3. 当已索引局部放大平面图时，在该层平面图上的相应部位，即可不再重复标注相关尺寸。

4. **如系对称平面，对称部分的内容尺寸可省略，对称轴部位用对称符号表示，但轴线不得省略。**楼层平面除开间、跨度等主要尺寸及轴线编号外，与底层(或下一层)相同的尺寸也可省略。

5. 钢筋混凝土柱和墙，也可以不注断面尺寸和定位尺寸，但应在图注中写明见结施图，且应在施工图草图中深入研究、配合、确保无误。复杂者则应画节点放大图。

四、“三道尺寸” 的标注与简化

这里特别提及关于外墙门窗洞口尺寸、轴线间尺寸、轴线或外包总尺寸——“三道尺寸” 的标注问题。

1. 该 “三道尺寸” 在底层平面中是必不可少的。当平面形状较复杂时，还应增加分段尺寸(图 3-2)。

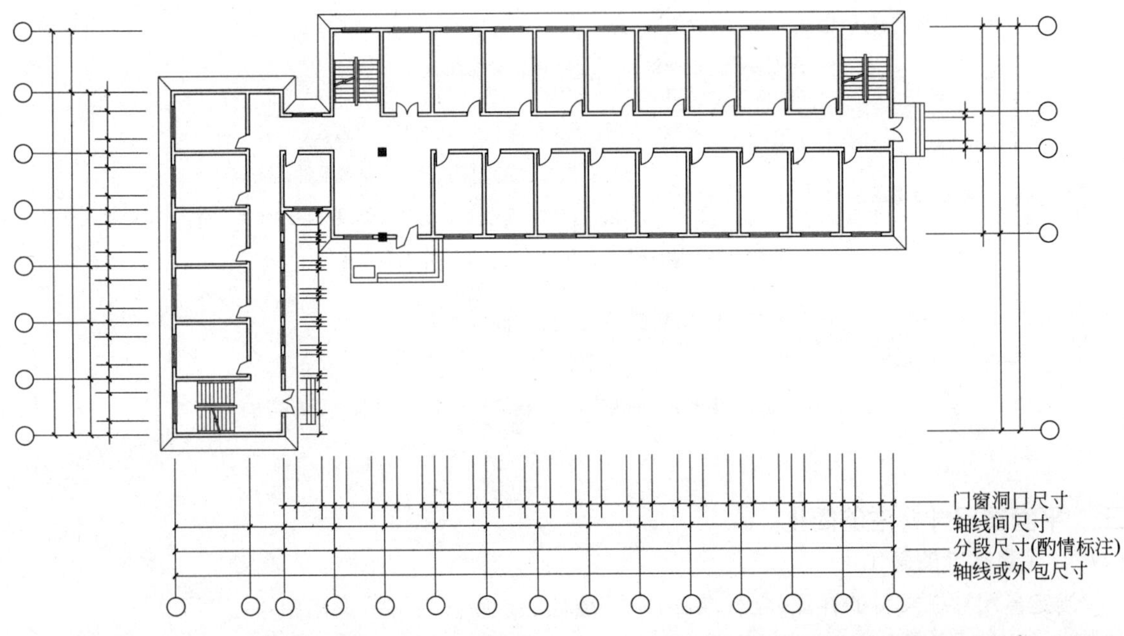

图 3-2　外墙 “三道尺寸” 的标注

2. 在其他各层平面中，外包总尺寸可省略或者标注轴线间总尺寸。

3. 在屋面平面中可以只标注端部和有变化处的轴线号，以及其间的尺寸。

4. 无论在何层标注，均应注意以下两点，才能方便看图，明确清晰。

(1) 门窗洞口尺寸与轴线间尺寸要分别在两行上各自标注，宁可留空也不要混注在一行上；

(2) 门窗洞口尺寸也不要与其他实体的尺寸混行标注；例如：墙厚、雨篷宽度、踏步宽度等应就近实体另行标注。

5. 当上下或左右两道外墙的开间及洞口尺寸相同时，可只标注上或下(左或右)一面尺寸及轴线号即可。此点在计算机绘图时常重复标注，反而显得繁杂和重点不突出。

五、 平面图的排序

平面图图纸的编排次序建议如下：

总平面定位图、防火分区示意图、轴线关系及分段示意图、各层平面图(地下最深层→地下一层→底层→地上最高层)、屋面平面图、地沟平面图、局部放大平面图、吊顶平面图等。

总平面另行出图时，总平面定位图可取消。除各层平面图及屋面平面图外，其他平面图的取舍详见第七节。

六、 平面图表达的主要内容明细

现将《深度规定》中有关平面图表达的具体条文汇总如下，以利绘制和检查。仅在底层、楼层和屋面层内表示者，在其章节内将重复提示。

1. **承重墙、柱及其定位轴线和轴线编号，内外门窗位置、编号及定位尺寸，门的开启方向，注明房间名称或编号。**

2. **轴线总尺寸(或外包总尺寸)、轴线间尺寸(柱距、跨度)、门窗洞口尺寸、分段尺寸。**

3. **墙身厚度(包括承重墙和非承重墙)，柱与壁柱宽、深尺寸(必要时)，及其与轴线关系尺寸。**

4. **变形缝位置、尺寸及做法索引。**

5. **主要结构和建筑构造部件的位置、尺寸和做法索引，如中庭、天窗、地沟、地坑、重要设备或设备机座的位置尺寸、各种平台、夹层、人孔、阳台、雨篷、台阶、坡道、散水、明沟等。**

6. **楼地面预留孔洞和通气管道、管线竖井、烟囱、垃圾道等位置、尺寸和做法索引，以及墙体(主要为填充墙，承重砌体墙)预留洞的位置、尺寸与标高或高度等。**

7. **特殊工艺要求的土建配合尺寸。**

8. **室外地面标高、底层地面标高、各楼层标高、地下室各层标高。**

9. **主要建筑设备和固定家具的位置及相关做法索引，如卫生器具、雨水管、**

水池、台、橱、柜、隔断等。

10. 电梯、自动扶梯及步道(注明规格)、楼梯(爬梯)位置和楼梯上下方向和编号索引。

11. 屋面平面应有女儿墙、檐口、天沟、坡向、雨水口、屋脊(分水线)、变形缝、楼梯间、水箱间、电梯间、天窗及挡风板、屋面上人孔、检修梯、室外消防楼梯及其他构筑物，必要的详图索引号、标高等；表述内容单一的屋面可缩小比例绘制。

12. 根据工程性质及复杂程度，必要时可选择绘制局部放大平面图。

13. 建筑平面较长较大时，可分区绘制，但须在各分区平面图适当位置上绘出分区组合示意图，并明显表示本分区部位编号。

14. 可自由分隔的大开间建筑平面宜绘制平面分隔示例系列，其分隔方案应符合有关标准及规定(分隔示例平面可缩小比例绘制)。

15. 每层建筑平面中防火分区面积和防火分区分隔位置示意(宜单独成图，如为一个防火分区，可不注防火分区面积)。

16. 车库的停车位和通行路线。

17. 剖切线位置及编号(一般只标注在底层平面或需要剖切的平面位置)。

18. 有关平面节点详图索引号。

19. 指北针(画在底层平面)。

20. 图纸名称、比例。

[思考题]

1. 典型平面图的实质是什么图？根据什么生成各层平面图？

2. 平面图表达的内容可分哪三大部类？

3. 平面图纸宜按什么次序编排？

4. 何为“定量”和“定位”尺寸？平面图中大量相同的“定量”和“定位”尺寸如何简化标注？

5. 何为“三道尺寸”？在何层平面图中必须标注“三道尺寸”？标注时应注意哪些问题？何时需增加分段尺寸？

6. 平面图中上、下或左、右外墙的相关尺寸相同时，可否只标注一侧？

7. 平面图中的某处已索引局部放大平面，该处还需要标注相关的细部尺寸和索引吗？

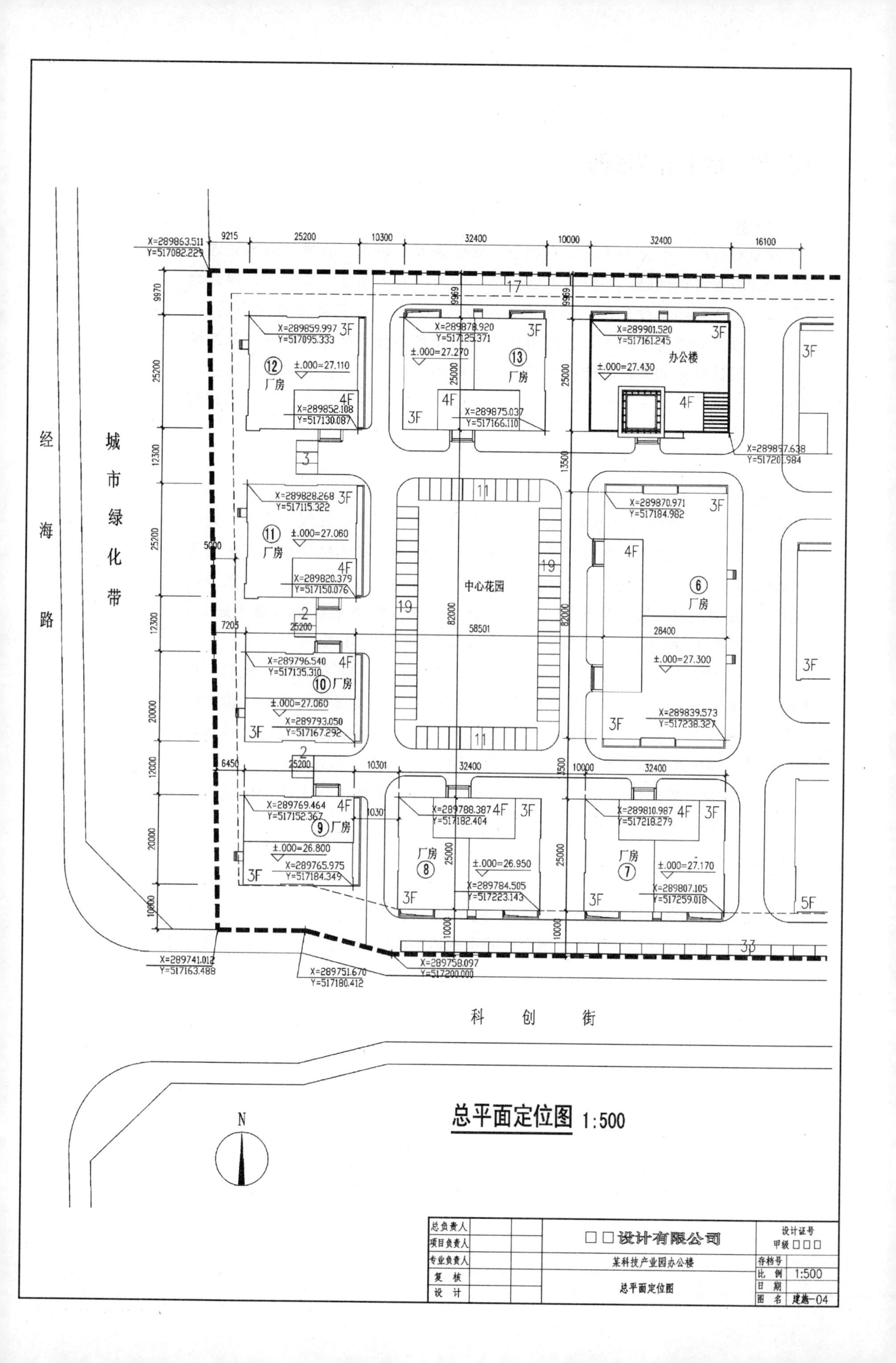

总平面定位图 1:500
经海路
城市绿化带
科创街
中心花园
办公楼
厂房
N
X=289863.511
Y=517082.229
X=289741.012
Y=517163.488
X=289751.670
Y=517180.412
X=289758.097
Y=517200.000
X=289901.520
Y=517161.245
±.000=27.430
X=289897.638
Y=517201.984
X=289878.920
Y=517125.371
±.000=27.270
X=289875.037
Y=517166.110
X=289859.997
Y=517095.333
±.000=27.110
X=289852.108
Y=517130.087
X=289828.268
Y=517115.322
±.000=27.060
X=289820.379
Y=517150.076
X=289796.540
Y=517135.310
±.000=27.060
X=289793.050
Y=517167.292
X=289769.464
Y=517152.367
±.000=26.800
X=289765.975
Y=517184.349
X=289870.971
Y=517184.982
±.000=27.300
X=289839.573
Y=517238.327
X=289788.387
Y=517182.404
±.000=26.950
X=289784.505
Y=517223.143
X=289810.987
Y=517218.279
±.000=27.170
X=289807.105
Y=517259.018
总负责人
项目负责人
专业负责人
复 核
设 计
□□设计有限公司
某科技产业园办公楼
总平面定位图
设计证号
甲级 □□□
存档号
比 例 1:500
日 期
图 名 建施-04

第二节　地下层平面图

一、概述

建筑物的地下部分由于其深入地下，致使采光、通风、防水、结构处理以及安全疏散等设计问题，均较地上层复杂。此外，为了充分开发空间，提高地上层(尤其是底层)的使用率，又多将机电设备用房、汽车库布置在地下层内，而人防工程又只能位于地下。这些用房均各有特殊的使用和工艺要求，从而使地下层的设计难度加大，设计者必须给予足够的重视：一方面要对建筑专业本身的技术问题给予慎重妥善的对待，同时还应对其他工种的要求充分理解和满足，这样才能使设计趋于完善。

二、提示

1. 地下层外墙和底板(含桩基承台)的防水措施，以及变形缝和后浇带处的防水做法，是地下层施工图设计必须交代的重点内容。其选材和构造应合理可靠，否则后患无穷，补救不易。为此，一般均应绘制上述部位的放大节点详细表达，或者引用相应的标准图节点详图。并应遵守《地下工程防水技术规范》GB 50108—2001 的规定，其中首先应确定防水等级和设防要求。

2. 民用建筑的地下层内，一般均布置有设备机房(如风机房、制冷机房、直燃机房、锅炉房、变配电室、发电机房、水泵房等)。其设备的大小和定位在相应工种的施工图上表示，建施图上可用虚线示意或不表示。但电缆沟、排水明沟和集水井则应索引详图和注明定位尺寸、底标高及坡向、坡度等。

3. 设备基座多由结构工种在结施图上表示。位于基础底板上的地坑由结构工种在结施图上交代，建施图上仅示意即可。

[思考题]

1. 地下层客观条件的制约性和使用要求的复杂性有哪些方面?

2. 地下层的哪些部位必须详细交代防水构造措施?

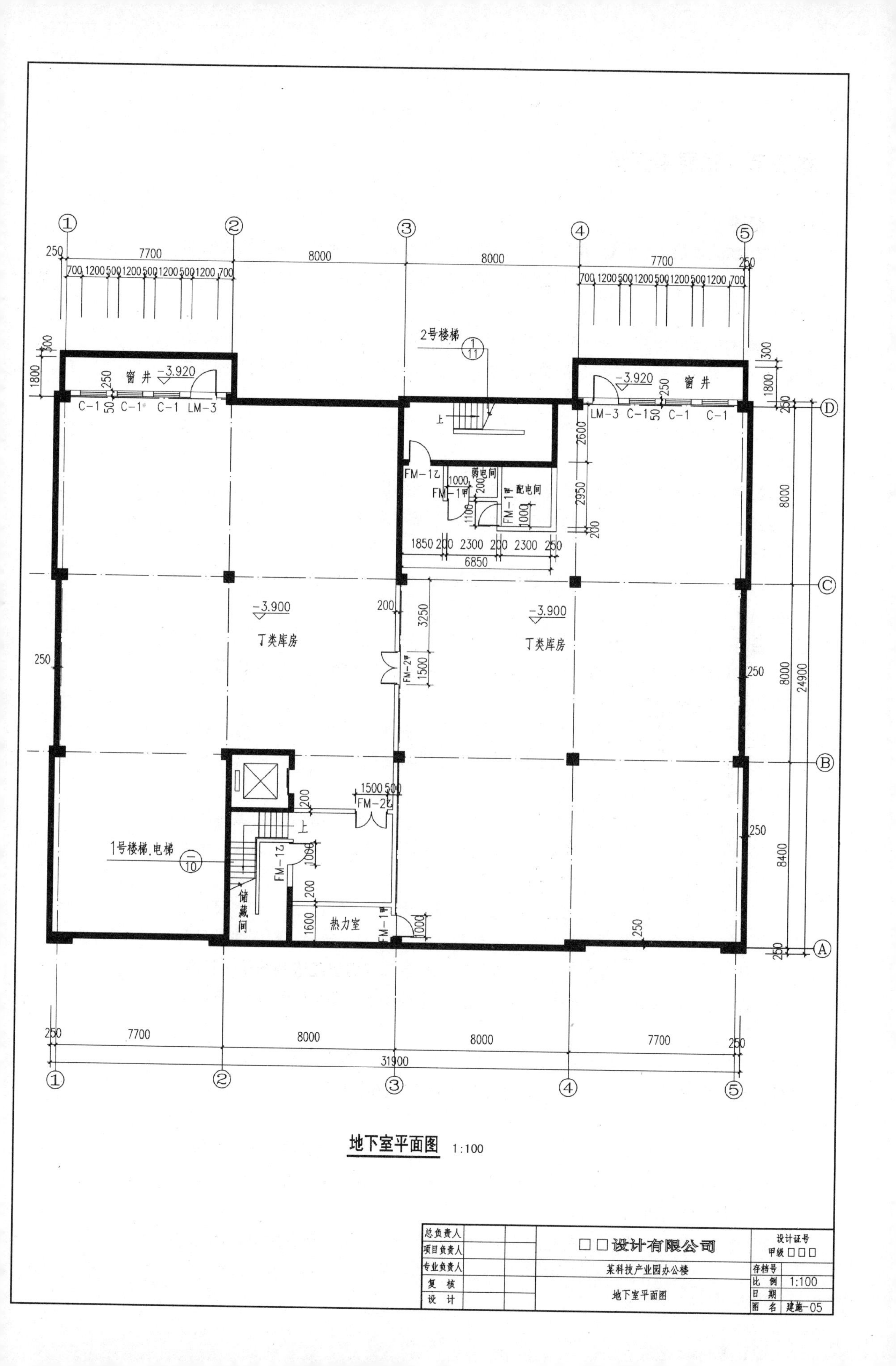

2号楼梯
窗井
-3.920
C-1
LM-3
FM-1乙
FM-1甲
弱电间
配电间
丁类库房
-3.900
FM-2甲
FM-2乙
1号楼梯.电梯
储藏间
热力室
7700
8000
31900
24900
地下室平面图 1:100
总负责人
项目负责人
专业负责人
复 核
设 计
□□设计有限公司
某科技产业园办公楼
地下室平面图
设计证号
甲级□□□
存档号
比 例 1:100
日 期
图 名 建施-05

第三节 底层平面图

一、 概述

建筑物的底层(此为《深度规定》的称谓，也可称为一层或首层)是地上部分与地下的相邻层，并与室外相通，因而必然成为建筑物上下和内外交通的枢纽。

底层既与室外相邻，便可多向布置出入口组织人流和货流；还可以向主体外扩大成为裙房，布置更多不同功能的房间。尤其是门厅和大堂的设计，则关系到进入室内的“第一印象”。

此外，如何处理好门廊、踏步、坡道、花坛等室外空间的过渡部分，势必影响整个建筑的外部形象。

就图纸本身而论，底层平面可以说是地上其他各层平面的“基本图”。因为地上层的柱网及尺寸、房间布置、交通组织、主要图纸的索引，往往在底层平面首次表达。

综上所述，底层平面图的内容自然比较复杂，设计和表达的难度也较大。

二、 提示

1. 底层地面的相对标高通常为±0.000，其相应的绝对标高值应在首页设计总说明中注明。

室外地面有高低变化时，应在典型部位分别注出设计标高(如：踏步起步处、坡道起始处、挡土墙上、下处等)。剖面的剖切位置也宜注出，以便与剖面图上的标高及尺寸相对应。

与室内出入口相邻的室外平台，一般均比室内标高低 20mm(有无障碍要求时为 15mm，并以斜坡过渡)，以防雨水进入。人流频繁的也可不做高差，但室外平台应向外找坡($i=0.005$ 左右)。

2. 剖切面应选在层高、层数、空间变化较多，最具有代表性的部位。复杂的应画多个剖视方向的全剖面或局部剖面。剖视方向宜向左、向上。剖切线编号和所在图号一般只注在底层平面图上。标准画法见附录二《房屋建筑制图统一标准》GB/T 50001—2001 第 6.1.1 条和附录三《建筑制图标准》GB/T 50104—2001 第 4.3.4 条。

3. 指北针应画在底层平面图上，位于图面的角部，不应太大、太小或奇形怪状，其标准画法见附录二《房屋建筑制图统一标准》GB/T 50001—2001 第 6.4.3 条。

4. 建筑平面分区绘制时，其组合示意图的画法见附录二《房屋建筑制图统一标准》GB/T 50001—2001 第 9.2.3 条。仅画于各分区的底层平面图上即可，宜位于图面的角部(见示例三)。

5. 简单的地沟平面可画在底层平面图内。复杂的地沟应单独绘制，以免影响底层平面的清晰。有关室内地沟设计的提示见本章第七节。

6. 外包总尺寸(或轴线总尺寸)在底层必须标注，并应与总平面图的相应尺寸一致。

[思考题]

1. 底层平面图为什么说是地上各层平面的“基本图”?
2. 哪些标高、尺寸、标示和索引必须在底层平面图中表示?
3. 剖面图索引的剖视方向为何不宜向下?

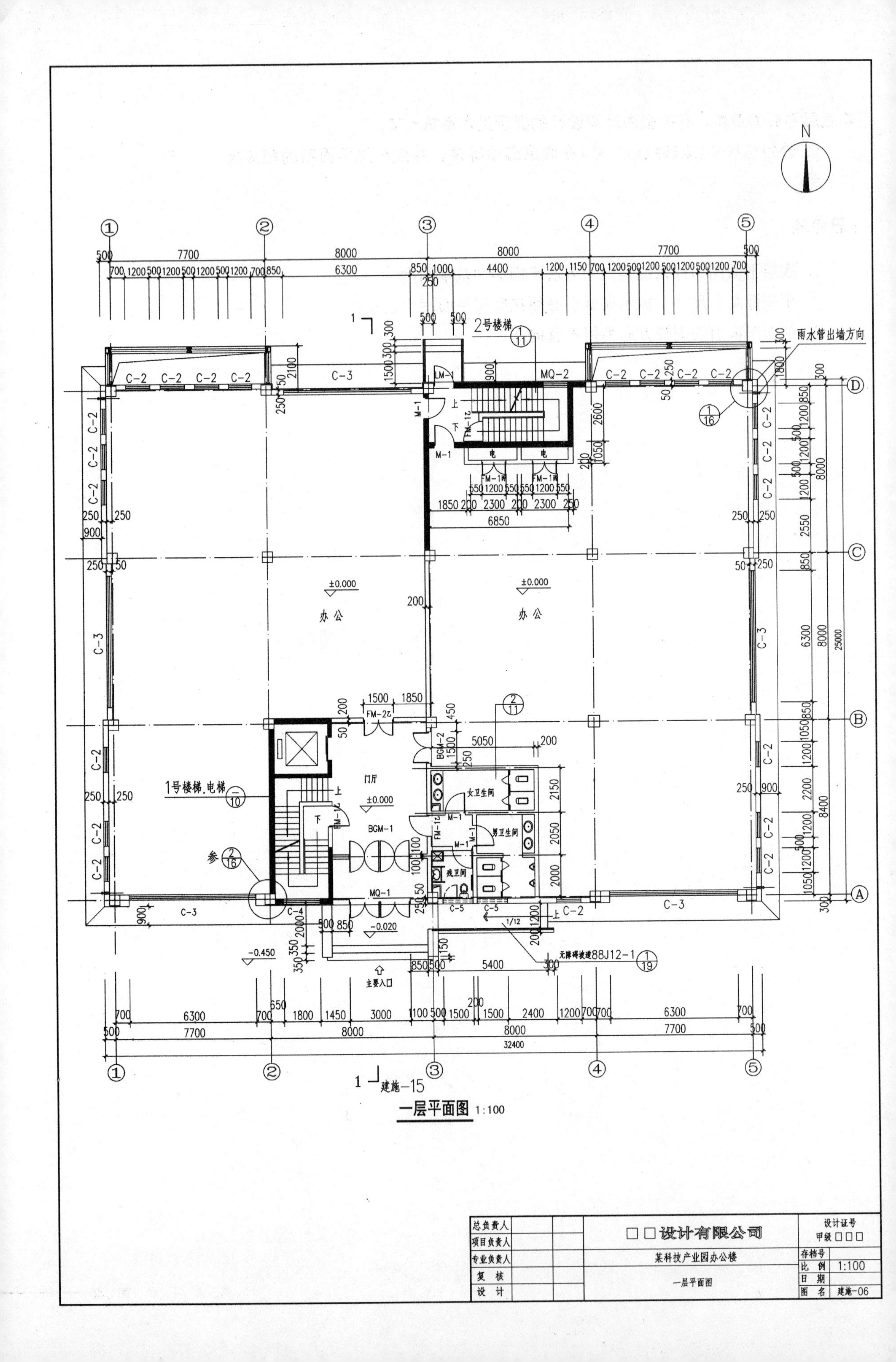

N
2号楼梯
雨水管出墙方向
办公
办公
±0.000
1号楼梯.电梯
门厅
女卫生间
男卫生间
残卫间
主要入口
无障碍坡道88J12-1
建施-15
一层平面图 1:100
总负责人
项目负责人
专业负责人
复 核
设 计
□□设计有限公司
某科技产业园办公楼
一层平面图
设计证号
甲级 □□□
存档号
比 例 1:100
日 期
图 名 建施-06

第四节　楼层平面图

一、 概述

楼层平面是指建筑物二层和二层以上的各层平面。由于结构体系和布置已基本定型，因此除裙房与主体的相接层之外，各楼层虽可以向内缩减或向外有限悬挑，但其平面往往变化不多，即重复性较大。基于此点，本节的重点在于提示楼层平面的表达如何简化。

此外，还应注意的是：楼层平面有时应表示同层的室外阳台和下一层的局部屋面或雨篷。

二、 提示

1. 除开间、跨度等主要尺寸和轴线编号外，与底层或下一层相同的尺寸均可省略，但应在图注中说明。

2. 当仅仅是墙体、门、窗等有局部少量变动时，可以在共用平面中用虚线表示，但须注明用于什么层次（图 3-3）。

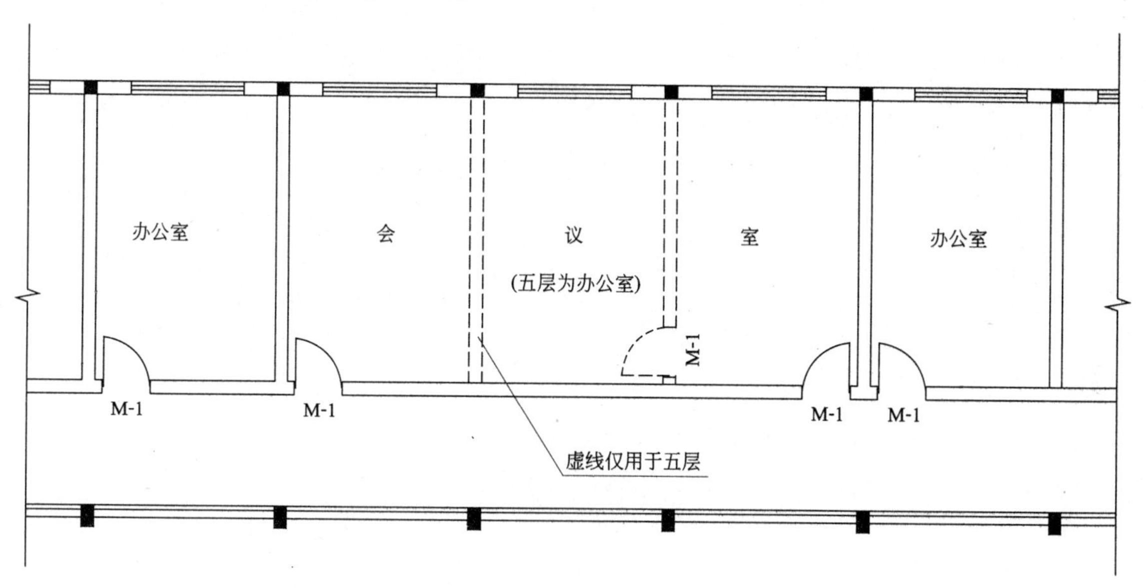

图 3-3　局部变化的共用平面示例

3. 当仅仅是某层的房间名称有变化时，只须在共用平面的房间名称下，另行加注说明即可(图 3-3)。

4. 当某层的局部变动较大，其他部位仍相同时，可将变动部分画在共同平面之外，写明层次并注写“其他部分平面同某层”。

5. 如上下或左右外墙上的尺寸相同时，只标注一侧即可。

6. 同样，各层中相同的详图索引，均可以只在最初出现的层次上标注，其后各层则可省略，只标注变化和新出现者。这样看图很清晰，改图更方便。

[思考题]

1. 与下层平面相同的尺寸哪些可以省略?
2. 各层平面中相同的详图索引应于何层平面图中索引一次即可?

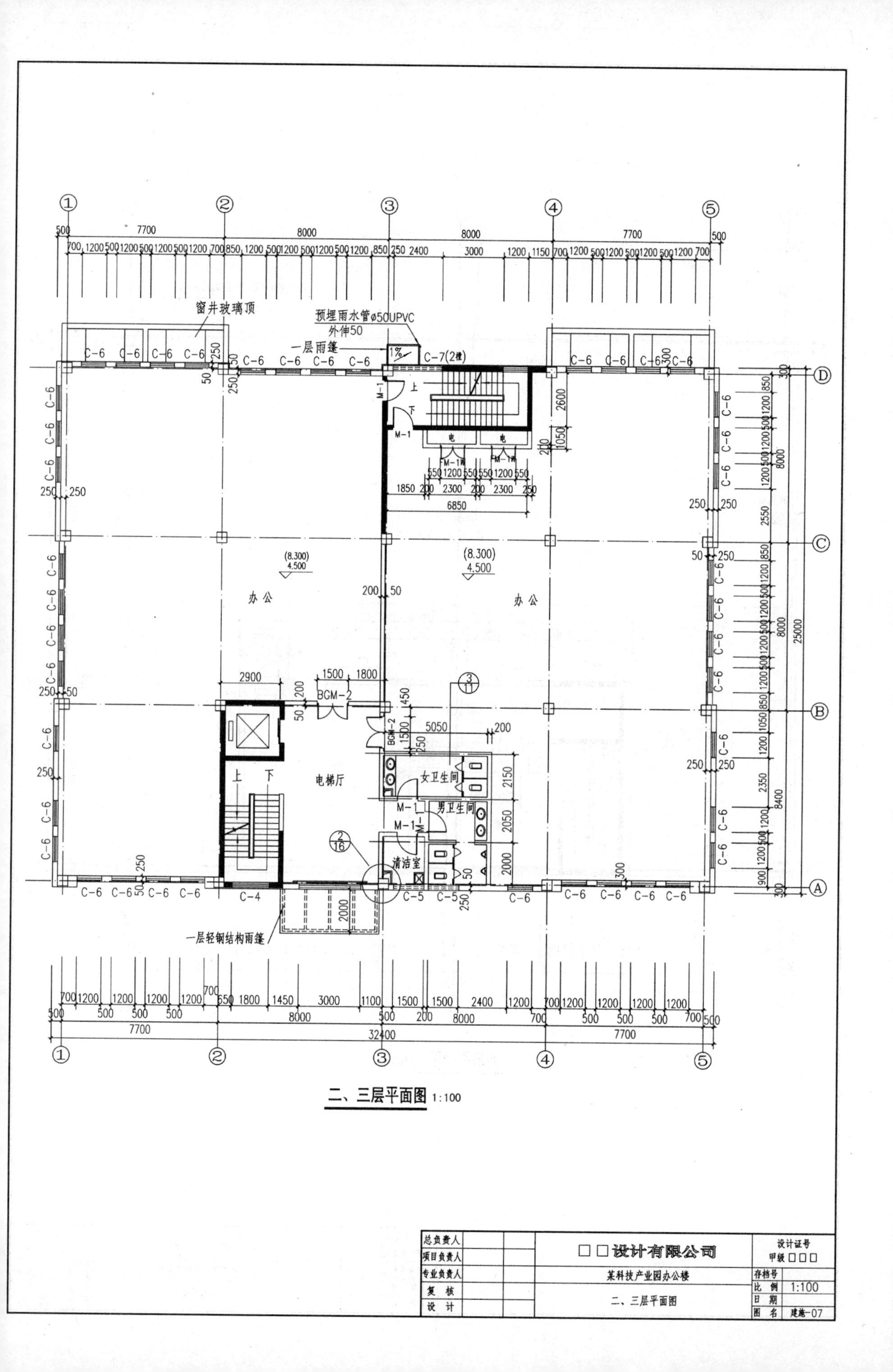

窗井玻璃顶
预埋雨水管ø50UPVC
外伸50
一层雨篷
C-7(2樘)
办公
办公
电梯厅
女卫生间
男卫生间
清洁室
BGM-2
一层轻钢结构雨篷
二、三层平面图 1:100
总负责人
项目负责人
专业负责人
复 核
设 计
□□设计有限公司
某科技产业园办公楼
二、三层平面图
设计证号
甲级 □□□
存档号
比 例 1:100
日 期
图 名 建施-07

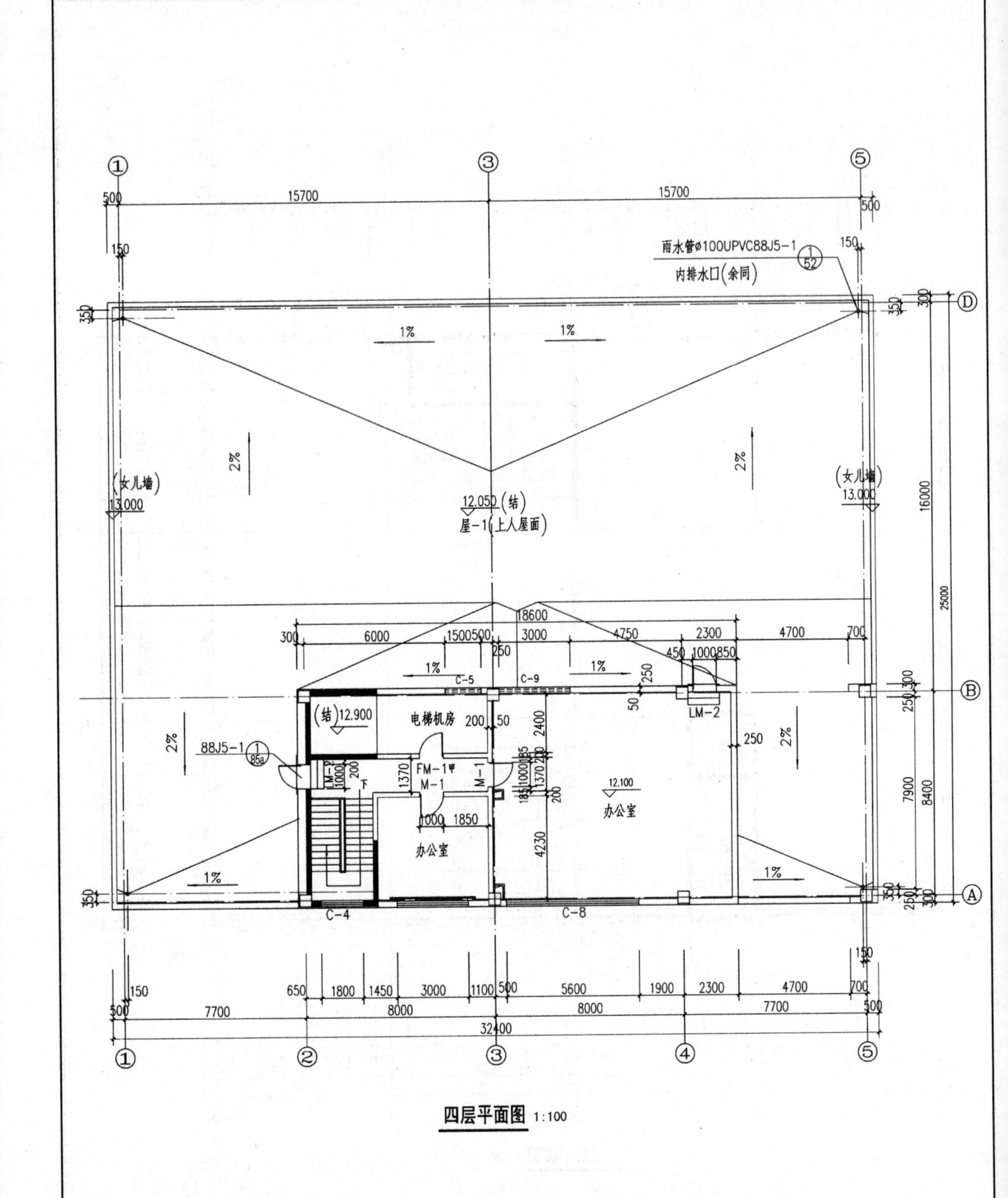

四层平面图 1:100

总负责人			□□设计有限公司	设计证号 甲级 □□□
项目负责人				
专业负责人			某科技产业园办公楼	存档号
复　核				比　例 1:100
设　计			四层平面图	日　期
				图　名 建施-08

第五节 屋面平面图

一、概述

1. 屋面平面可以按不同的标高分别绘制，也可以画在一起，但应注明不同标高。复杂时多用前者，简单时多用后者。

2. **屋面平面应有女儿墙、檐口、天沟、坡向、雨水口、屋脊(分水线)、变形缝、楼梯间、水箱间、电梯间、天窗及挡风板、屋面上人孔、检修梯、室外消防楼梯及其他构筑物，必要的详图索引号、标高等；表述内容单一的屋面可缩小比例绘制。**

3. 在屋面平面图中可以只标注两端和有变化处，以及供构配件定位的轴线编号及相间尺寸。

二、提示

1. 应根据当地的气候条件、暴雨强度、屋面汇流分区面积等因素，确定雨水管的管径和数量。每一独立屋面的落水管数量不宜少于两个。高处屋面的雨水允许排到低处屋面上，汇总后再排除。

2. 当有屋顶花园时，应绘出相应固定设施的定位，如灯具、桌椅、水池、山石、花坛、草坪、铺砌等，并应索引有关详图。

3. 有擦窗设施的屋面，应绘出相应的轨道或运行范围。也可以仅注明："应与生产厂家配合施工安装"。轨道等固定于屋面的部位应确保防水构造完整无缺。

4. 当一部分为室内，另一部分为屋面时，应注意室内外交接处(特别是门口处)的高差与防水处理。例如：室内外楼板结构面即便是同一标高，但因屋面找坡、保温、隔热、防水的需要，此时门口处的室内外均应增加踏步，或者做门槛防水。其高度应能满足屋面泛水节点的要求。

5. 冷却塔等露天设备除绘制根据工艺提供的设备基础并注明定位尺寸外，宜用细虚线表示该设备的外轮廓。对明显凸现于天际的设备，应与相关工种协商其外观选型和色彩等，以免影响视觉效果。

6. 屋面排水设计

由于屋面排水天沟常削弱保温效果，因此在寒冷地区亦将屋面多向找坡形成汇水线，使雨水直接流入水落口。但当屋面平面形状复杂或水落口位置不规律时，绘制汇水线的难度也较大。当屋面四周有女儿墙时，一般做法如下：

(1) 无论内排水还是外排水，屋面的排水坡向均宜与女儿墙垂直或平行，以便于施工；排水坡向应以2%为主，以利于排水。

(2) 当为外排水时，建议屋面的绝大部分为2%坡度的主坡，仅沿女儿墙根据水落口位置增做1%～0.5%的辅坡，即可形成汇水线(图3-4)。此法排水顺畅、施工方便、绘图简单。当然，也可选用一种坡度(2%)绘制，但较为复杂。

(3) 当为内排水时，首先应使水落口的位置尽量有规律，这样无论采用一种坡度(2%)，还是采用加辅坡(1%～0.5%)的两种坡度，汇水线的形成均较为简单，施工也较方便(图3-5、图3-6)，否则将很复杂(图3-7)。

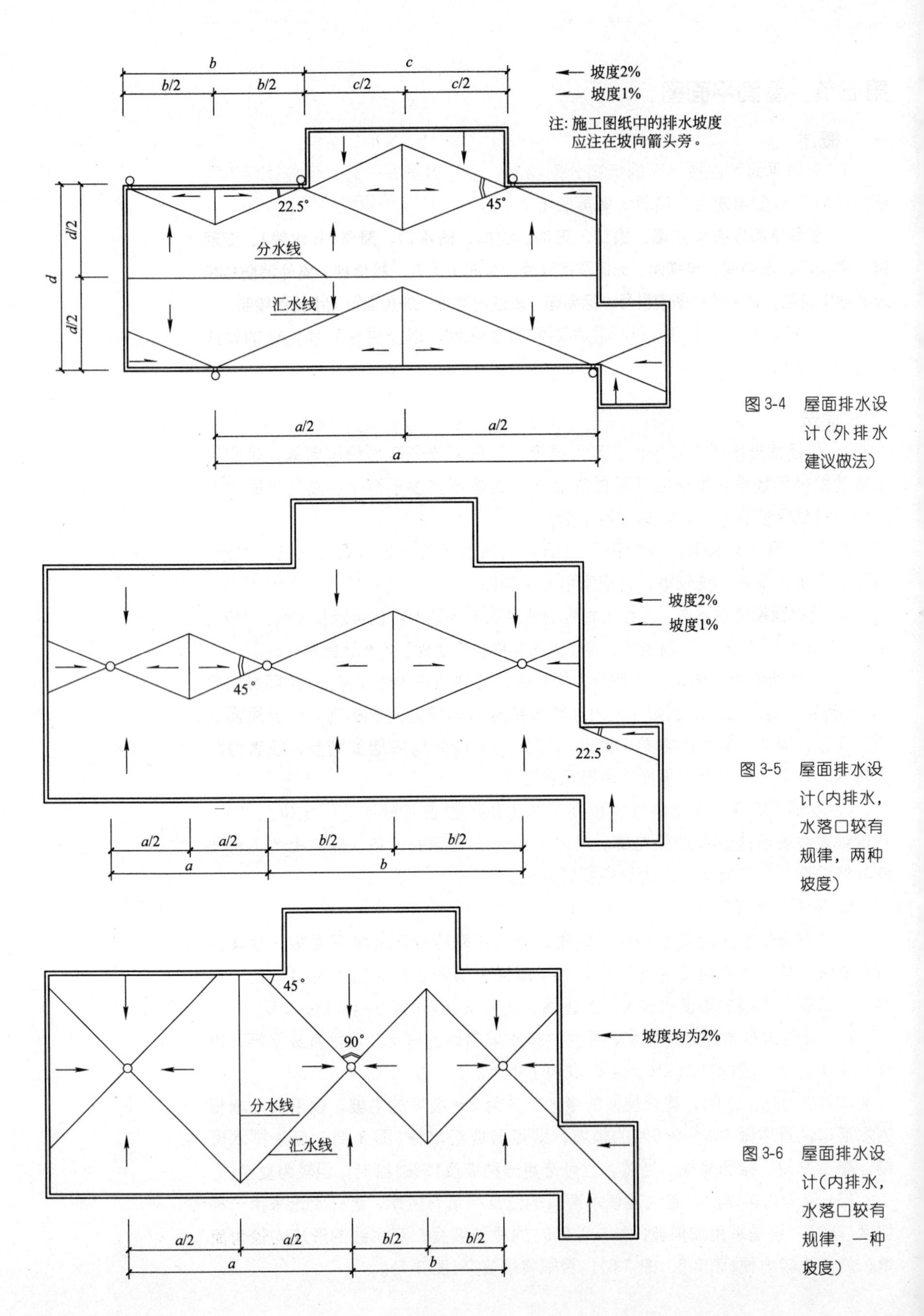

图 3-4　屋面排水设计（外排水建议做法）

图 3-5　屋面排水设计（内排水，水落口较有规律，两种坡度）

图 3-6　屋面排水设计（内排水，水落口较有规律，一种坡度）

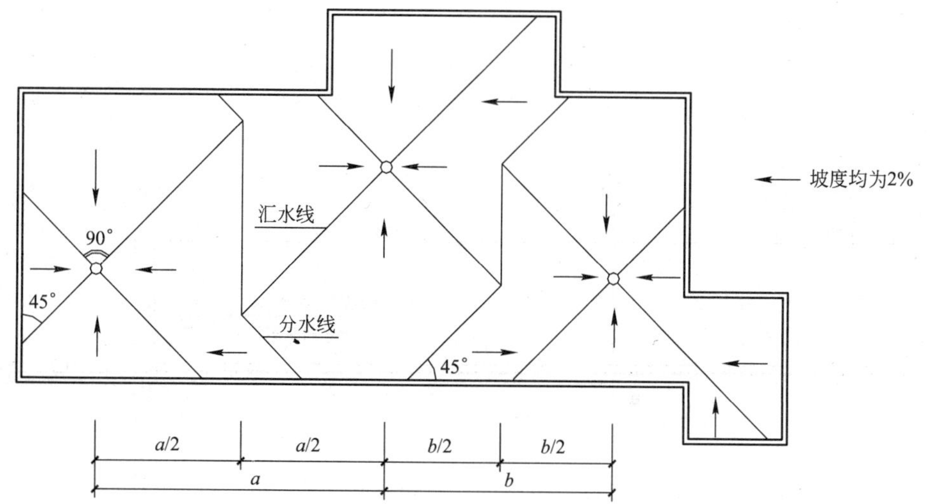

图 3-7 屋面排水设计(内排水，水落口无规律，一种坡度)

应注意的是：当选用一种坡度(2%)以及坡向垂直或平行女儿墙时，汇水线与女儿墙的夹角应为 45°，同一水落口的汇水线相互垂直。如任意连接汇水线，则无法保证坡度均为 2%。

此外还应注意：当两水落口的标高和排水坡度相同时，其分水线必然在两水落口连线的中分线上。

［思考题］

1. 屋面平面图中轴线及尺寸如何简化标注？
2. 对于选用一种坡度的内排水屋面，其汇水线的形成有何规律？

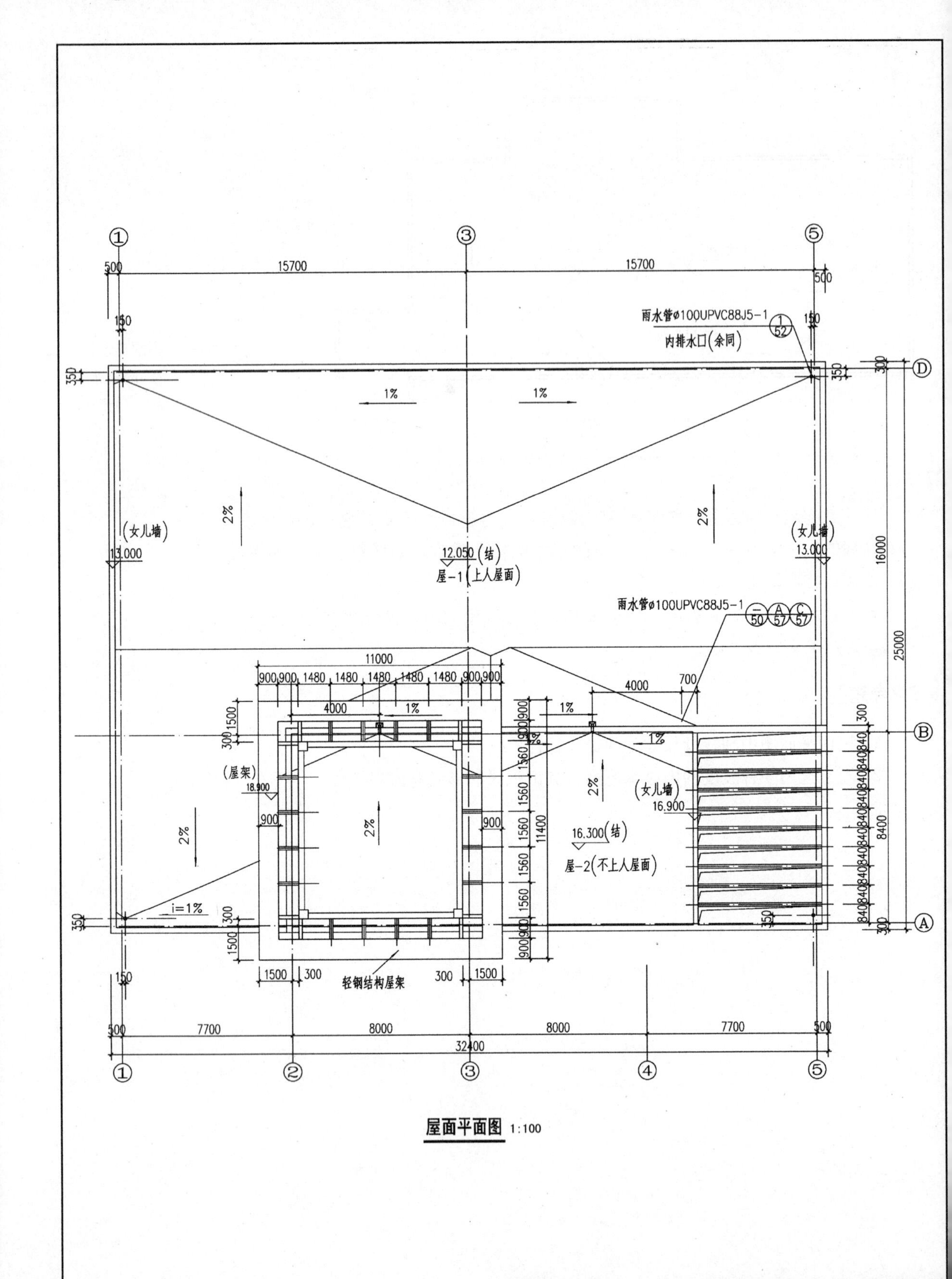

屋面平面图 1:100

总负责人			□□设计有限公司	设计证号 甲级□□□	
项目负责人					
专业负责人			某科技产业园办公楼	存档号	
复 核			屋面平面图	比 例	1:100
				日 期	
设 计				图 名	建施-09

第六节　局部放大平面图

一、概述

根据工程性质及复杂程度，必要时可选择绘制局部放大平面图。如卫生间、复杂的楼梯、车库的坡道、人防口部、高层建筑的核心筒等，往往需要绘制放大平面才能表达清楚。放大平面常用的比例为 1∶50，需要时可进而索引放大节点或配件，没有标准图的应就近加绘。

二、提示

1. 放大平面图应在第一次出现的平面图中索引，其后重复出现的层次则不必再引。

平面图中已索引放大平面的部位，不要重复放大平面图中标注的尺寸、标高、详图索引等。

上述做法可减少工作量、逻辑清晰、修改时尤其方便。

2. 放大平面图中的门窗不应再标注门窗号。即门窗号一律标注在基本平面图中，这样更便于统计和修改。

3. 放大平面图中的“留洞”宜标注完全，此时在基本平面图的相应部位，则可不必重复标注。

4. 如仅为放大的平面图节点，则宜在该基本平面图内就近布置，若将节点集中成图，反而不便(如示例三建施 2-15)。

5. 当放大平面图附有剖面时，也应就近或紧接下页绘制(如本示例建施 10 和 11)。

[思考题]

1. 建筑物的哪些部位常需要绘制局部放大平面图？为什么？

2. 局部放大平面图中为何不宜标注门窗编号，却宜标注“留洞”尺寸和标高？

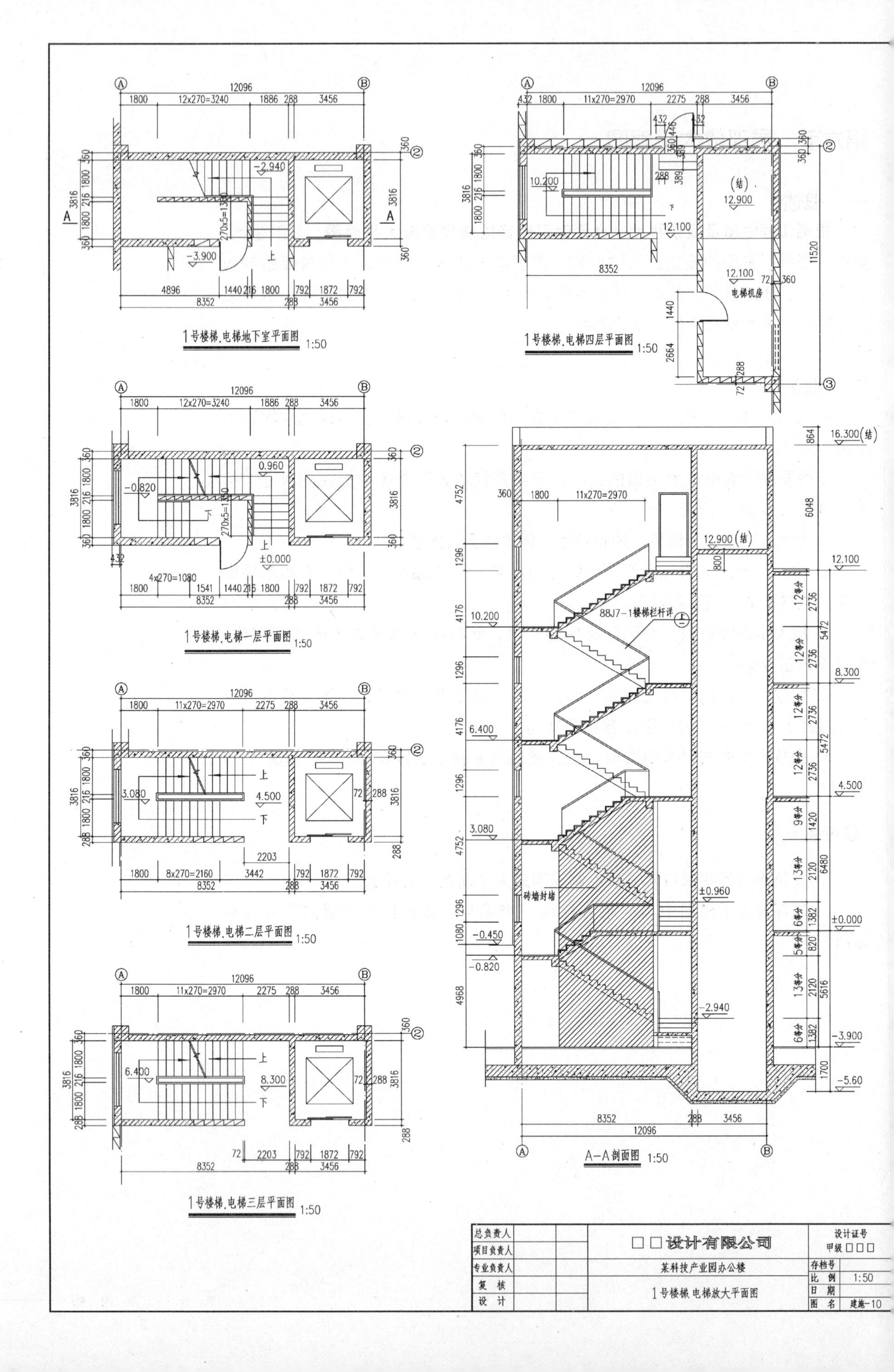

1号楼梯.电梯地下室平面图 1:50
1号楼梯.电梯一层平面图 1:50
1号楼梯.电梯二层平面图 1:50
1号楼梯.电梯三层平面图 1:50
1号楼梯.电梯四层平面图 1:50
A—A剖面图 1:50
电梯机房
88J7—1楼梯栏杆详
砖墙封堵
16.300(结)
12.900(结)
总负责人
项目负责人
专业负责人
复 核
设 计
□□设计有限公司
某科技产业园办公楼
1号楼梯.电梯放大平面图
设计证号
甲级 □□□
存档号
比 例 1:50
日 期
图 名 建施-10

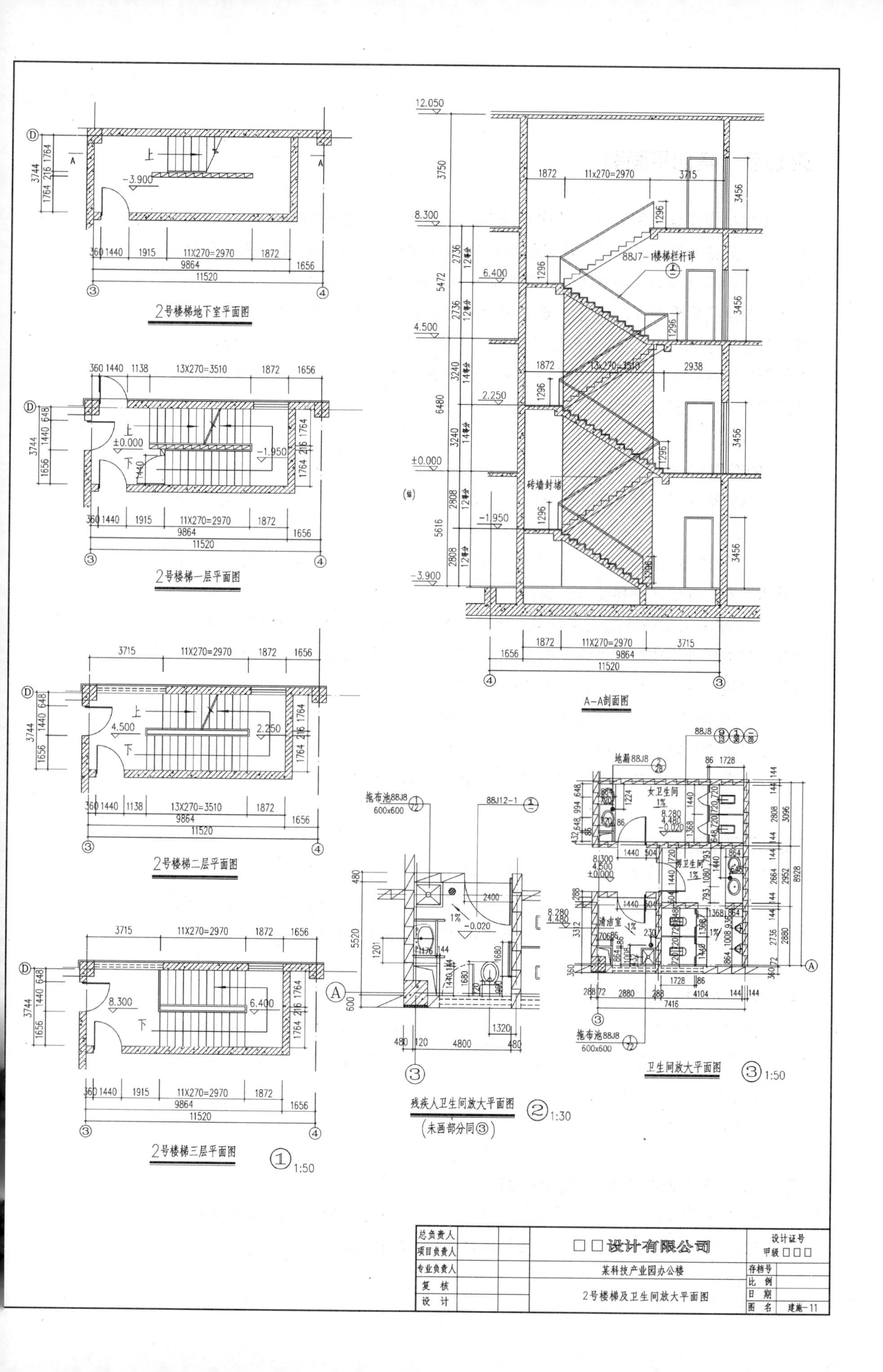

2号楼梯地下室平面图
2号楼梯一层平面图
2号楼梯二层平面图
2号楼梯三层平面图
①1:50
A-A剖面图
88J7-1楼梯栏杆详
砖墙封堵
12.050
8.300
6.400
4.500
2.250
±0.000
-1.950
-3.900
11X270=2970
13X270=3510
9864
11520
残疾人卫生间放大平面图
②1:30
(未画部分同③)
拖布池88J8
600x600
88J12-1
卫生间放大平面图
③1:50
地漏88J8
女卫生间
男卫生间
清洁室
总负责人
项目负责人
专业负责人
复 核
设 计
□□设计有限公司
某科技产业园办公楼
2号楼梯及卫生间放大平面图
设计证号
甲级□□□
存档号
比 例
日 期
图 名
建施-11

第七节　其他平面图

其他平面图是指为某一专项内容绘制的平面图，如地沟平面图、吊顶平面图、防火分区示意图、大开间建筑的平面分隔示意图、分段及轴线关系示意图、家具布置示意图等。目的是将设计意图或构造做法交代的更清晰。

绘制这些平面图时应注意：要尽量突出欲表达的主要内容，相应淡化无直接关系的其他内容。如在画单独成图的地沟平面图中，地沟应用粗实线表示，墙体及柱改用细实线，门窗编号及无关的详图索引等均应删去。不宜在原封不动的底层平面上加绘，致使看图极为费力。

一、 地沟平面图

地沟较简单时，可画在底层(或地下层最深层)平面内。但均应注意以下几点：

1. 地沟的净宽及定位尺寸、沟深及沟底标高、坡度、坡向应标注齐全，并与设备专业所提供的资料要求一致。

2. 应根据所在场地的土壤性质、地下水情况及使用要求确定地沟的类型，选用相应的标准图或绘制地沟剖面图(主要包括：沟壁和沟底做法与厚度，地沟跌落、穿墙、穿变形缝、出入口处的构造等)。

3. 应根据荷载等级和使用情况，注明地沟盖板、过梁的索引图集和构件代号，以及地沟穿墙处的过梁索引。

——参见示例三建施 2-4。但该图存在前述弊病，地沟的表达不够突出。

二、 吊顶平面图

当不进行二次装修时，可根据需要与设计合同的约定，绘制吊顶平面图。

吊顶平面图多用镜像投影法绘制，应与设备专业配合，表示灯具、烟感器、音响、水喷淋等设施，以及顶棚的构造做法(索引标准图或自绘详图)。

三、 防火分区示意图

当防火分区的划分比较复杂时，应绘制单独成图的防火分区示意图(比例可缩小)。目的不仅方便消防设计审查，也有利于专业间的设计配合。内容应包括分区的界线、各区的面积和有无喷淋设施。

——参见示例三建施-010、011、012。

四、 大开间建筑的平面分隔示意图

该图主要是说明大开间建筑平面分隔的多种可能性与合理性。仅示意表示活动隔断(或墙体)及门窗的定位，及其用材和构造的建议。

五、 分段及轴线关系示意图

当建筑平面组合复杂并分段画图时，才绘制分段及轴线关系图(比例可以缩小)，以方便设计和施工。

——参见示例三建施-05。

六、 家具布置示意图

在旅馆及住宅工程中，可绘制放大的不同类型房间的家具布置示意图。以表明设计功能的合理性，并作为设备专业布置管线的依据，也可供业主使用时参考。简单者多直接画在平面图内，不另单独成图。

——参见示例二建通-03～11。

[思考题]

1. 绘制某一专项内容的其他平面图时，如何突出要表达的专项内容？
2. 何时需要绘制防火分区示意图？包括哪些内容？目的何在？
3. 在何类建筑中常绘制家具布置图？为什么？
4. 何时需要绘制分段及轴线关系示意图？目的何在？

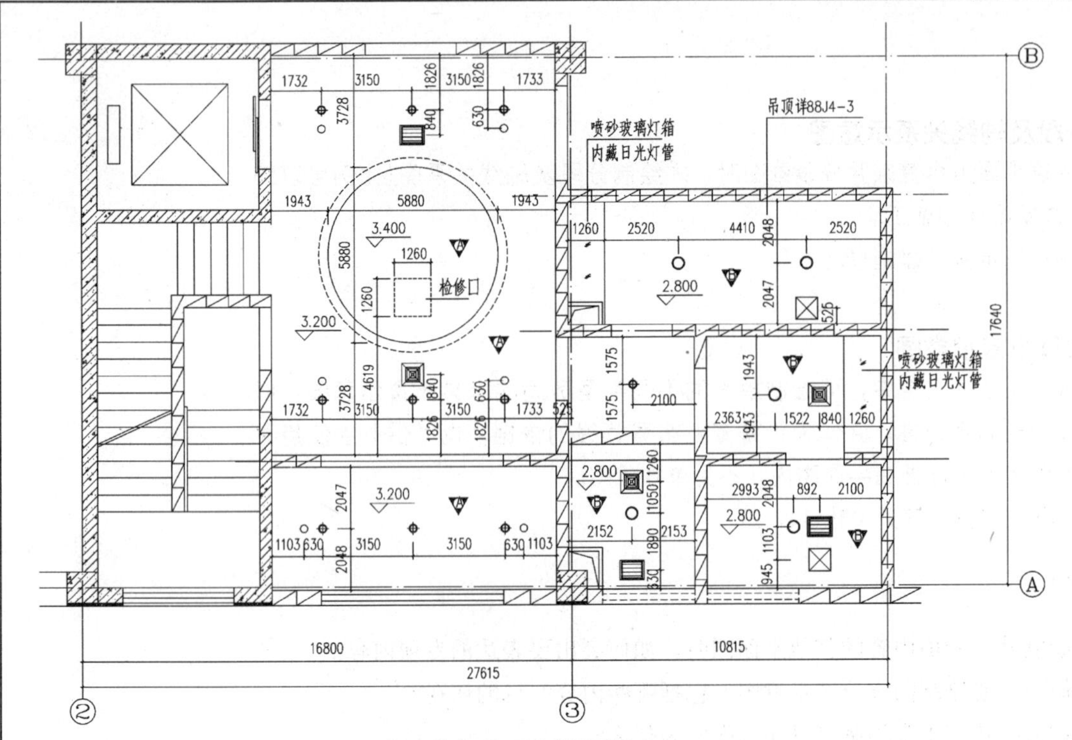

一层公共部分吊顶平面图 1:50

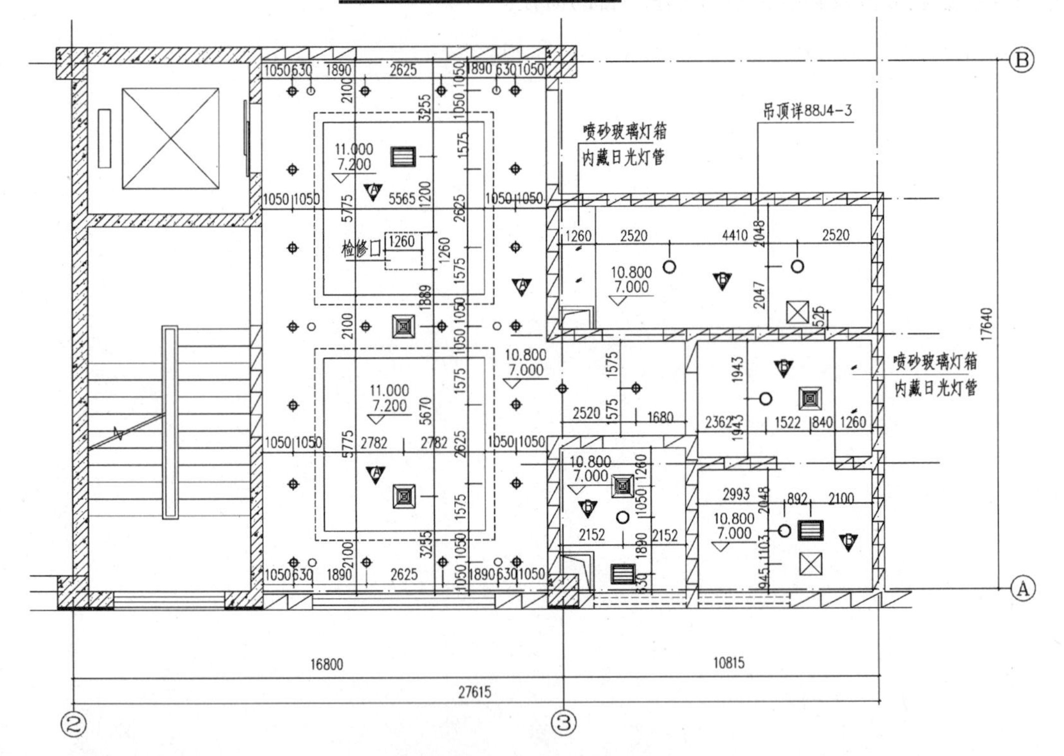

二.三层公共部分吊顶平面图 1:50

图例	名称
⊕	筒灯
○	吸顶灯
----	暗藏日光灯管
▣	送风口
▤	回风口
⊠	排风口
○	喷淋口

A 纸面石膏板吊顶，象牙白色乳胶漆饰面 88J1-1 白色哑光乳胶漆，棚28-饰4

B 浅银灰色成品铝合金穿孔方板吊顶 88J1-1 铝合金穿孔方板，棚52-1

总负责人			□□设计有限公司	设计证号 甲级 □□□	
项目负责人					
专业负责人			某科技产业园办公楼	存档号	
复　核				比　例	1:50
设　计			局部吊顶平面图	日　期	
				图　名	建施-12

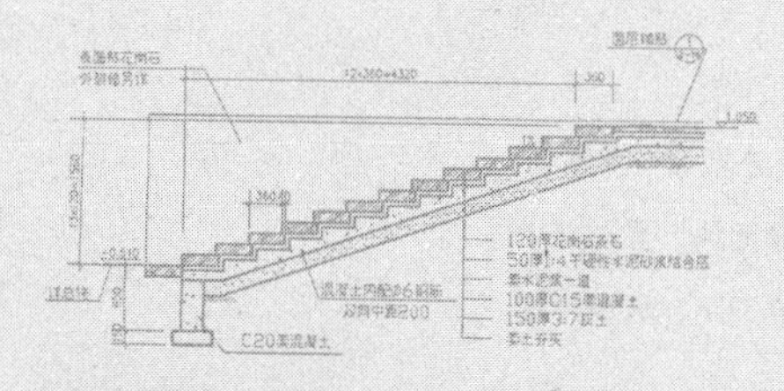

12×360=4320
360
1.050
素水泥浆一道
100厚C15素混凝土
150厚3:7灰土
素土夯实
C20素混凝土

第四章 立 面 图

立面图是建筑物的外视图，用以表达建筑物的外形效果。应按正投影法绘制。

一、 立面图表达的主要内容

1. 立面图样

指**立面外轮廓及主要结构和建筑构造部件的位置，如女儿墙顶、檐口、柱、变形缝、室外楼梯和垂直爬梯、室外空调机搁板、阳台、栏杆、台阶、坡道、花台、雨篷、烟囱、勒脚、门窗、幕墙、洞口、门头、雨水管，以及其他装饰构件、线脚和粉刷分格线等。**

2. 定量与定位

(1) **关键控制标高的标注，如屋面或女儿墙标高等；外墙的留洞应标注尺寸与标高或高度尺寸(宽×高×深及定位关系尺寸)；**

(2) **平、剖面未能表示出来的屋顶、檐口、女儿墙、窗台以及其他装饰构件、线脚等的标高或高度。**

3. 标示和索引

(1) **两端轴线编号，立面转折较复杂时可用展开立面表示，但应准确注明转角处的轴线编号；**

(2) **在平面图上表达不清的窗编号；**

(3) **各部分装饰用料名称或代号，构造节点详图索引；**

(4) **图纸名称、比例。**

立面图的比例，根据其复杂程序不必与平面图相同，也可为 1：150 或 1：200，以减小图幅，方便看图。

(5) 立面图的名称，宜根据立面两端的定位轴线编号编注(如：①～⑧立面图、Ⓐ～Ⓕ立面图等)；也可按平面图四面的方向确定(如：东立面图、西立面图等)。

4. 综上所述，立面图表达的基本构成见表 4-1，与平面图相比，立面图的内容要简单的多。

立面图表达的基本构成 **表 4-1**

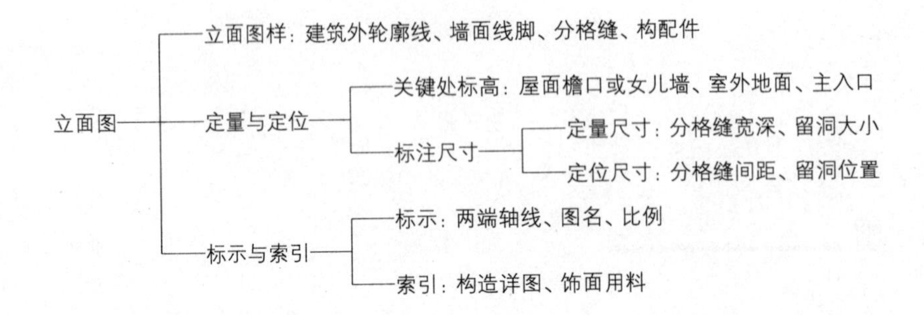

二、 立面图的简化

1. **各个方向的立面应绘齐全，但差异小、左右对称的立面或部分不难推定的立面可简略；内部院落或看不到的局部立面，可在相关剖面图上表示，若剖面图未表示完全时，则需单独绘出。**

2. 立面图上相同的门窗、阳台、外装饰构件、构造做法等，可在局部重点表示，其他部分可只画轮廓线。

3. 完全对称的立面，可只画一半，在对称轴处加绘对称符号即可。但由于外形不完整，一般较少采用。

4. 施工图阶段立面图中不得加绘阴影和配景(如：树木、车辆、人物等)。

[思考题]

1. 为什么说立面图与屋面平面图在实质上是相同的？
2. 立面图表达的三大部类各包括哪些内容？
3. 立面图如何命名？
4. 立面图主要标注哪些尺寸和标高？
5. 立面图如何标注轴线？

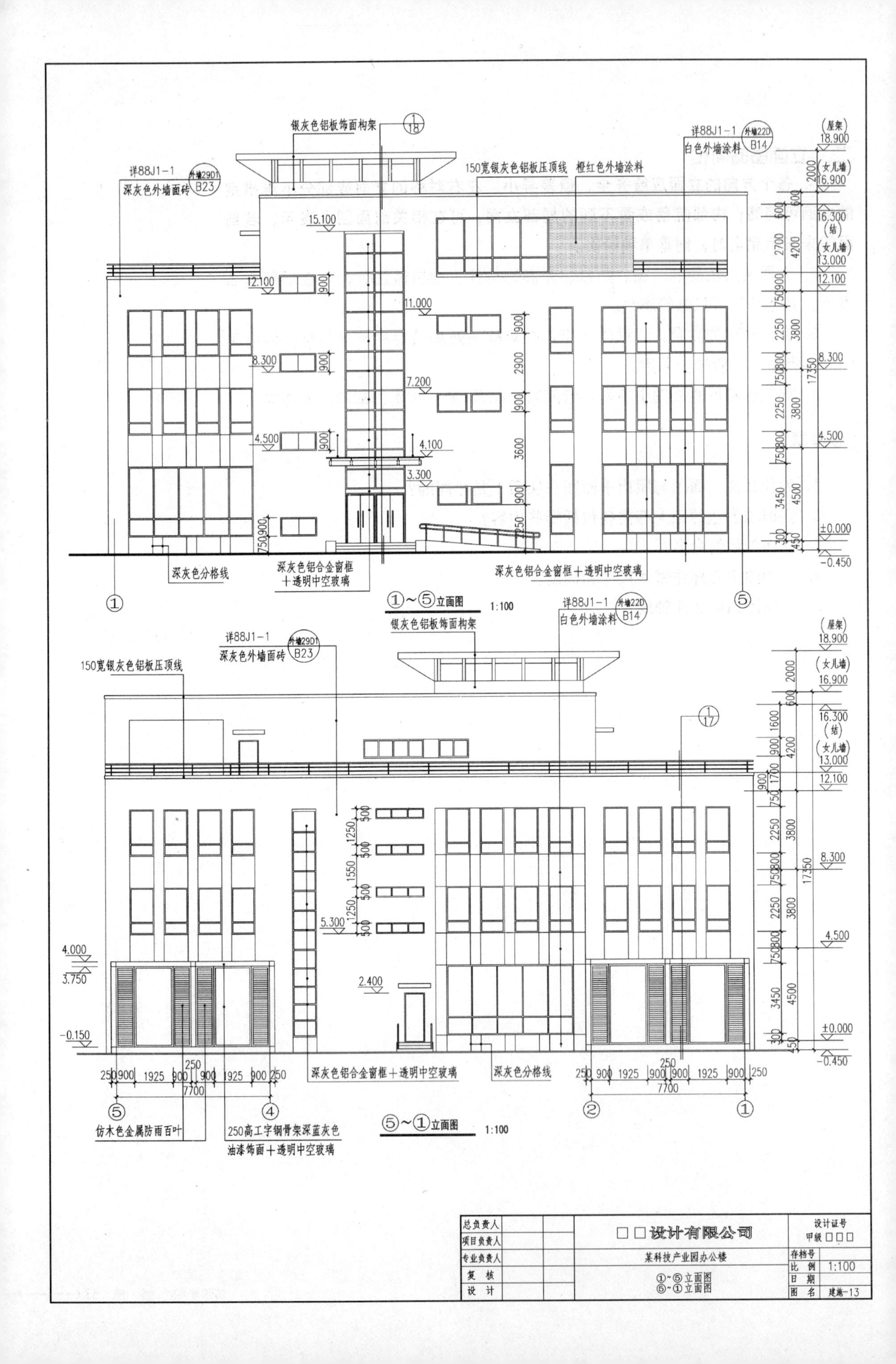
银灰色铝板饰面构架
详88J1-1 外墙29D1 B23
深灰色外墙面砖
150宽银灰色铝板压顶线
橙红色外墙涂料
详88J1-1 外墙22D B14
白色外墙涂料
深灰色分格线
深灰色铝合金窗框＋透明中空玻璃
①～⑤立面图 1:100
⑤～①立面图 1:100
仿木色金属防雨百叶
250高工字钢骨架深蓝灰色油漆饰面＋透明中空玻璃
□□设计有限公司
某科技产业园办公楼
①~⑤立面图
⑤~①立面图
总负责人
项目负责人
专业负责人
复核
设计
设计证号
甲级 □□□
存档号
比例 1:100
日期
图名 建施-13

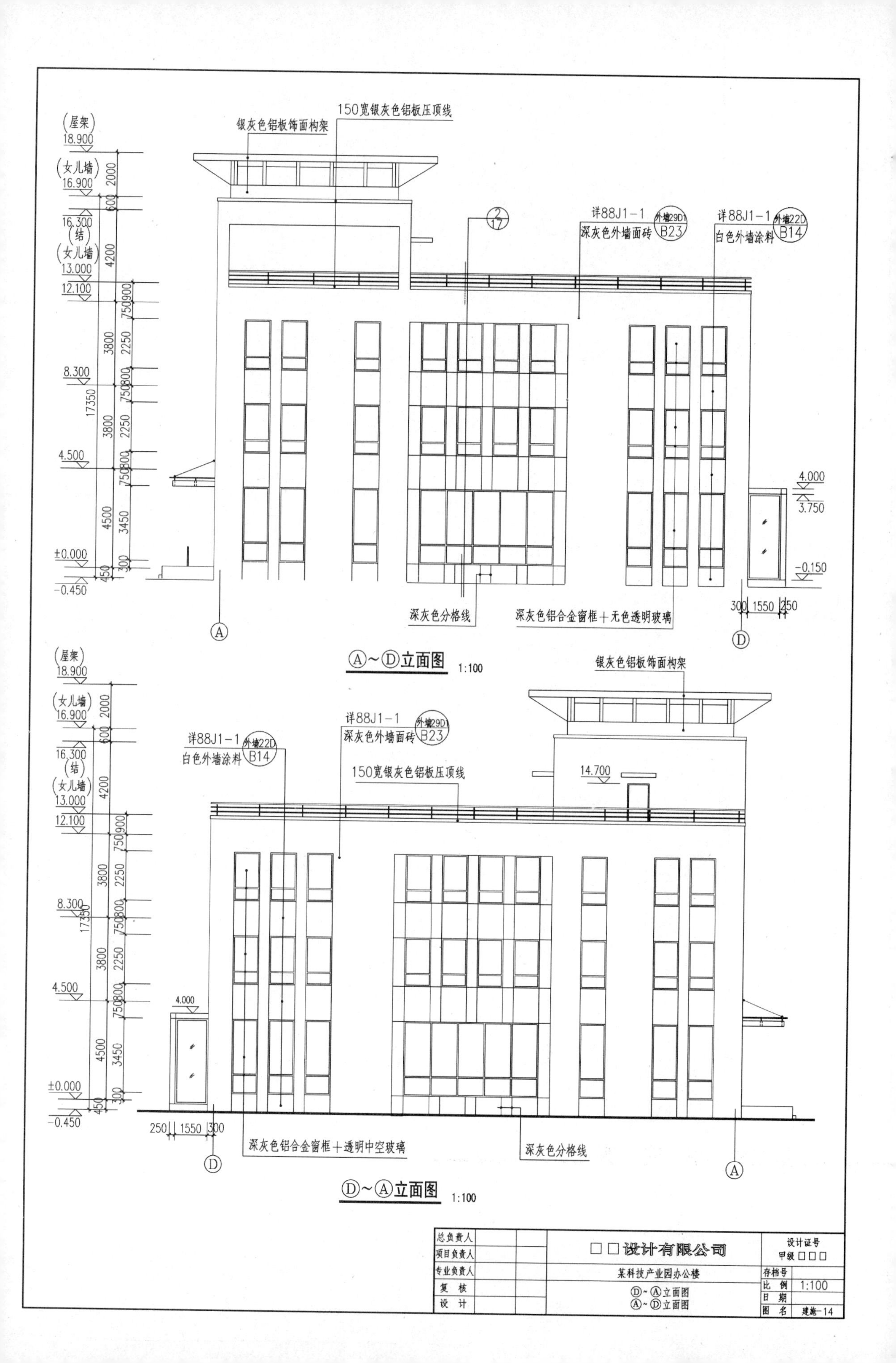

银灰色铝板饰面构架
150宽银灰色铝板压顶线
详88J1－1 外墙29D1 B23
深灰色外墙面砖
详88J1－1 外墙22D B14
白色外墙涂料
深灰色分格线
深灰色铝合金窗框＋无色透明玻璃
Ⓐ～Ⓓ立面图 1:100
详88J1－1 外墙22D B14
白色外墙涂料
详88J1－1 外墙29D1 B23
深灰色外墙面砖
150宽银灰色铝板压顶线
银灰色铝板饰面构架
深灰色铝合金窗框＋透明中空玻璃
深灰色分格线
Ⓓ～Ⓐ立面图 1:100
□□设计有限公司
某科技产业园办公楼
Ⓓ～Ⓐ立面图
Ⓐ～Ⓓ立面图
总负责人
项目负责人
专业负责人
复 核
设 计
设计证号
甲级□□□
存档号
比 例 1:100
日 期
图 名 建施－14

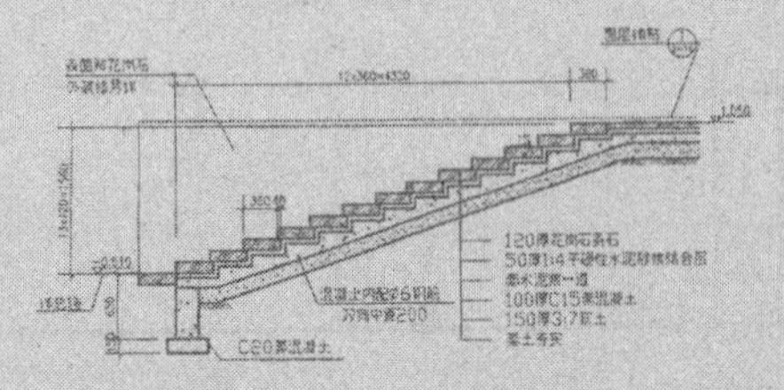

第五章 剖 面 图

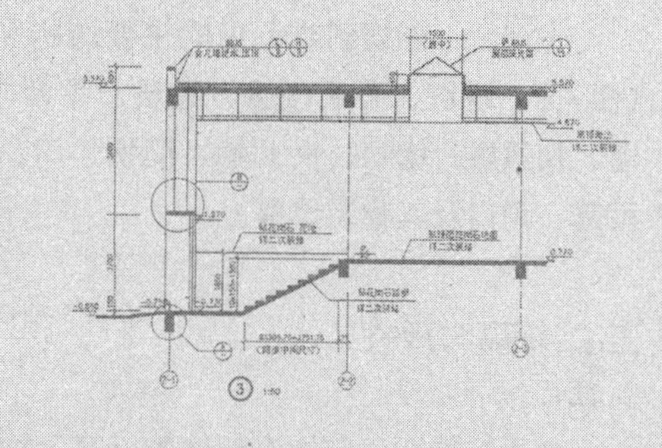

剖面图是建筑物的竖向剖视图，应按正投影法绘制。

剖视位置应选在层高不同、层数不同、内外部空间比较复杂，具有代表性的部位；建筑空间局部不同处以及平面、立面均表达不清的部位，可绘制局部剖面。

剖面图表达的主要内容如下：

一、 剖面图样

与平面图一样，系用粗实线和图例表示剖切到的建筑实体断面；以及用细实线画出剖视方向所见的室内外建筑构配件的轮廓线(包括同一建筑物另一翼的外立面，但应是其他立面图未表示过的)。

也即是：**剖切到或可见的主要结构和建筑构造部件，如室外地面、底层地(楼)面、地坑、各层楼板、夹层、平台、吊顶、层架、层顶、出屋顶烟囱、天窗、挡风板、檐口、女儿墙、爬梯、门、窗、楼梯、台阶、坡道、散水、阳台、雨篷、洞口及其他装修等。**

二、 标高与尺寸

1. 标高

主要结构和建筑构造部件的标高，如地面、楼面(含地下室)、平台、吊顶、屋面板、屋面檐口、女儿墙顶、高出层面的建筑物、构筑物及其他屋面特殊构件等的标高，室外地面标高。

标高系指建筑完成面的标高，否则应加注说明(如：屋面为结构板面标高)。

2. 尺寸

剖面图中主要标注高度尺寸，其原因在于：剖面图是建筑物的竖向总剖视，比例较小，而水平尺寸多为细部构造尺寸，需要通过墙身大样等详图才能表达清楚(如外墙厚度、轴线关系、门窗定位、线脚挑出长度等)。至于建筑物的进深尺寸则是平面图全面表达的内容，因此在剖面图内一般不必标注轴线间的水平尺寸。

(1) 外部高度尺寸(三道尺寸)：包括**门、窗、洞口高度、层间高度、室内外高差、女儿墙高度、总高度**。上述尺寸应各居其行，不要跳行混注。其他部件(如：雨篷、栏杆、装饰构件等)的相关尺寸，也不要混注，应另行就近标注，以保证清晰明确。

建筑总高度：系指由室外地面至女儿墙、檐口或屋面的高度。屋顶上的水箱间、电梯机房、排烟机房和楼梯出口小间等局部升起的高度不计入总高度，可另行标注。

(2) 内部高度尺寸：包括**地坑(沟)深度、隔断、门窗、洞口、平台、吊顶等。**

(3) 标注尺寸的简化：当两道相对外墙的洞口尺寸、层间尺寸、建筑总高度尺寸相同时，可仅标注一侧；当两者仅有局部不同时，只标注变化处的不同尺寸即可。

三、 标示和索引

1. **墙、柱、轴线和轴线编号**。可只标注剖面两端和高低变化处的轴线及其编号。

2. **图纸名称、比例**。

3. **节点构造详图索引号**。

鉴于剖视位置应选在内外空间比较复杂，最有代表性的部位，因此墙身大样或局部节点应多从剖面图中引出，对应放大绘制，表达最为清楚。

四、 剖面图表达的基本构成

综上所述见表 5-1。

剖面图表达的基本构成 **表 5-1**

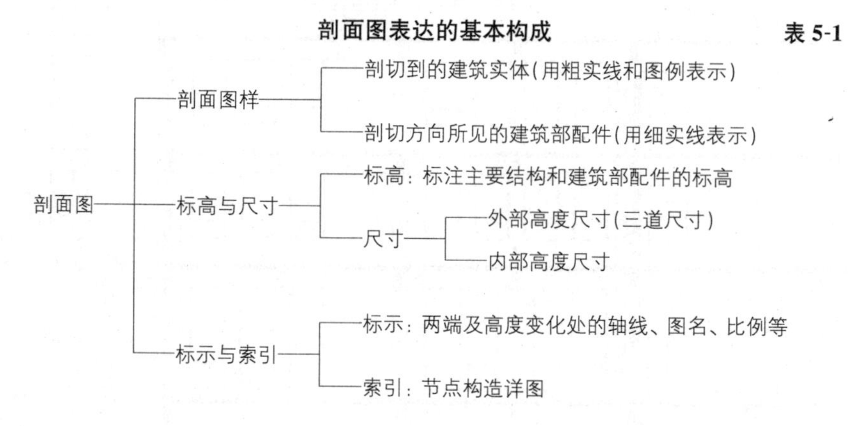

五、 提示

1. 高层建筑的剖面图上，最好标注层数，以便于看图。隔数层或在变化层标注也可。

2. 有转折的剖面，在剖面图上应画出转折线。

[思考题]

1. 剖面图与平面图在实质上有何异同?

2. 剖面图的表达也由三大部类构成，比较其与平面图和立面图的构成有何差异?

3. 剖面图的剖视位置应选在建筑物的何处?

4. 为什么剖面图中主要标注高度尺寸?

5. 剖面图中的轴线标注如何简化?

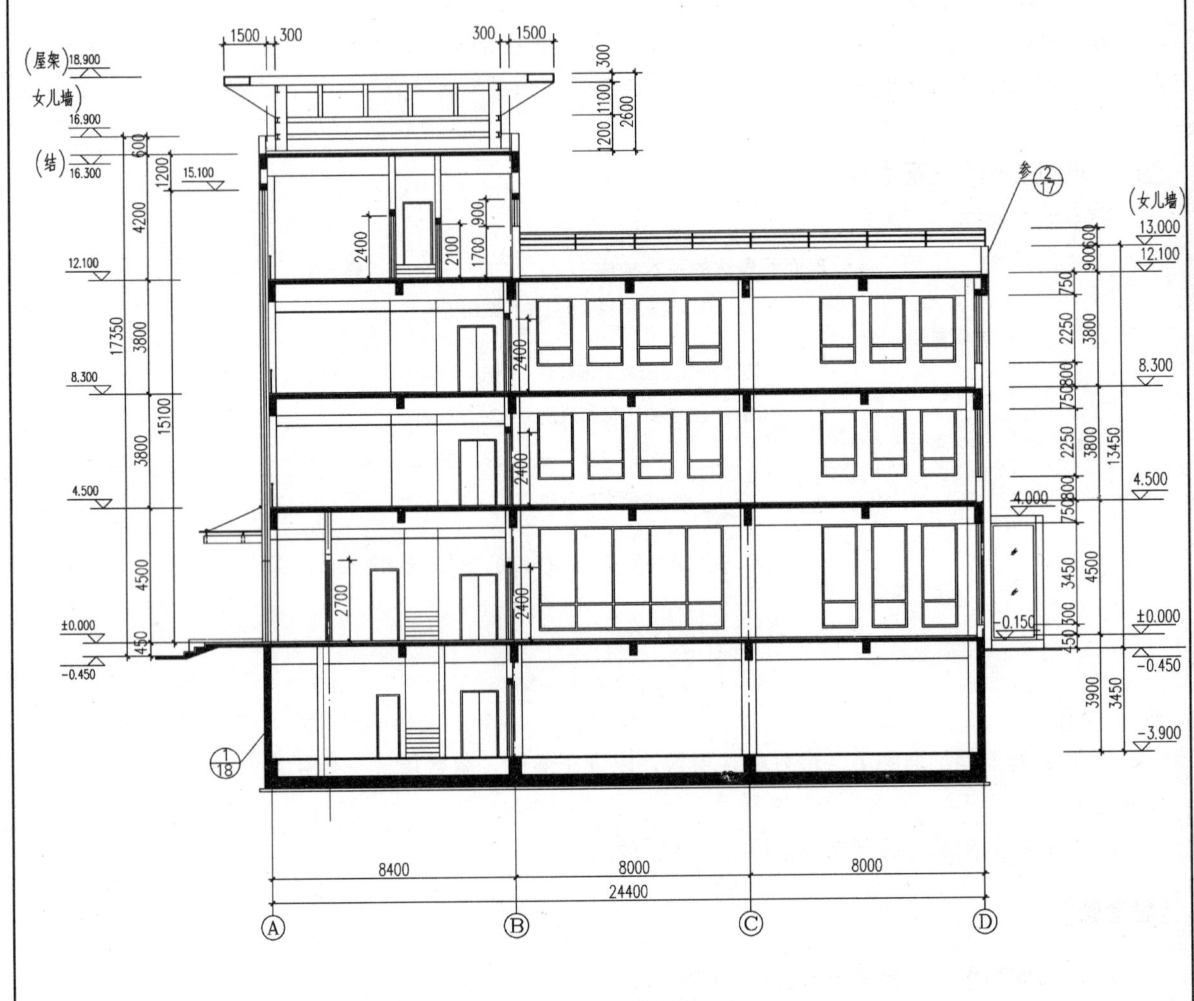

1-1剖面图 1:100

总负责人			□□设计有限公司	设计证号 甲级 □□□	
项目负责人					
专业负责人			某科技产业园办公楼	存档号	
复核				比例	1:100
设计			1—1剖面图	日期	
				图名	建施-15

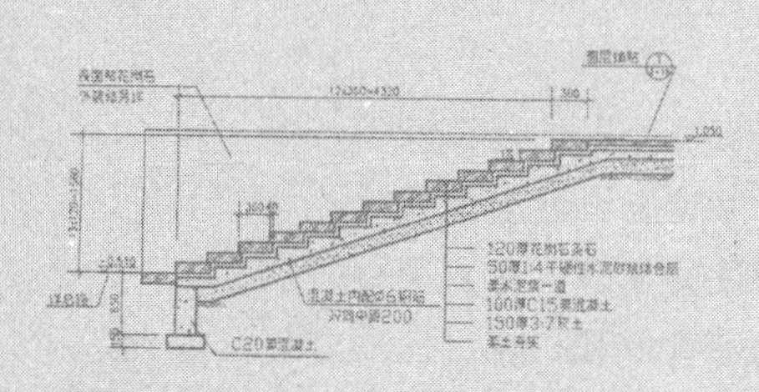

第六章　详　图

详图是指在平、立、剖面图和首页中无法交代清楚，需要进一步详细表达的建筑构配件和建筑构造。

目前，建筑设计人员不重视详图设计的现象比较普遍。原因之一是对详图设计的重要性认识不足，殊不知建筑物建成后的真实效果，不只是取决于平、立、剖面，更是取决于详图设计的优劣。因为真正的推敲要通过细部用料、尺度、比例的设计才能实现。常言说，好的建筑应该“远看有势、近看有形”，前者是指宏观的体形关系，后者是指微观的细部处理，两者缺一不可。国内外的建筑大师无一不重视细部设计，并乐此不疲。每一部成功的建筑佳作，无一不以精致的细部见长，令人百看不厌。仅以立面设计为例，只有通过外墙墙身大样的绘制才能落实符合立面构思的梁板、檐口、雨篷、构架、装饰线脚、门、窗、幕墙的绝对尺寸和形状。其间不仅包括建筑专业自身问题的思考过程，而且还要与其他专业进行磨合，才能最终定案。不言而喻，无此设计过程的立面设计，建成后不是索然无味就是面目全非。

第一节　详图的分类和标准图的选用

一、 详图的分类

1. 构造详图

指屋面、墙身、墙身内外饰面、吊顶、地面、地沟、地下工程防水、电梯、楼梯等建筑部位的用料和构造做法。其中大多数都可直接引用或参见相应的标准图，否则应画详图节点。

2. 配件和设施详图

指门、窗、幕墙、浴厕设施、固定的台、柜、架、牌、桌、椅、池、箱等的用料、形式、尺寸和构造(活动设备不属于建筑设计范围)。随着工业化的发展，工厂化配件制品日益增多，上述配件和设施也大多可以直接或参见选用标准图或厂家样本(如常用的各种材料和用途的门窗)。另外，还有一些也只须提供形式、尺寸、材料要求，由专业厂家负责进一步设计、制作和安装(如各种幕墙)。

3. 装饰详图

指室内外装饰方面的构造、线脚、图案等。

值得指出的是：当建筑标准较高时，室内装饰详图多由装修公司进行二次设计和施工。此时，建筑师虽然减少了工作量，但也容易产生建筑设计与装修设计脱节，出现“二层皮”的现象，导致建成后的效果违背设计初衷，令人哭笑皆非。更有甚者，二次装修时擅自破坏结构构件、移动设备管道和口部、压低净高等，以致造成安全隐患和影响使用。为此，建筑设计人员应对装修设计的标准、风格、色调、质感、尺度等方面提出指导性的建议和必须注意的事项，并应主动配合协作。有条件的还可以争取继续承担二次装修设计，以确保建筑的完整协调和品位。

二、标准图的选用

在建筑详图的设计中，直接选用标准图(通用图)不仅大大提高了设计效率，减少了重复性劳动，而且可以避免一定程度的差错。因为在标准图的编制过程中，已充分考虑建筑构配件的模数系列化与标准化，以便于工业化大量生产；建筑构配件设计要求的技术性能也必须符合国家的相关规定与标准。同时，构造详图的科学性与合理性是基于前人大量经验的总结，而且编绘校核比较严格，审批正规，从而能确保设计质量。

但是，标准图毕竟只能解决一般性量大面广的功能性问题，对于特殊的做法和构造处理，仍需要自行设计非标准的构配件详图。

详图的设计首先需掌握有关材料的性能和构造处理，以满足该建筑构配件的功能要求。同时还应符合施工操作的合理性与科学性，如：安装方法的预制或现浇、安装工序的先后与繁简、操作面能否展开，以及用料品种可否尽量统一等。应避免选材不当、构造不详、交代不清。

1. 标准图类别

目前，标准图主要有国家和地区两类：

(1) 国标——《国家建筑标准设计图集》

适用于全国各地，主要针对一般工业及民用建筑。其本身又分四个层次：

① 标准图："J"为建筑专业代号，如02J331《地沟及盖板》(J前面的数字为批准年份，后面者为类别和顺序)；

② 试用图：编号"S"字打头，如96SJ101《多孔砖墙体建筑构造》；

③ 专用图：编号"Z"字打头，如01ZJ 110—1《瓷面纤维增强水泥墙板建筑构造》；

④ 参考图或重复利用图：编号"C"字打头，如04CJ01—1～3《变形缝建筑构造(一)～(三)》。

(2) 地区标准图：大区者如华北与西北标办合编的88J-；省(市)者如陕西省标办编制的陕J-、上海市编制的沪J-等。

2. 标准图的选用

(1) 根据工程内容，选定相应各部位的工程做法，一般在用料表中索引所选图集的分类序号、名称即可，小有变通的可在附注中加以说明。标准做法中没有的，则需要用文字逐层交代清楚。

(2) 平、立、剖面图中的构造、构件需要用详图进一步表明的内容，尽量选用、索引相应适合的标准详图。稍有差异者，可"参照"选用，并注明如何更改。标准详图中没有的，则必须另行绘制交代。

(3) 选用标准图一定要注意下述几点：

① 选用前应仔细阅读图集的相关说明，了解其使用范围、限制条件和索引方法。其中索引号一定要标注完全，如选用88J1《工程做法》屋面做法时，不能只写屋面做法编号和保温层厚度："屋43(40)"，还应注写防水层和隔气层编

号：“屋 43(40)—32—C”；

② 要注意欲选用的图集是否符合现行规范，哪些做法或节点构造已经过时被淘汰；

③ 要对号入座，避免张冠李戴；

④ 选用的标准要恰当，应与本工程的性质、类别相符合(如幼儿园门厅不应选用磨光大理石地面)；

⑤ 切忌打闷棍，交代不清以“参照”了事。只有主要内容相同，个别尺寸或局部条件改变并能加以注明的，才可“参照”。

三、建筑详图与标准图的分类及其二者的关系（表6-1）

建筑详图与标准图的分类及其二者的关系　　　　表 6-1

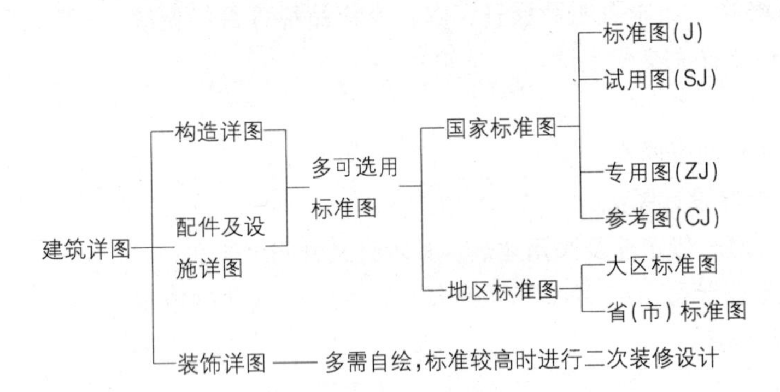

［思考题］

1. 建筑详图分为哪三类?
2. 哪两类详图多可选用标准图?
3. 选用标准图的注意事项是什么?

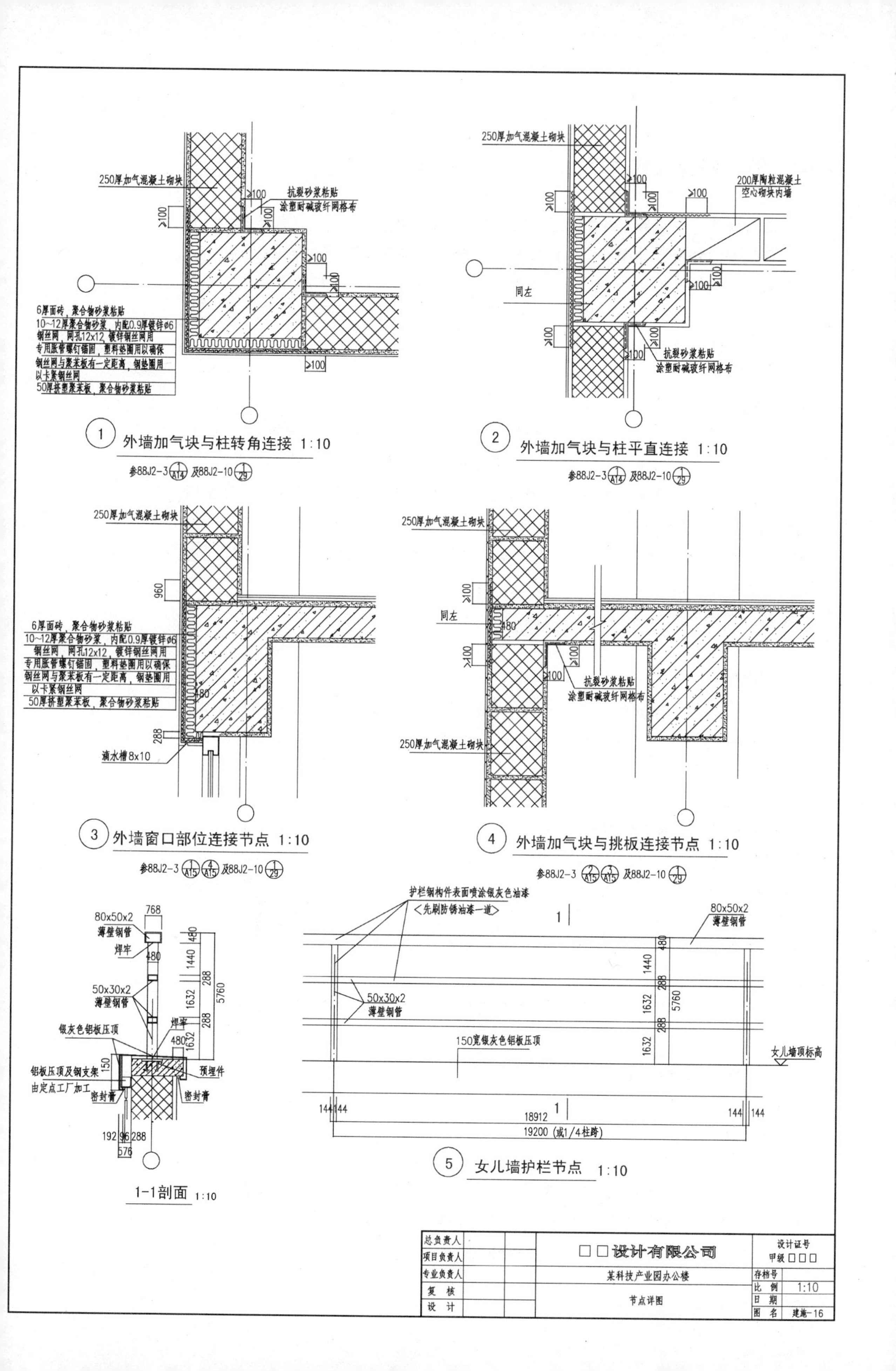

250厚加气混凝土砌块
抗裂砂浆粘贴
涂塑耐碱玻纤网格布
6厚面砖，聚合物砂浆粘贴
10~12厚聚合物砂浆，内配0.9厚镀锌ø6钢丝网，网孔12x12，镀锌钢丝网用专用胀管螺钉锚固，塑料垫圈用以确保钢丝网与聚苯板有一定距离，钢垫圈用以卡紧钢丝网
50厚挤塑聚苯板，聚合物砂浆粘贴
1 外墙加气块与柱转角连接 1:10
参88J2-3 1/A14 及88J2-10 1/29
200厚陶粒混凝土空心砌块内墙
同左
2 外墙加气块与柱平直连接 1:10
参88J2-3 1/A14 及88J2-10 1/29
滴水槽8x10
3 外墙窗口部位连接节点 1:10
参88J2-3 1/A15 4/A15 及88J2-10 1/29
4 外墙加气块与挑板连接节点 1:10
参88J2-3 2/A15 3/A15 及88J2-10 1/29
80x50x2 薄壁钢管
焊牢
50x30x2 薄壁钢管
银灰色铝板压顶
铝板压顶及钢支架由定点工厂加工
密封膏
预埋件
1-1剖面 1:10
护栏钢构件表面喷涂银灰色油漆
<先刷防锈油漆一道>
150宽银灰色铝板压顶
女儿墙顶标高
19200 (或1/4柱跨)
5 女儿墙护栏节点 1:10
总负责人
项目负责人
专业负责人
复 核
设 计
□□设计有限公司
某科技产业园办公楼
节点详图
设计证号
甲级 □□□
存档号
比 例 1:10
日 期
图 名 建施-16

第二节　墙身大样

墙身大样实际是典型剖面上典型部位从上至下连续的构造节点详图。一般多取建筑物内外交界外墙部位，以便完整、系统、清楚的交代立面的细部构成，及其与结构构件、设备管线、室内空间的关系。但是，墙身大样毕竟只是建筑局部的放大图，因此不能用以代替表达建筑整体关系的剖面图。绘制墙身大样时应注意下述几个方面。

一、选点

宜由剖面图中直接引出，且剖视方向也应一致，这样对照看图较为方便。当从剖面中不能直接索引时，可由立面图中引出，应尽量避免从平面图中索引。

在欲画的几个墙身大样中，首先应确定少量最有代表性的部位，从上到下连续画全。其他则可简化，只画与前者不同的部位，然后在该图的上下处加注“同××墙身大样”即可。至于极不典型的零星部位，可以作为节点详图，直接画在相近的平、立、剖面图上，无须绘入墙身大样系列中。

墙身大样的比例以 1：20 为宜。

二、步骤

首先应由建筑专业绘出墙身大样草图，提交给相关专业(主要是结构专业)，然后根据反馈的资料，进行综合协调后再绘制正式图。出图前“拍图”时相关专业应确认会签。

三、内容(以外墙大样为例)

一般包括：尺寸和形状无误的结构断面、墙身材料与构造、墙身内外饰面的用料与构造、门、窗、玻璃幕墙(画出横樘位置、楼层间的防火及隔声要求、特殊部位的构造示意)、线脚及装饰部件、窗帘箱及吊顶示意、窗台或护栏、楼地面、室外地面、台阶或坡道、地下层墙身及底板的防水做法(含采光井)、屋面(含女儿墙或檐口等)。

其中有关的工程做法可以索引相应图纸，不在本图内交代。

四、标高及尺寸的标注

1. 标高主要标注在以下部位：地面、楼面、屋面、女儿墙或檐口顶面、吊顶底面、室外地面。

2. 竖向尺寸主要包括：层高、门窗(含玻璃幕墙)高度、窗台高度、女儿墙或檐口高度、吊顶净高(应根据梁高、管道高及吊顶本身构造高度综合考虑确定)、室外台阶或坡道高度、其他装饰构件或线脚的高度。

上述尺寸宜分行有规律地标注，避免混注，以保证清晰明确。

上述尺寸中属定量尺寸者，有的尚须加注与相临楼地面间的定位尺寸。

3. 水平尺寸主要包括：墙身厚度及定位尺寸、门窗或玻璃幕墙的定位尺寸、悬挑构件的挑出长度(如檐口、雨篷、线脚等)、台阶或坡道的总长度与定位尺寸。上述尺寸应以相邻的轴线为起点标注。

[思考题]

1. 墙身大样一般多选在建筑物的什么部位？

2. 墙身大样首先宜从__________面图或__________面图中索引，尽量避免从__________面图中索引，以便看图。

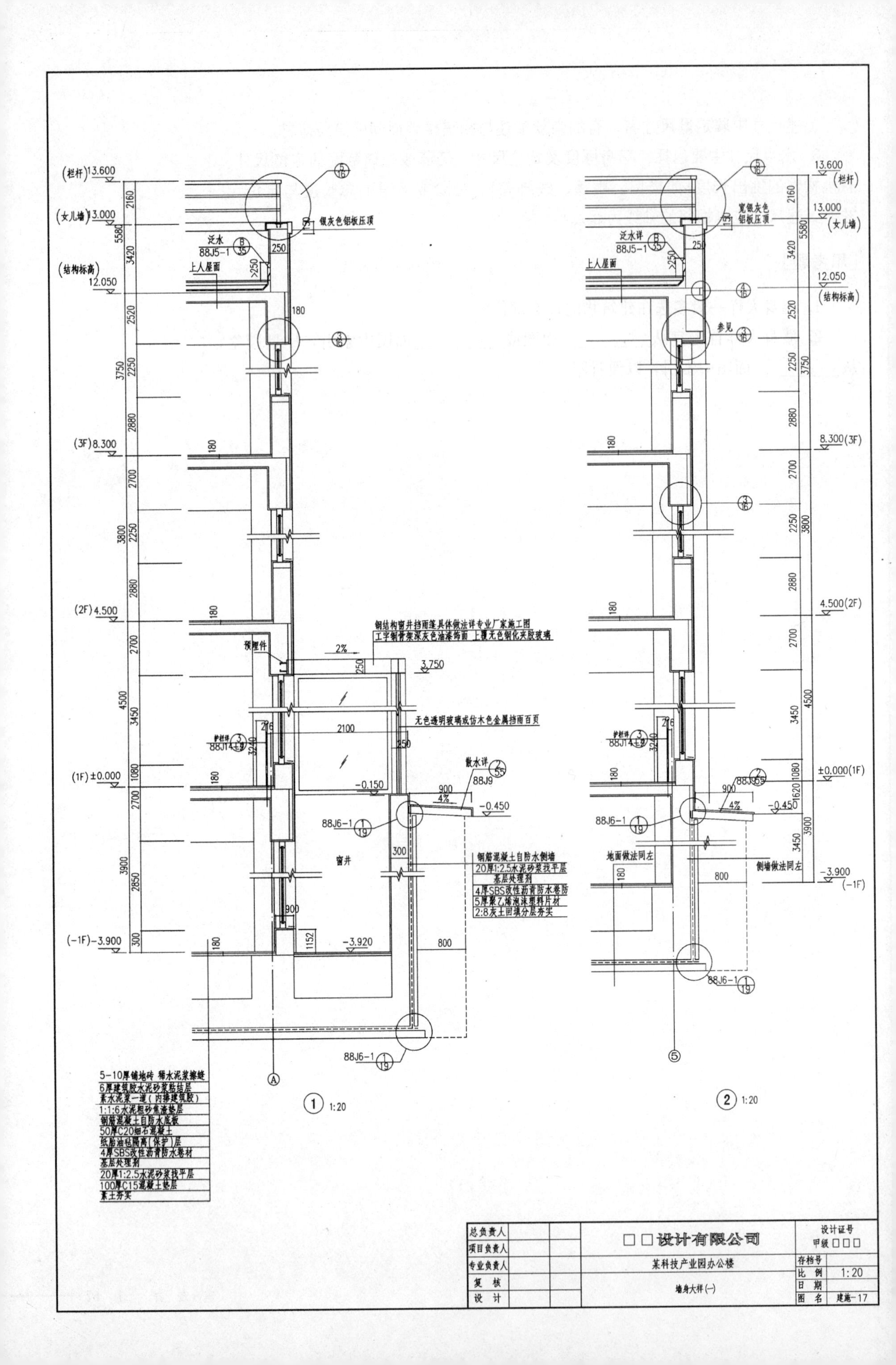

总负责人			□□设计有限公司	设计证号 甲级 □□□	
项目负责人					
专业负责人			某科技产业园办公楼	存档号	
复核				比例	1:20
设计			墙身大样(一)	日期	
				图名	建施-17

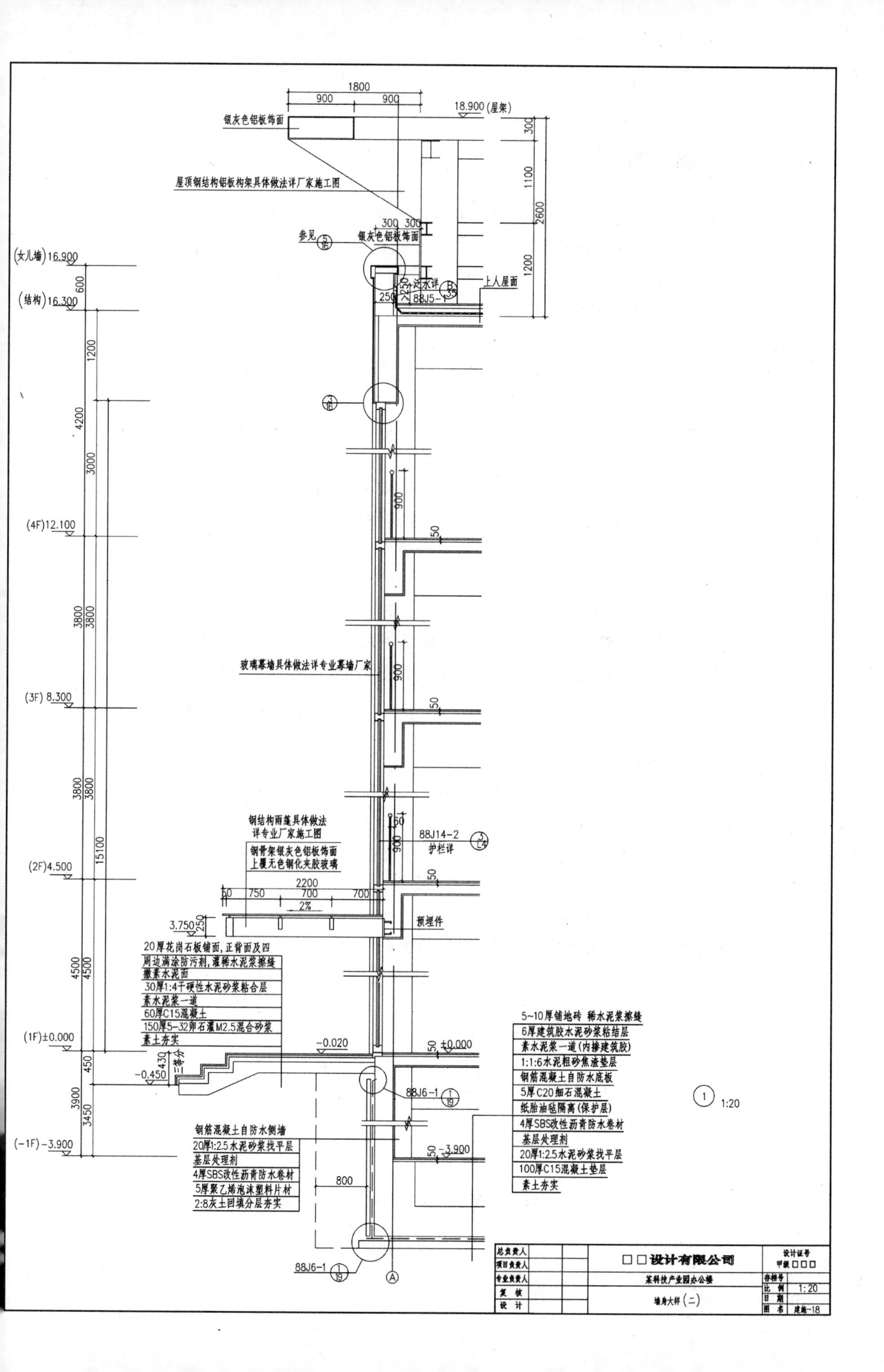

1800
900
900
18.900 (屋架)
银灰色铝板饰面
屋顶钢结构铝板构架具体做法详厂家施工图
300 300
参见 5/16
银灰色铝板饰面
泛水详 B/35
88J5-1
上人屋面
(女儿墙) 16.900
(结构) 16.300
(4F)12.100
(3F) 8.300
(2F)4.500
(1F)±0.000
(-1F)-3.900
玻璃幕墙具体做法详专业幕墙厂家
钢结构雨篷具体做法
详专业厂家施工图
钢骨架银灰色铝板饰面
上覆无色钢化夹胶玻璃
88J14-2
护栏详
3/L4
2200
750
700
700
2%
3.750
预埋件
20厚花岗石板铺面,正背面及四
周边满涂防污剂,灌稀水泥浆擦缝
撒素水泥面
30厚1:4干硬性水泥砂浆粘合层
素水泥浆一道
60厚C15混凝土
150厚5-32卵石灌M2.5混合砂浆
素土夯实
-0.020
-0.450
三等分
88J6-1 1/19
5~10厚铺地砖 稀水泥浆擦缝
6厚建筑胶水泥砂浆粘结层
素水泥浆一道(内掺建筑胶)
1:1:6水泥粗砂焦渣垫层
钢筋混凝土自防水底板
5厚C20细石混凝土
纸胎油毡隔离(保护层)
4厚SBS改性沥青防水卷材
基层处理剂
20厚1:2.5水泥砂浆找平层
100厚C15混凝土垫层
素土夯实
钢筋混凝土自防水侧墙
20厚1:2.5水泥砂浆找平层
基层处理剂
4厚SBS改性沥青防水卷材
5厚聚乙烯泡沫塑料片材
2:8灰土回填分层夯实
800
-3.900
1 1:20
A
总负责人
项目负责人
专业负责人
复 核
设 计
□□设计有限公司
某科技产业园办公楼
墙身大样(二)
设计证号
甲级□□□
存档号
比 例 1:20
日 期
图 名 建施-18

第三节　门窗详图

根据《深度规定》的要求，特殊的或非标准门、窗、幕墙等应有构造详图。如属另行委托设计加工者，要绘制立面分格图，对开启面积大小和开启方式，与主体结构的连接方式、预埋件、用料材质、颜色等作出规定。因此，门窗详图主要用以表达对厂家的制作要求，如尺寸、形式、开启方式、注意事项等。同时也供土建施工和安装之用。

有标准图集的可直接引用或参见引用(在门窗表内注明变更之处)，可不必再画详图。

当没有标准图可引用，或与标准图出入较大，以及用标准图中的基本门窗进行组合时，则应绘制以门窗立面为主的门窗详图。

门窗详图应当按类别集中顺号绘制，以便不同的厂家分别进行制作。例如，木门窗与铝合金窗多由两个厂家分别加工，其门窗详图分别集中绘制自然比较方便。

常用的门窗框料有：木材、铝合金、塑钢、彩色钢板、实腹钢门窗料。但根据原建设部第 218 号文告，在房屋建筑中已禁止使用下列门窗：非中空玻璃单框双玻门窗、框厚 50(含 50)mm 以下单腔结构型材的塑料平开窗、手工机具制作的塑料门窗、32 系列实腹钢窗、25 及 35 系列空腹钢窗、非断热金属型材制作的单玻窗不能用于有节能要求的房屋建筑。

一、门窗立面的绘制

1. 门窗立面均系外视图。旋转开启的门窗，用实开启线表示外开，虚开启线表示内开。开启线交角处表示旋转轴的位置，以此可以判断门窗的开启形式，如平开、上悬、下悬、中悬、立转等；对于推拉开启的门窗则用在推拉扇上画箭头表示开启方向；固定扇则只画窗樘不画窗扇即可。

弧形窗及转折窗应绘制展开立面。

2. 门窗立面的表示方法有 *A*、*B*、*C* 三种，如图 6-1 所示。

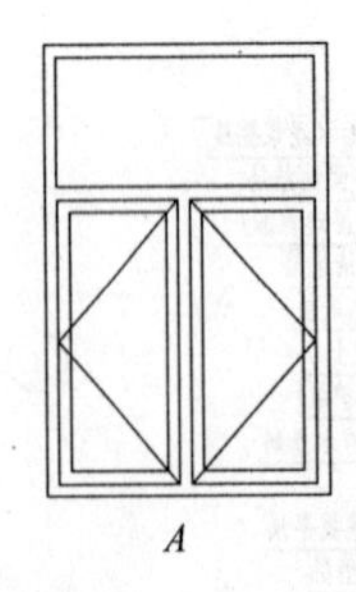

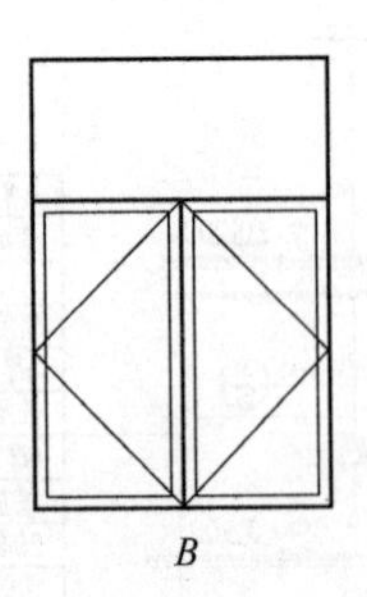

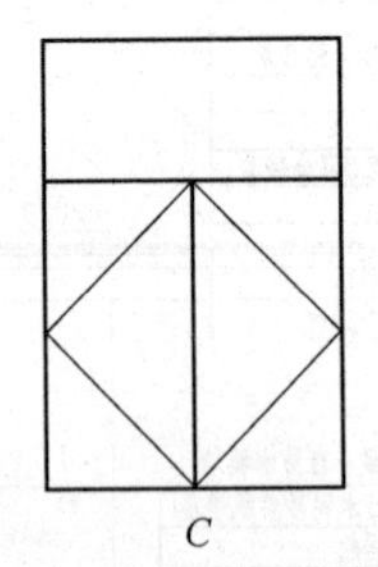

图 6-1　门窗立面表示方法

其中 *B* 用粗实线画樘，用细实线画扇和开启线。简繁适度，樘扇分明，最为常用。

而A用双细实线代替粗实线画樘，图面精细美观，但较费工。常用于大比例的图纸。

至于C只用粗实线画樘，细实线画开启线，不画窗扇，最为简单。可用于小比例的图纸，如玻璃幕墙立面图。

3. 门窗立面的绘制顺序是：先画樘，再画开启扇及开启线。

由于一般门窗立面的比例多用 1：50 或 1：100，大型门窗的拼樘处可用双实线表示，但不需明确拼樘位置时，仍可画单粗实线，具体位置由厂家确定(图 6-2)。

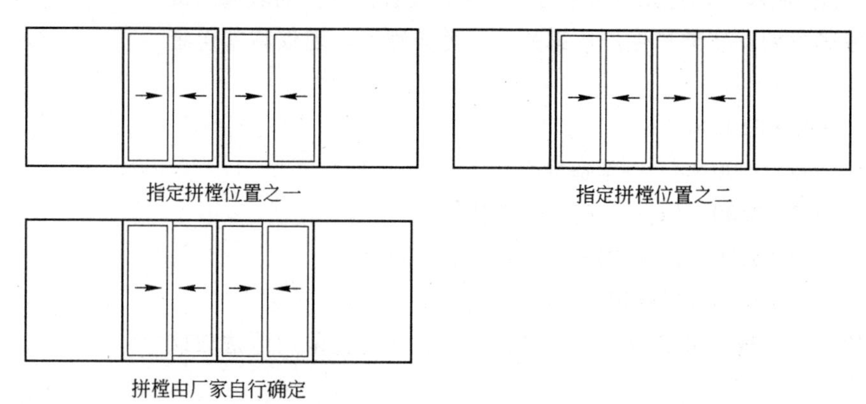

图 6-2　拼樘位置确定

4. 门窗开启扇的绘制及控制尺寸

(1) 门窗开启扇的绘制图例可详见《建筑制图标准》GB/T 50104—2001。现将常用的门窗立面表示图摘录如图 6-3 所示。

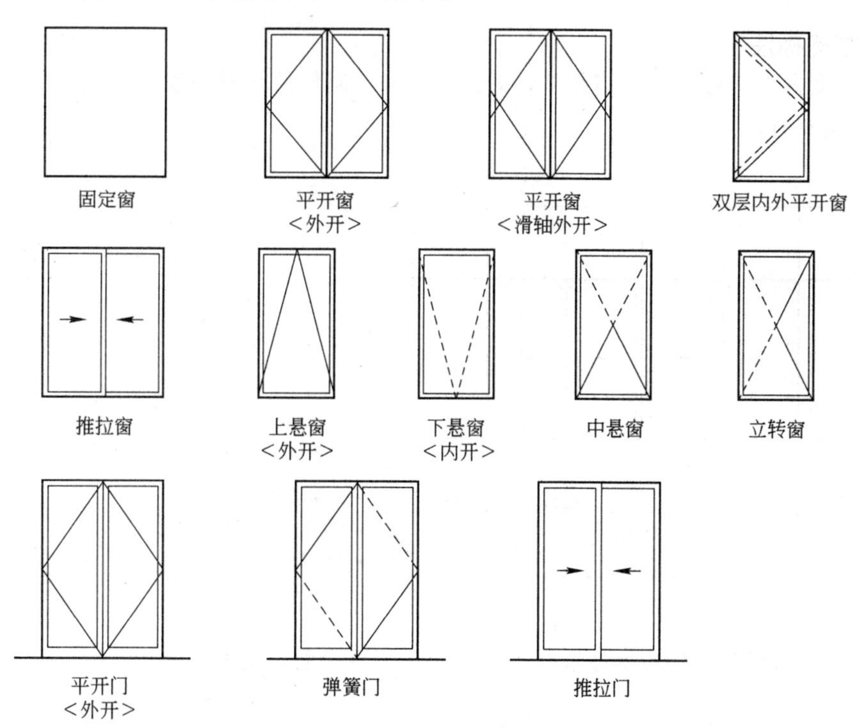

图 6-3　门窗立面示意

(2) 门窗扇的控制尺寸。由于受材料、构造、制作、运输、安装条件的限制，因此门窗立面的划分不能随心所欲，特别是开启扇的尺寸相应受到约束。以铝合金门窗扇为例，其最大尺寸为：

平开窗扇——600×1200(1400 慎用)

推拉窗扇——900×1500(1800 慎用)

平开门扇——1000×2400(单扇)，900×2400(双扇)

推拉门扇——900×2100(常用)，1000×2400(慎用)

(3) 至于固定扇的控制尺寸，主要取决于玻璃的最大允许尺寸。而玻璃的最大允许尺寸，则因玻璃类别、品种和生产厂家的不同差异很大。现仅将常用者介绍如下：

普通平板玻璃　2000×2500×(3～12)

浮法平板玻璃　1500×2000×3——常备规格

　　　　　　　2000×2500×(4、5、6)——常备规格

　　　　　　　3000×6000×(3～12)——特殊订货

镀膜玻璃　　　2400×3300×(6～10)

建筑标准较高的门窗玻璃、玻璃幕墙用玻璃、镀膜玻璃均应采用浮法玻璃作为基片。

不言而喻，门窗樘的分格越小，固定扇玻璃的厚度即可减薄，相对则比较经济、安全和便于安装运输。至于玻璃的厚度则应根据固定扇所处的部位，受力面积的大小，通过抗风及抗震计算才能确定。此工作一般由制作厂家负责。

二、门窗立面尺寸的标注

在门窗高度和宽度方向均应标注三道尺寸，即洞口尺寸、制作总尺寸与安装尺寸、分樘尺寸(图 6-4)。

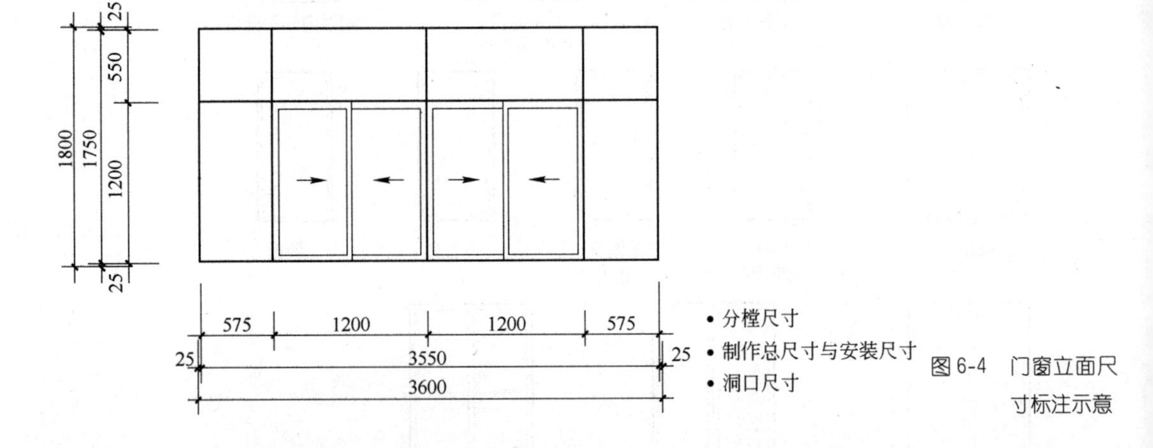

图 6-4　门窗立面尺寸标注示意

1. 弧形窗或转折窗的洞口尺寸应标注展开尺寸。并宜加画平面示意图，注出半径或分段尺寸。

2. 转折窗的制作总尺寸与安装尺寸应分段标注。中间部分标注窗轴线总尺寸，两端部分加注安装尺寸。

3. 安装尺寸应根据与门窗相邻的饰面材料及做法确定，如水泥砂浆、水泥石灰砂浆、喷涂或乳胶漆墙面为 20；锦砖、水刷石、干粘石、剁斧石为 25～30；面砖、碎大理石片为 30～35；花岗石、大理石为 50～80 或以上(根据板厚及安装构造而定)。

应注意：门框高度方向仅上端留取安装尺寸。

有时门窗两侧的安装尺寸可以相差 1mm，以避免门窗的分樘尺寸出现 <1mm 的零星尺寸。

4. 前已述及，若对拼樘位置无明确要求时，分樘尺寸可以仅表示立面划分，制作时由厂家调整和确定拼樘位置、节点构造，以方便加工和安装。

5. 尺寸标注的简化(图 6-5)

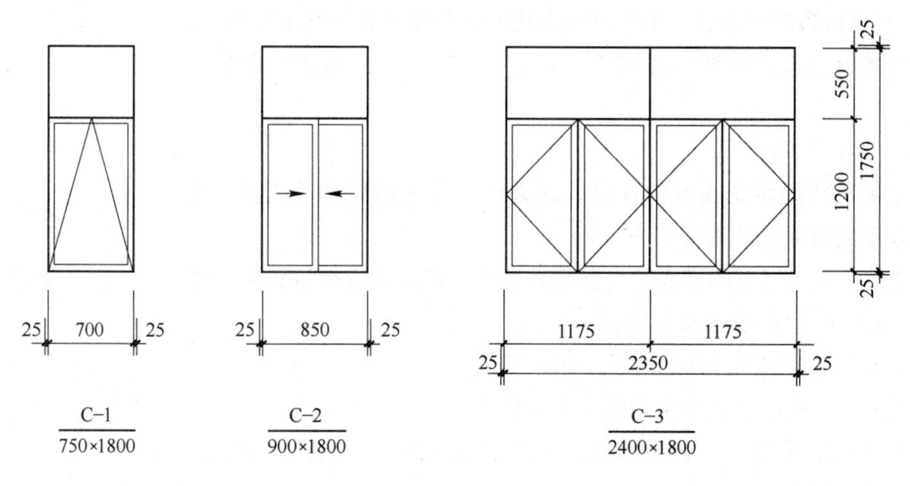

图 6-5 尺寸简化标注

(1) 洞口尺寸可以注在门窗号处，以宽×高表示；

(2) 同高(或同宽)且分樘尺寸也相同的几樘门窗，可以相邻绘图，其相同的尺寸标注一樘即可；

(3) 一张图上的门窗立面比例相同时，可只在图签上的图名栏内注写比例；

(4) 有些地区习惯不标注安装尺寸，制作总尺寸由厂家根据实测洞口尺寸和相邻饰面材料自行确定。即门窗立面只标注洞口尺寸及含安装尺寸在内的分樘尺寸。

三、 门窗详图说明

一般均写在首页的设计总说明中，也可写在门窗详图或门窗表的附注内。说明主要包括：

1. 对制作厂家的资质要求；

2. 门窗立樘位置；

3. 框料及玻璃的选材和颜色，以及纱窗的设置；

4. 非标准门窗的立面仅表示门窗洞口尺寸、分樘示意、开启扇位置及形式。制作厂家应据此并按照相应规范确定门窗的构造，满足抗风压、水密性、气密性、隔声、隔热、防火、玻璃厚度、安全玻璃使用部位及防玻璃炸裂等技术要求，负责设计、制作和安装；

5. 其他制作及安装注意事项，如门窗制作尺寸应核实洞口尺寸无误后方可加工。

四、玻璃幕墙

鉴于玻璃幕墙在使用功能和美观上的独特要求，致使其在形式、性能、结构、材料、构造、制作、安装等方面要比一般门窗复杂而严格得多。因而必须由专门厂家进行设计、制作和安装，但建筑师应提出最基本的功能与美观要求以及配合相应的设计工作。为此，国家已专门制订有《玻璃幕墙工程技术规范》JGJ 102—2003，对玻璃幕墙的设计、制作和安装施工进行全过程的质量控制。

现就玻璃幕墙的建筑设计问题分述如下，并重在阐述其与一般的门窗的不同之点。

1. 玻璃幕墙的立面分格

玻璃幕墙的立面分格除考虑美观效果外，还必须综合考虑结构、构造、施工、玻璃尺寸以及室内效果等因素。

(1) 幕墙的立柱位置应与室内空间平面分隔相协调；幕墙的横档位置应与楼板、吊顶及窗台(或踢脚板)的位置相对应(图 6-6)。

(2) 玻璃分格应考虑玻璃的成品尺寸及出材率等。

(3) 开启扇的设置应兼顾建筑使用功能、美观和节能环保的要求。

开启扇宜为上悬式或滑撑式，因为推拉窗在关闭时幕墙面不平整，影响美观；平开及中旋窗受力和安全性较差。

2. 玻璃幕墙尺寸的标注

玻璃幕墙尺寸的标注与普通门窗立面尺寸的标注基本相同。有时因无相邻墙体，所以无洞口尺寸和安装尺寸可注。但应最好增加与平面轴线和楼层标高之间的定位关系尺寸，可使看图清楚，施工方便(图 6-6)。

3. 玻璃幕墙的剖面设计

主要是交代幕墙与主体结构、室内装修配件的关系，在楼层间和幕墙上下两端的处理，以及相关尺寸。一般均在墙身大样中交代或示意，具体构造节点由制作厂家确定方案和绘图。但必须达到楼层间满足防火、隔声及美观要求，上下两端满足防水及保温要求。

4. 玻璃幕墙设计的安全要求

该安全要求除防火、防雷外，主要是防止幕墙玻璃碎后伤人。因此对玻璃的选用、室外设施布置、安装护栏等均有规定，可详见《玻璃幕墙工程技术规范》JGJ 102—2003，以及《建筑玻璃应用技术规程》JGJ 113—2003 和《建筑安全玻璃管理规定》(发改运行［2003］2116 号文)。

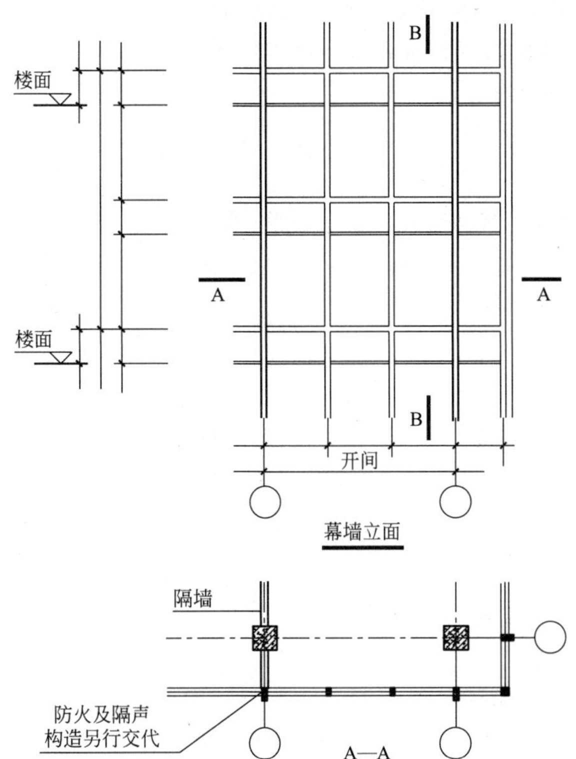

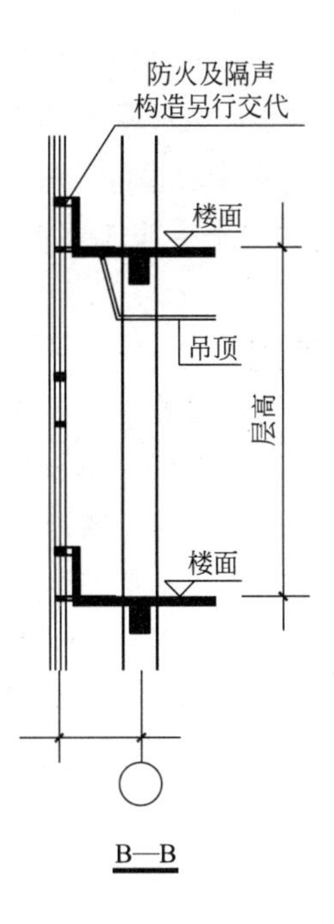

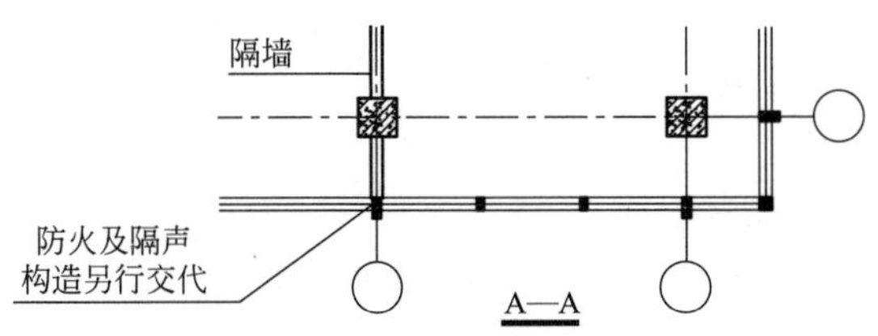

图 6-6　幕墙立面分格与主体部件的关系

5. 擦窗设备。当玻璃幕墙高度＞40m 时应设擦窗机。擦窗机分为轨道式、轮载式、吊篮式三种。设计时应根据选用的形式，将需要擦窗的建筑立面、剖面、高度尺寸，以及建筑物上可供安装擦窗机的楼层平、剖面图提供给制作单位。然后，索取轨道预埋件基础图、设备荷载及电容量等技术资料，以便相关工种进行设计和绘图。如尚无条件确定擦窗机选型，则也应估计相关荷载和电容量，并作为遗留问题写入设计说明中。

6. 玻璃幕墙的设计说明

该说明一般写在首页的设计总说明内。主要应包括以下内容：

(1) 对制作厂家的资质要求及设计分工范围；

(2) 玻璃幕墙的选型：如框支承和点支承玻璃幕墙或全玻璃幕墙；

(3) 玻璃的品种及颜色：如可为退火、吸热、钢化、半钢化、夹层、镀膜、彩釉钢化、中空、防火等各色玻璃；

(4) 露明框料的颜色；

(5) 有无擦窗设备；

(6) 对特殊构造节点的制作与安装要求及注意事项；

(7) 建筑物所在地点及抗震设防烈度(设计总说明中已有者则从略)。

7. 关于混合幕墙

混合幕墙是指在同一幕墙骨架上，根据立面和功能的要求，分区安装玻璃板、金属板、石板等外维护材料。显然其结构、性能、构造、制作、安装比玻璃幕墙更加复杂。因此，这种幕墙的设计应更趋专业化，建筑设计所提供的资料和要求基本与玻璃幕墙应相同，并应符合《金属与石材幕墙工程技术规范》JGJ 113—2001，同时也更要加强与厂家的配合与协作。

五、 安全玻璃的使用

常用的门窗玻璃有：普通退火玻璃、中空玻璃、吸热玻璃、安全玻璃(含钢化玻璃、夹层玻璃、防火玻璃，以及由它们构成的复合品。但单片半钢化玻璃和单片夹丝玻璃均不属于安全玻璃)。

下列建筑部位必须使用安全玻璃：

1. 七层及七层以上建筑物的外开窗；

2. 面积大于1.5m^2 的窗玻璃或玻璃底边离最终装修面小于500mm的落地窗；

3. 面积大于0.5m^2 的有框门玻璃和固定门玻璃(详见《建筑玻璃应用技术规程》第6.1.2条)；

4. 无框玻璃门；

5. 幕墙(全玻璃幕墙除外)详见《玻璃幕墙工程技术规范》第4.4.1～4.4.4条；

6. 倾斜窗(与水平面夹角≤75°，＞75°时按垂直窗对待)；

7. 屋面玻璃(含天窗、采光顶、雨篷，与水平面夹角应≤75°。当屋面玻璃最高点距地面＞5m时，必须用夹层玻璃)；

8. 顶棚、吊顶；

9. 室内玻璃隔断、浴室围护和屏风；

10. 楼梯、平台、阳台、走廊的护板和中庭内栏板；

11. 观光电梯及其外围护；

12. 用于承受行人行走的地面板；

13. 水族馆和游泳池的观察窗、观察孔。

选用时除钢化玻璃外，还应注意在哪些条件下必须使用夹层玻璃、钢化夹层玻璃等。

[思考题]

1. 门窗详图的用途是什么?

2. 门窗立面是外视图还是内视图?

3. 外开、内开、上悬、下悬、中悬、立转、外开滑轴、推拉等不同开启形式的窗立面如何表示?

4. 门窗立面图一般应标注哪三道尺寸？其中安装尺寸如何确定?

5. 影响玻璃幕墙立面分格的三项因素是什么?

6. 比较玻璃幕墙与普通门窗设计说明的异同?

7. 建筑物的哪些部位必须使用安全玻璃?

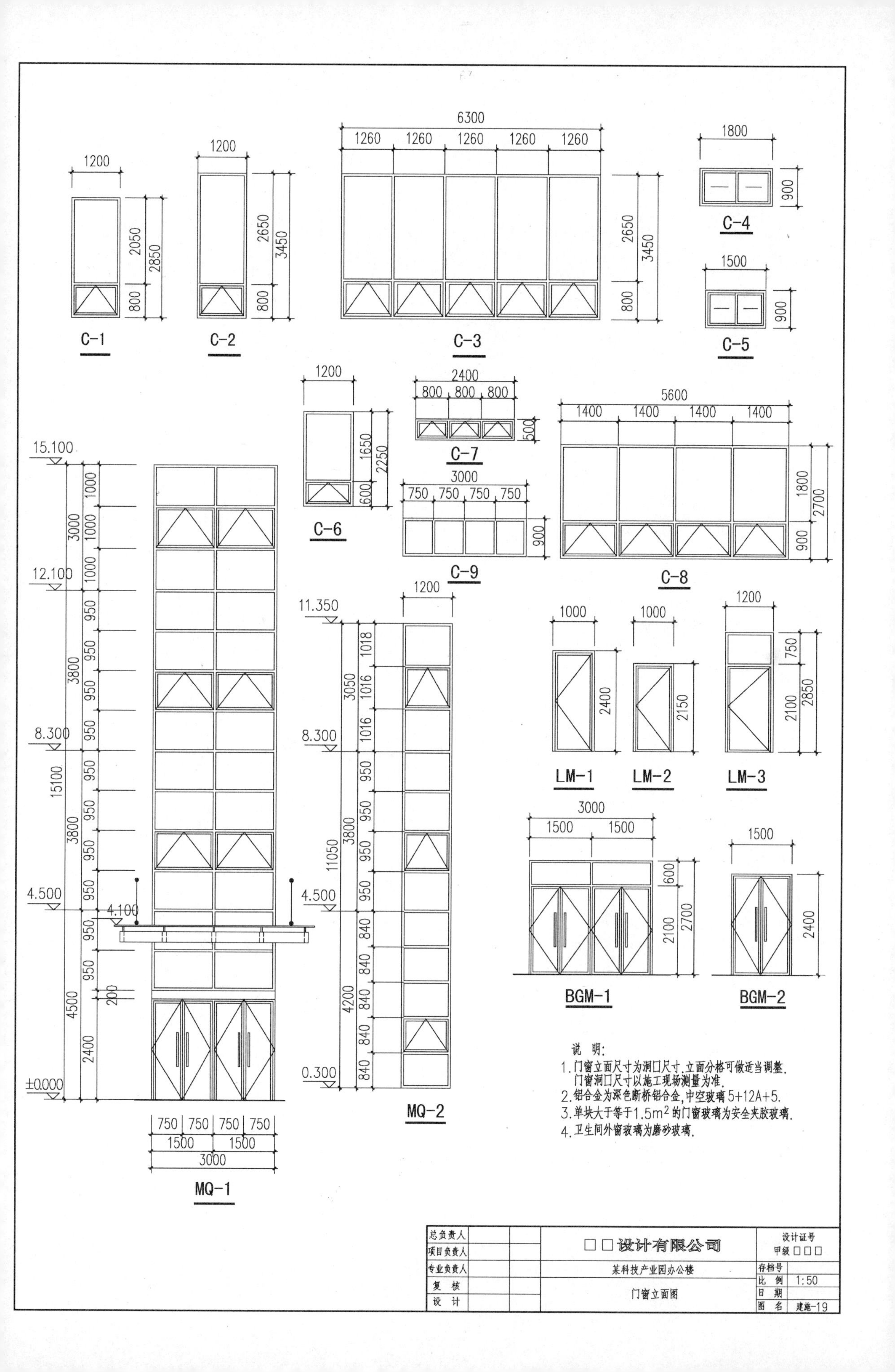
C-1
C-2
C-3
C-4
C-5
C-6
C-7
C-8
C-9
LM-1
LM-2
LM-3
BGM-1
BGM-2
MQ-1
MQ-2
说 明:
1.门窗立面尺寸为洞口尺寸,立面分格可做适当调整.
门窗洞口尺寸以施工现场测量为准.
2.铝合金为深色断桥铝合金,中空玻璃 5+12A+5.
3.单块大于等于1.5m² 的门窗玻璃为安全夹胶玻璃.
4.卫生间外窗玻璃为磨砂玻璃.
总负责人
项目负责人
专业负责人
复 核
设 计
□□设计有限公司
某科技产业园办公楼
门窗立面图
设计证号
甲级 □□□
存档号
比 例 1:50
日 期
图 名 建施-19

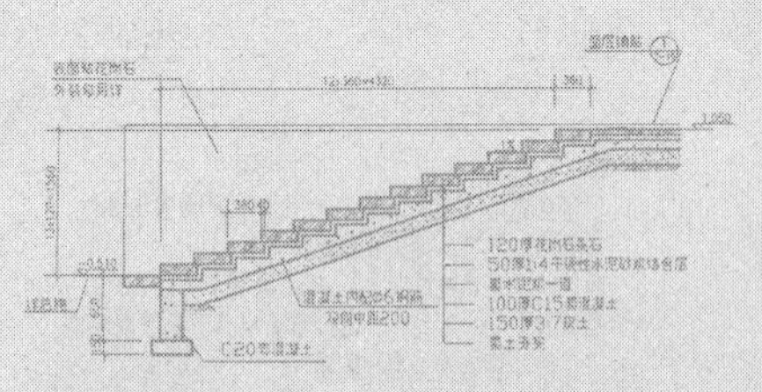

第七章 计 算 书

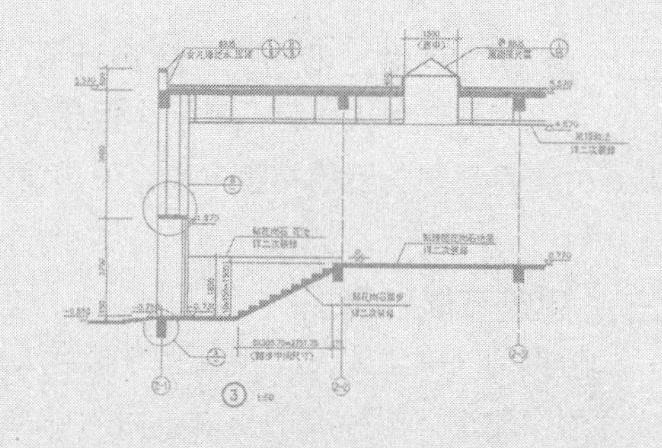

在建筑施工图设计中应视需要，根据工程性质特点进行热工、视线、防护、防火、安全、疏散等方面的计算。计算书作为技术文件归档，但不对外。

一、有关视线、安全疏散、简单防护方面的计算（多由建筑设计人员承担）

大型商店应进行安全疏散计算。剧院、电影院、会堂、体育馆、体育场应进行视线和安全疏散计算。计算方法和标准，可查阅相应的建筑设计规范、防火规范及其他有关资料。

医院、工厂、实验室建筑内有射线产生的部位，应进行防护设计，可参照相应的建筑设计规范和《放射防护规定》GBJ 8—74 进行计算。

二、复杂的声学、防护、音响计算

可由相应专业人员另行承担，但建筑设计人员提供基础资料（如：平、剖面及尺寸，用料与构造的初步方案，使用情况与要求等），并进行配合协调。

三、建筑节能计算

为贯彻《中华人民共和国节约能源法》，建设节能省地型住宅和公共建筑已成为落实建筑节能标准的重点，因为前者量大面广，后者能耗量大。建筑师作为民用建筑设计的主导者，必须充分重视和认真执行。

首先，建筑师应该在总平面布置中使建筑物具有良好的日照朝向和自然通风；在建筑单体设计时应控制体形系数和窗墙面积比，并选用高效环保型外围护材料与部件，以避免节能设计“先天不足”。

其次，根据上述基础资料进行建筑热工验算（也可由暖通专业承担），必要时调整建筑设计和选材，直到符合节能标准。其计算书除内部归档备查外，并应上报当地节能主管部门审批，相关参数和指标还应在施工图设计总说明中表述。

建筑节能计算依据的规范为：《民用建筑热工设计规范》GB 50176—93、《居住建筑节能设计标准》JGJ 26—95、《公共建筑节能设计标准》GB 50189—2005 等。为统一、方便计算和审查，各地均根据其环境条件编制有《节能设计实施细则》以及相应的报表。附录六即以西安地区为例，介绍在节能设计中，建筑热工计算的主要步骤，可供参考。

[思考题]

1. 计算书是否作为技术文件归档？可否对外？
2. 建筑师在建筑节能设计中主要承担哪一部分的节能计算？

示例二

多层住宅（钢筋混凝土剪力墙结构）

本示例为一栋三单元带屋顶层的多层住宅，设计较简单，其图纸的编制有一定的参考价值。该工程 12 栋住宅虽然层数和单元数各异，但户型变化不多，设计者针对其细部共性较强的特点，将详图集中绘制，形成供各栋共用的“通用图”。这样首先可确保详图设计的质量和统一，减少重复劳动。同时，各栋图纸的表达也随之大大简化，只需绘制门窗表、平、立、剖面图即可。因此，整套建筑施工图逻辑清晰、交代详细、施工方便。

工程图纸由北京奥兰斯特建筑工程设计有限公司提供，设计制图人为：徐绍梅、仇建亮、刘力萌、夏柏新。

□□设计有限公司

工程设计图纸目录

证书编号：甲□□□　　工程名称：某住宅小区1号楼

设计编号：______　　建筑面积：5363.28m²　　工程造价：______

设计阶段：施工图　　专　　业：建　筑

序号	图号	图　名	图幅	序号	图号	图　名	图幅
01	建施-1a	门窗表及门窗详图	A2	19	建通-6	A3户型单元平面大样图(一)	A2+
02	建施-1b	门窗表及门窗详图(续)	A2	20	建通-7	A3户型单元平面大样图(二)	A2+
03	建施-2	一层平面图	A2+	21	建通-8	E1+A4户型单元平面大样图(一)	A2+
04	建施-3	二层平面图	A2+	22	建通-9	E1+A4户型单元平面大样图(二)	A2+
05	建施-4	三～五层平面图	A2+	23	建通-10	A4+D1户型单元平面大样图(二)	A2+
06	建施-5	六层平面图	A2+	24	建通-11	A4+D1户型单元平面大样图(二)	A2+
07	建施-6	顶层平面图	A2+	25	建通-12	A1号楼梯详图	A2+
08	建施-7	屋面平面图	A2+	26	建通-13	A2号楼梯详图	A2+
09	建施-8	①～㉓立面图	A2+	27	建通-14	A1号、A2、A3号阳台详图	A2
10	建施-9	㉓～①立面图	A2+	28	建通-16	墙身详图(一)	A2
11	建施-10	Ⓚ～Ⓑ及Ⓐ～Ⓛ立面图	A2+	29	建通-17	墙身详图(二)	A2
12	建施-11	1-1及2-2剖面图	A2+	30	建通-18	墙身详图(三)	A2
利用本工程通用图纸				31	建通-19	墙身详图(四)	A2
13	建通-1a	建筑设计说明	A2	32	建通-29	空调板详图(一)	A2
14	建通-1b	建筑设计说明(续)	A2	33	建通-30	空调板详图(二)	A2
15	建通-2	房间用料表	A2	34	建通-31	空调板详图(三)	A2
16	建通-3	A1户型单元平面大样图	A2+				
17	建通-4	E+A2户型单元平面大样图	A2+				
18	建通-5	A2+D户型单元平面大样图	A2+				

更改及作废记录	日　期	内 容 摘 要	经　办

审定______　　工程负责人______　　___年___月___日

门 窗 表

材质种类	门窗名称	洞口尺寸（宽 mm×高 mm）	门窗数量 一层	二层	三～五层	六层	顶层	屋面层	总计	图集号	备注
甲级防火门	FMA1016	1000×1600	3					3		厂家样本	
乙级防火门	FMB1221	1200×2100	6	6	6×3	6	6		42		
丙级防火门	FMC0618	600×1800	1	3	3×3	3	3		19		门槛高 200
	FMC1218	1200×1800	2	3	3×3	3	3		20		门槛高 200
木门	M0821	800×2100	19	19	19×3	19	12		128		
	M0921	900×2100	19	19	19×3	19	13		127		
单元对讲门	DM1522	1500×3000	3						3		电控防盗门
静电粉末喷涂亚光铝合金窗	C0612′	见图					6		6		
	C0615	见图	11	11	11×3	11	9		75		单框双玻
	C0618	见图					6		6		单框双玻
	C0624	见图					1		1		单框双玻
	C0912	见图			3×3	3	3		15		单框双玻
	C0915	见图	1	1	1×3	1			6		单框双玻
	C09A	见图					1		1		单框双玻
	C1215	见图	1	1	1×3	1	6		12		单框双玻
	C16AL	见图					6		6		
	C24BL	见图					6		6		
	C16CL	见图					6		6		
	JC1	见图									
静电粉末喷涂亚光铝合金窗（联窗）	PC1519	见图	9	9	9×3	5			50		单框双玻
	PC1519′	见图				4			4		单框双玻
	PC1819	见图	5	5	5×3	1			26		单框双玻
	PC1819′	见图				4			4		单框双玻
	PC1824	见图	1	1	1×3	1	1		7		单框双玻
静电粉末喷涂亚光铝合金窗(角窗)	JC1419	见图	1	1	1×3	1			6		单框双玻
	JC1819	见图	1	1	1×3	1			6		单框双玻
静电粉末喷涂亚光铝合金窗(顶窗)	DC1519	见图				4			4		单框双玻
	DC1819	见图				4			4		单框双玻
静电粉末喷涂亚光铝合金窗（阳台）	YTC1824	见图	1	1	1×3	1			6		单框双玻
	YTC2024	见图	1	1	1×3				5		单框双玻
	YTC2424L	见图			3×3	3			12		单框单玻
	YTC2424L′	见图	3	3					6		单框单玻
	YTC2424R	见图			3×3	3			12		单框单玻
	YTC2424R′	见图	3	3					6		单框单玻
	YTC2624L	见图	2	2	2×3	3			13		单框双玻
	YTC2624R	见图	2	2	2×3	2			12		单框双玻
	YTC3224	见图	1	1	1×3	1			6		单框双玻
	YTC3224A	见图					1		1		单框双玻
	YTC4024	见图	1	1	1×3	1			6		单框双玻
静电粉末喷涂亚光铝合金门联窗	MC1224	见图	3	3	3×3	3			18		单框双玻
	MC1224 反	见图	3	3	3×3	3			18		单框双玻
天窗	TC0812	1200×800						23	23		单框双玻

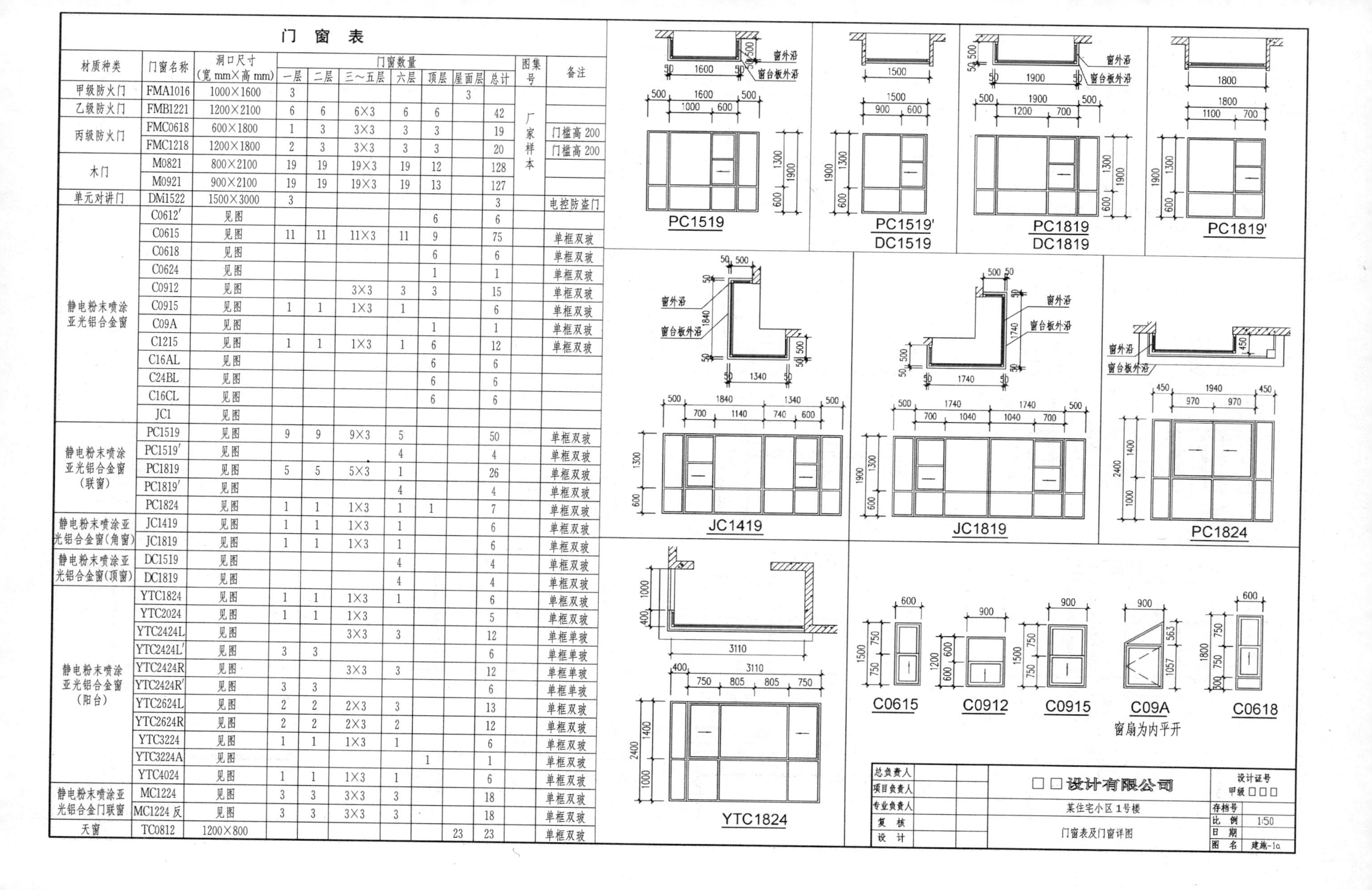

总负责人		□□设计有限公司	设计证号 甲级 □□□
项目负责人			
专业负责人		某住宅小区 1号楼	存档号
复核			比例 1:50
设计		门窗表及门窗详图	日期
			图名 建施-1a

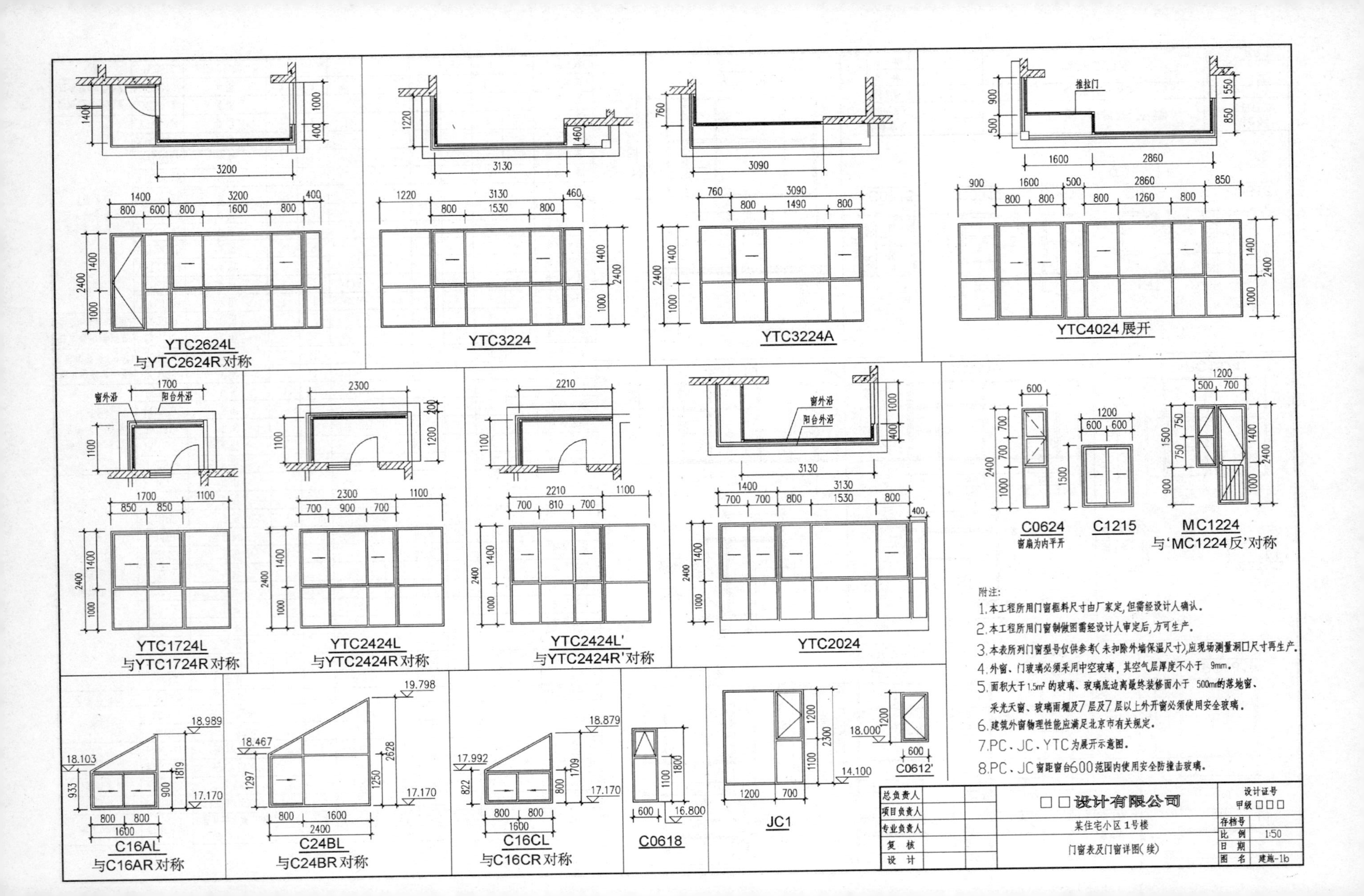

YTC2624L
与YTC2624R对称
YTC3224
YTC3224A
推拉门
YTC4024展开
窗外沿
阳台外沿
YTC1724L
与YTC1724R对称
YTC2424L
与YTC2424R对称
YTC2424L'
与YTC2424R'对称
YTC2024
C0624
窗扇为内平开
C1215
MC1224
与'MC1224反'对称
C16AL
与C16AR对称
C24BL
与C24BR对称
C16CL
与C16CR对称
C0618
JC1
C0612'
附注:
1.本工程所用门窗框料尺寸由厂家定，但需经设计人确认。
2.本工程所用门窗制做图需经设计人审定后，方可生产。
3.本表所列门窗型号仅供参考(未扣除外墙保温尺寸)，应现场测量洞口尺寸再生产。
4.外窗、门玻璃必须采用中空玻璃，其空气层厚度不小于 9mm。
5.面积大于1.5m²的玻璃、玻璃底边离最终装修面小于 500mm的落地窗、采光天窗、玻璃雨棚及7层及7层以上外开窗必须使用安全玻璃。
6.建筑外窗物理性能应满足北京市有关规定。
7.PC、JC、YTC为展开示意图。
8.PC、JC窗距窗台600范围内使用安全防撞击玻璃。
总负责人
项目负责人
专业负责人
复核
设计
□□设计有限公司
某住宅小区1号楼
门窗表及门窗详图(续)
设计证号
甲级 □□□
存档号
比例 1:50
日期
图名 建施-1b

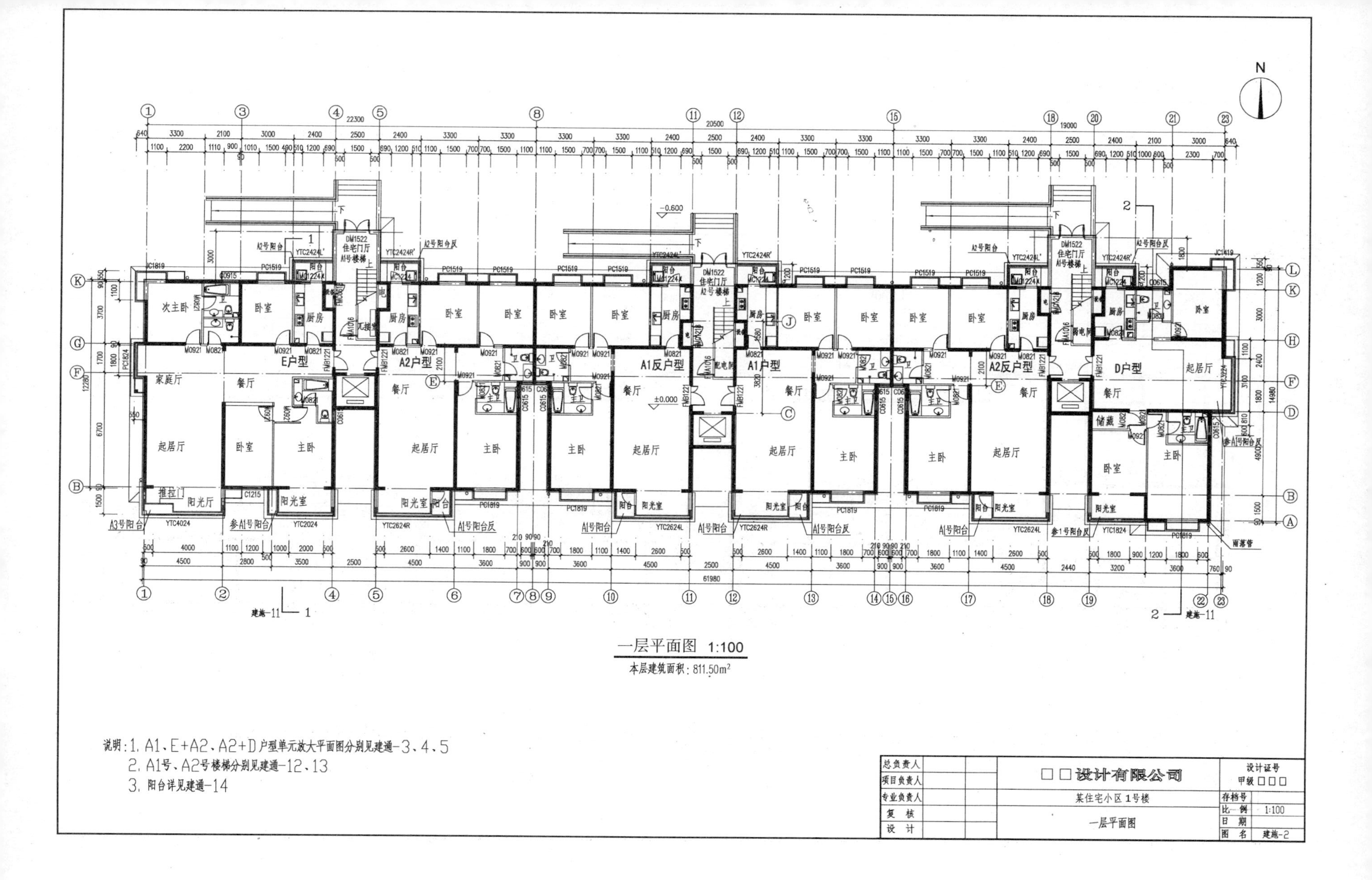
一层平面图 1:100
本层建筑面积：811.50m²
说明：1. A1、E+A2、A2+D户型单元放大平面图分别见建通-3、4、5
2. A1号、A2号楼梯分别见建通-12、13
3. 阳台详见建通-14
总负责人
项目负责人
专业负责人
复 核
设 计
□□设计有限公司
某住宅小区1号楼
一层平面图
设计证号
甲级□□□
存档号
比 例 1:100
日 期
图 名 建施-2
E户型
A2户型
A1反户型
A1户型
A2反户型
D户型

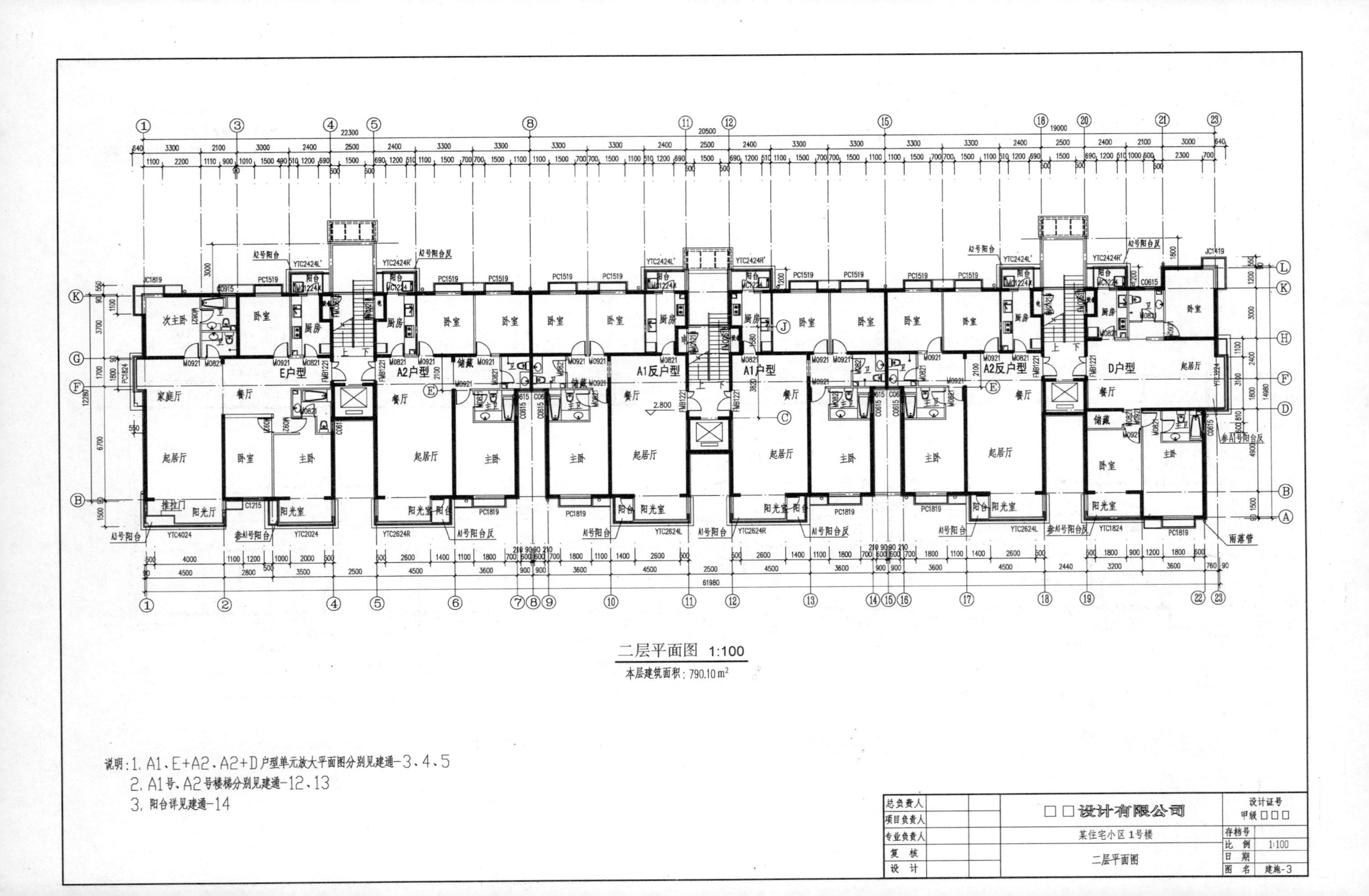

二层平面图 1:100
本层建筑面积：790.10 m²
说明：1. A1、E+A2、A2+D户型单元放大平面图分别见建通-3、4、5
2. A1号、A2号楼梯分别见建通-12、13
3. 阳台详见建通-14
总负责人
项目负责人
专业负责人
复 核
设 计
□□设计有限公司
某住宅小区1号楼
二层平面图
设计证号
甲级 □□□
存档号
比 例 1:100
日 期
图 名 建施-3

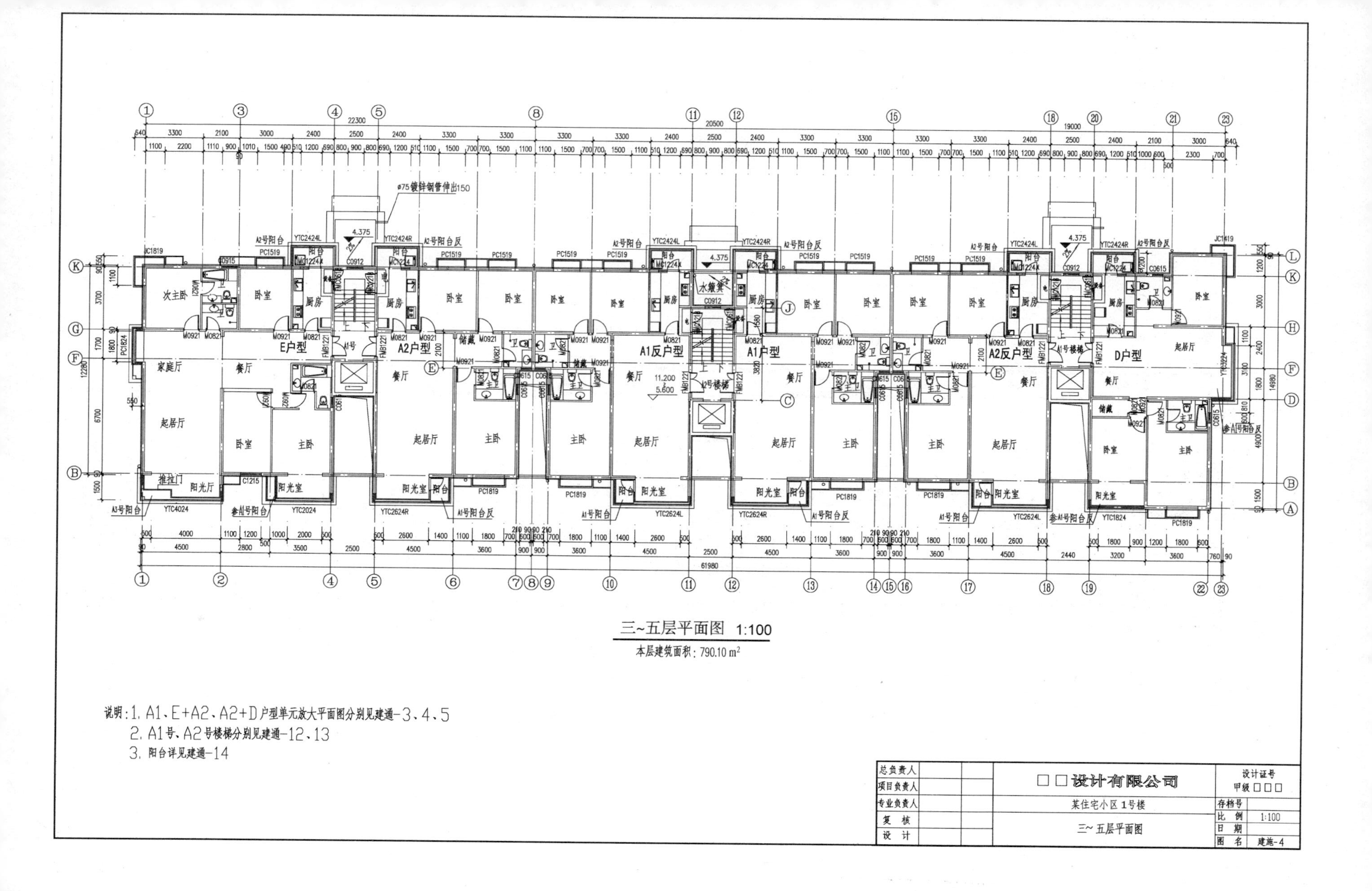
三~五层平面图 1:100
本层建筑面积：790.10 m²
说明：1. A1、E+A2、A2+D户型单元放大平面图分别见建通-3、4、5
2. A1号、A2号楼梯分别见建通-12、13
3. 阳台详见建通-14
总负责人
项目负责人
专业负责人
复 核
设 计
□□设计有限公司
某住宅小区1号楼
三~五层平面图
设计证号
甲级 □□□
存档号
比 例 1:100
日 期
图 名 建施-4

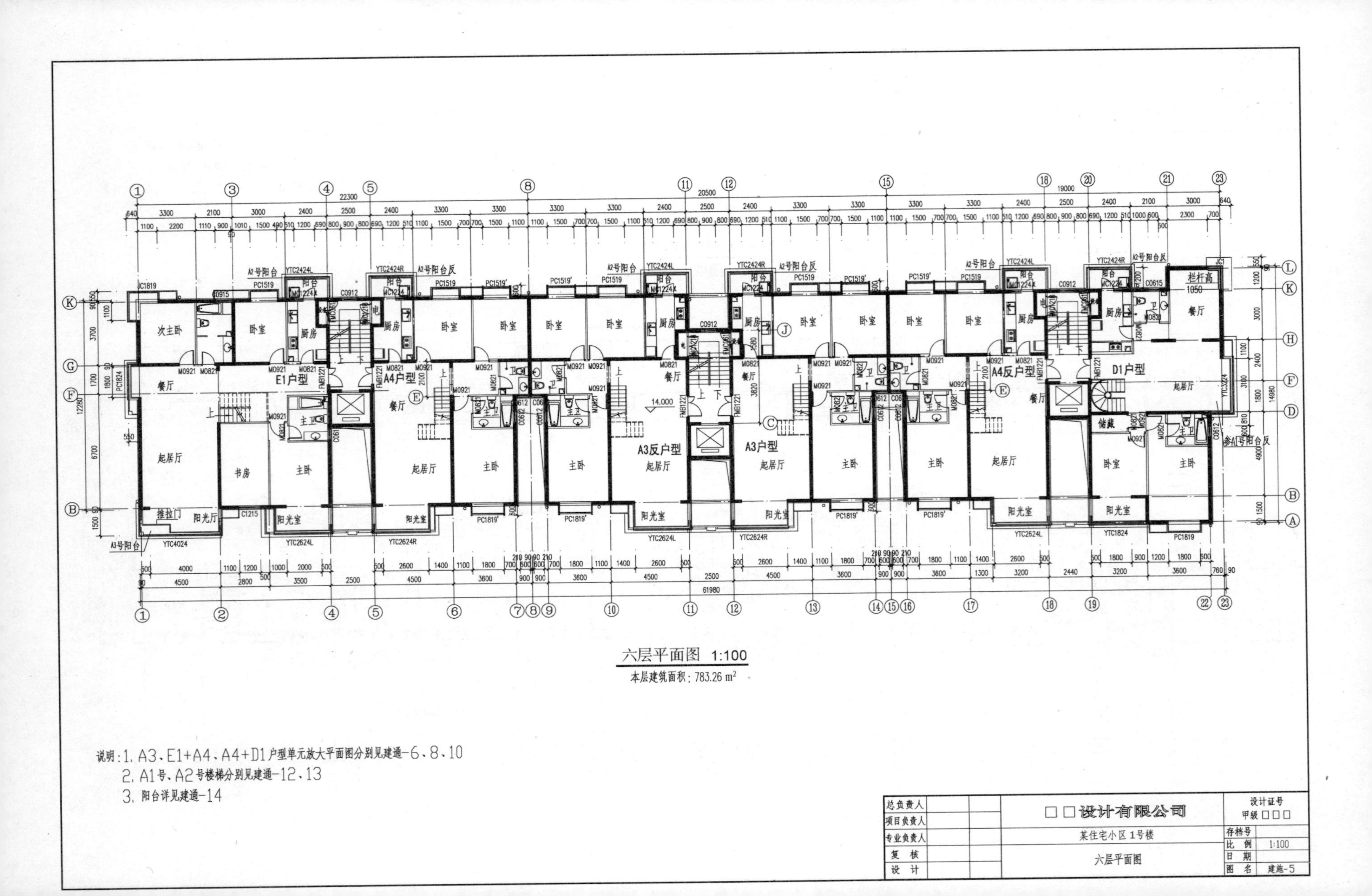

六层平面图 1:100
本层建筑面积：783.26 m²
说明：1. A3、E1+A4、A4+D1户型单元放大平面图分别见建通-6、8、10
2. A1号、A2号楼梯分别见建通-12、13
3. 阳台详见建通-14
总负责人
项目负责人
专业负责人
复 核
设 计
□□设计有限公司
某住宅小区1号楼
六层平面图
设计证号
甲级□□□
存档号
比 例 1:100
日 期
图 名 建施-5

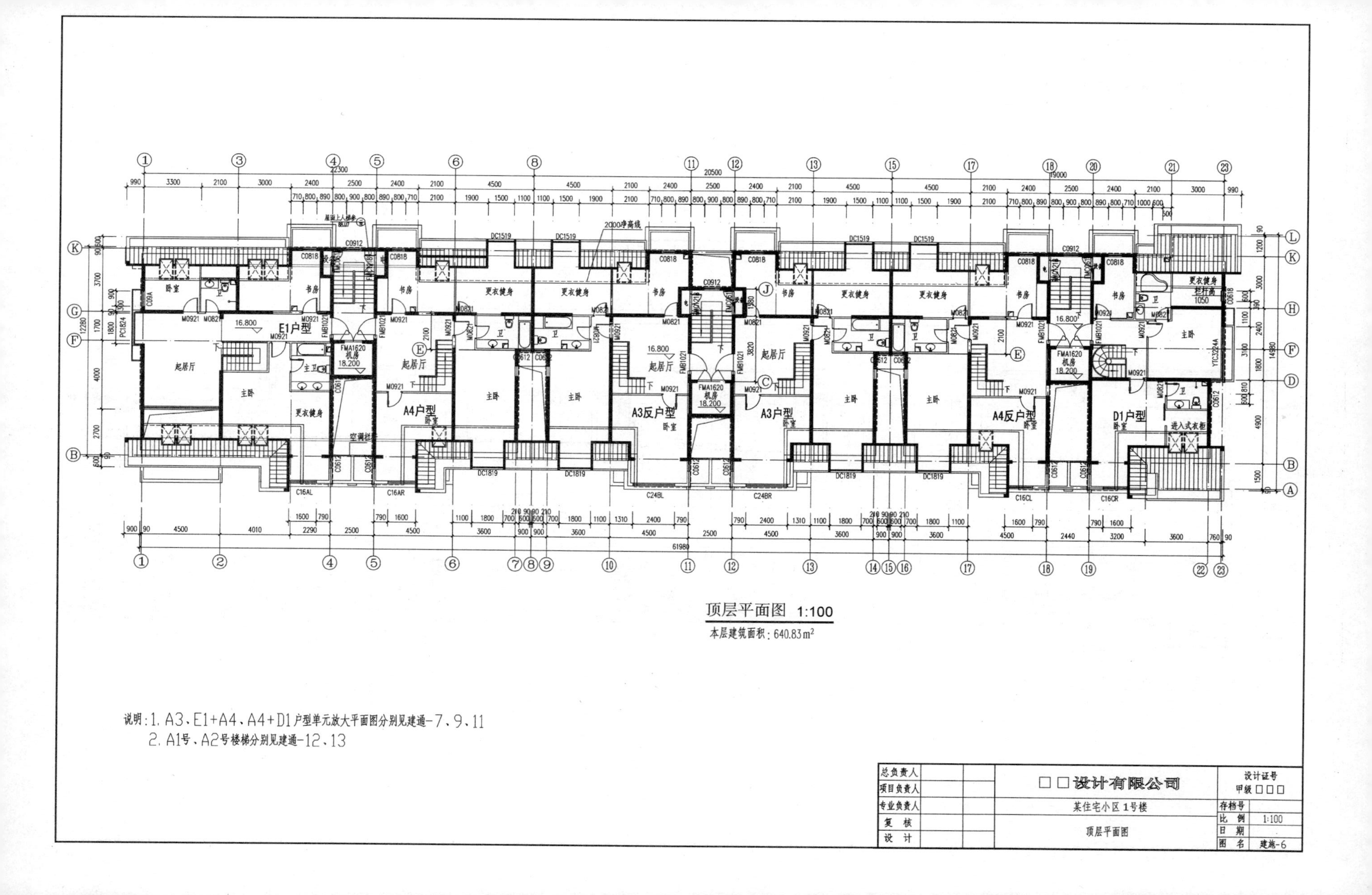
顶层平面图 1:100
本层建筑面积：640.83m²
说明：1. A3、E1+A4、A4+D1户型单元放大平面图分别见建通-7、9、11
2. A1号、A2号楼梯分别见建通-12、13
E1户型
A4户型
A3反户型
A3户型
A4反户型
D1户型
总负责人
项目负责人
专业负责人
复 核
设 计
□□设计有限公司
某住宅小区1号楼
顶层平面图
设计证号
甲级□□□
存档号
比 例 1:100
日 期
图 名 建施-6

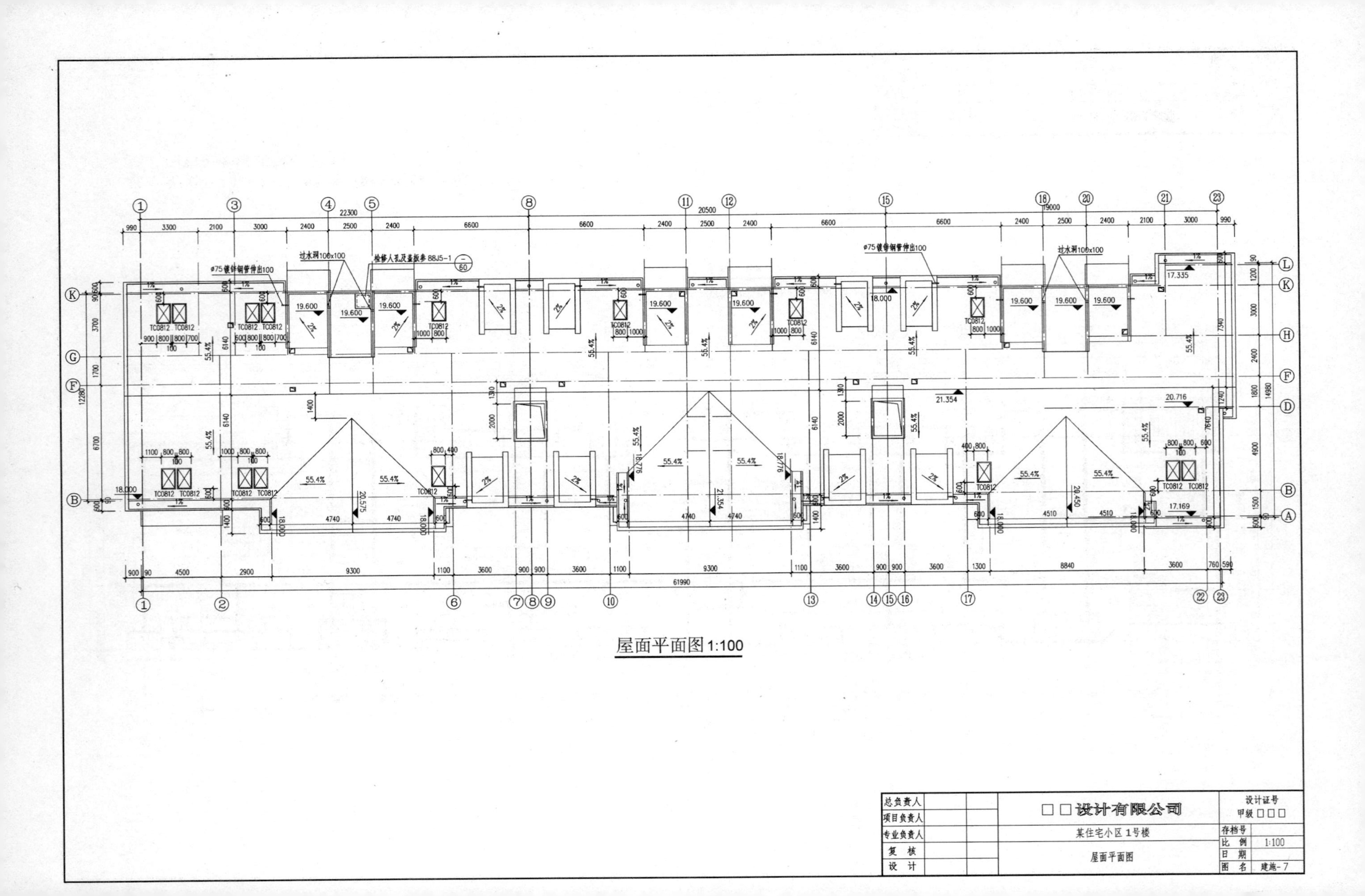

过水洞100x100
检修人孔及盖板参 88J5-1
ø75镀锌钢管伸出100
屋面平面图1:100
总负责人
项目负责人
专业负责人
复 核
设 计
□□设计有限公司
某住宅小区1号楼
屋面平面图
设计证号
甲级 □□□
存档号
比 例 1:100
日 期
图 名 建施-7

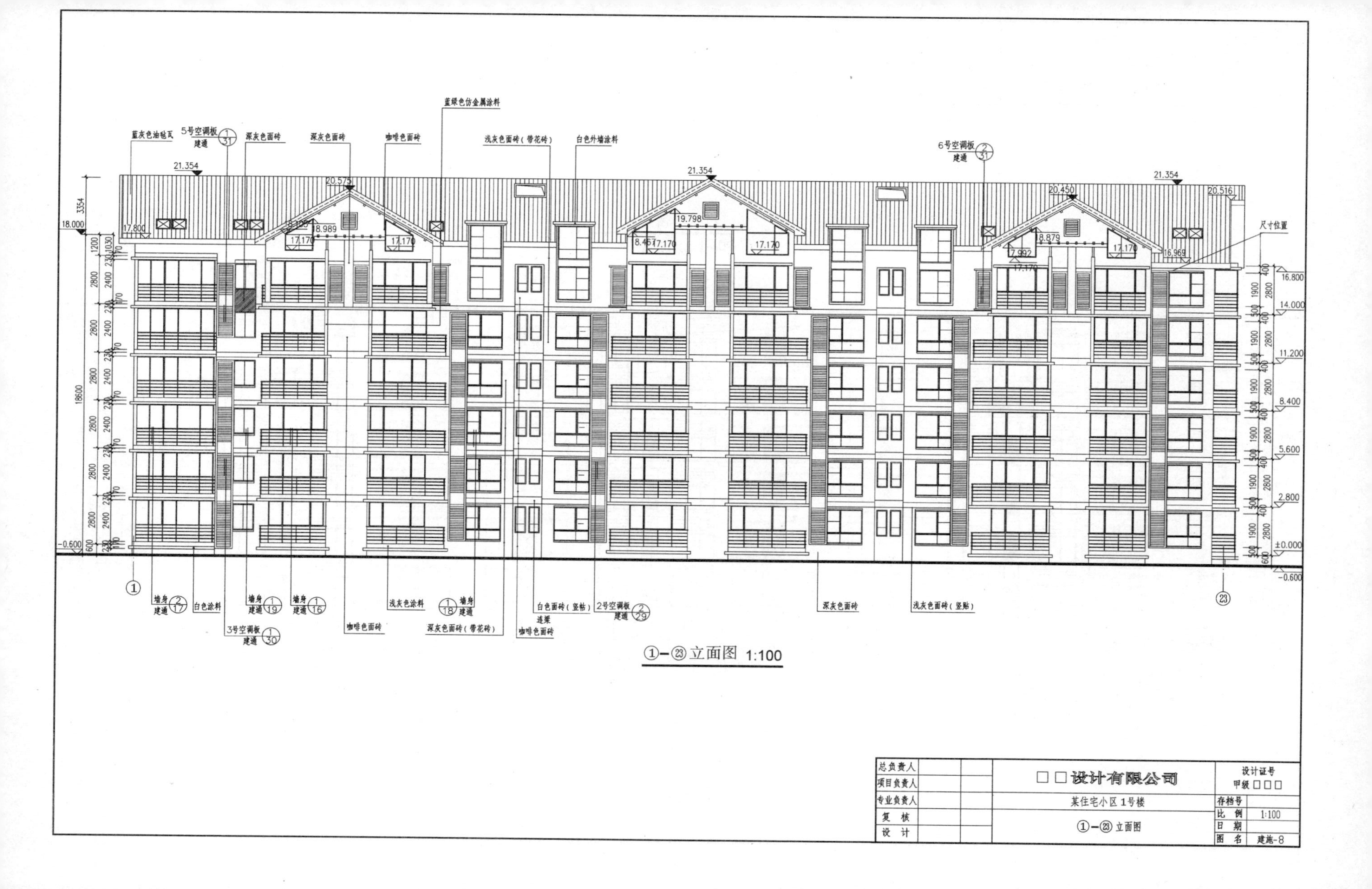

①—㉓立面图 1:100

总负责人			□□设计有限公司	设计证号 甲级 □□□	
项目负责人					
专业负责人			某住宅小区1号楼	存档号	
复核			①—㉓立面图	比例	1:100
设计				日期	
				图名	建施-8

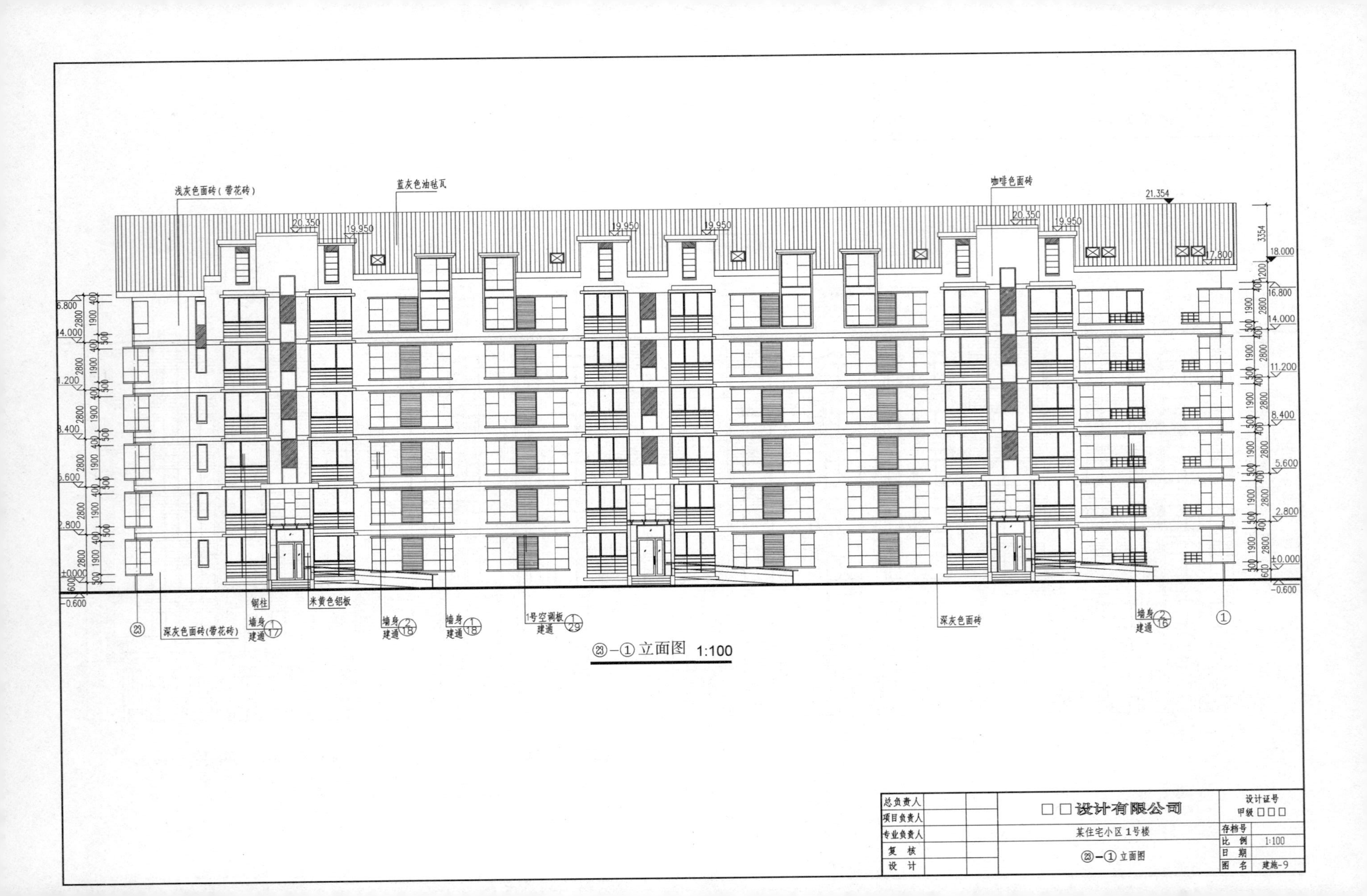
浅灰色面砖（带花砖）
蓝灰色油毡瓦
咖啡色面砖
21.354
20.350
19.950
18.000
17.800
16.800
14.000
11.200
8.400
5.600
2.800
±0.000
-0.600
3354
钢柱
米黄色铝板
深灰色面砖(带花砖)
深灰色面砖
墙身 建通 17
墙身 建通 2 18
墙身 建通 1 18
1号空调板 建通 1 29
墙身 建通 2 16
㉓
①
总负责人
项目负责人
专业负责人
复 核
设 计
□□设计有限公司
某住宅小区1号楼
㉓—①立面图
设计证号
甲级□□□
存档号
比 例 1:100
日 期
图 名 建施-9
㉓—①立面图 1:100

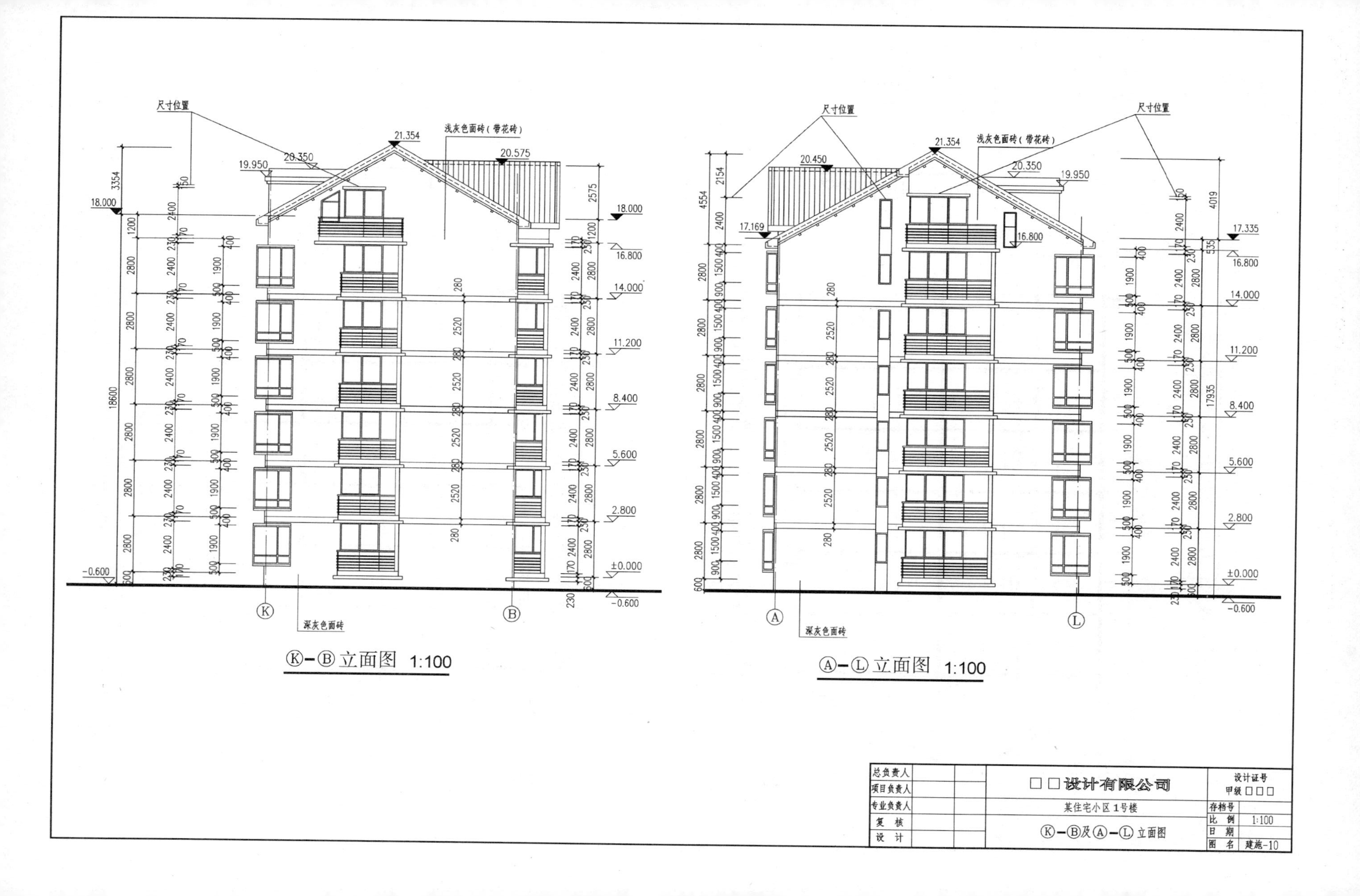

尺寸位置
浅灰色面砖（带花砖）
深灰色面砖
21.354
20.350
20.575
19.950
18.000
16.800
14.000
11.200
8.400
5.600
2.800
±0.000
-0.600
20.450
17.169
17.335
Ⓚ－Ⓑ立面图 1:100
Ⓐ－Ⓛ立面图 1:100
总负责人
项目负责人
专业负责人
复 核
设 计
□□设计有限公司
某住宅小区1号楼
Ⓚ－Ⓑ及Ⓐ－Ⓛ立面图
设计证号
甲级□□□
存档号
比 例 1:100
日 期
图 名 建施-10

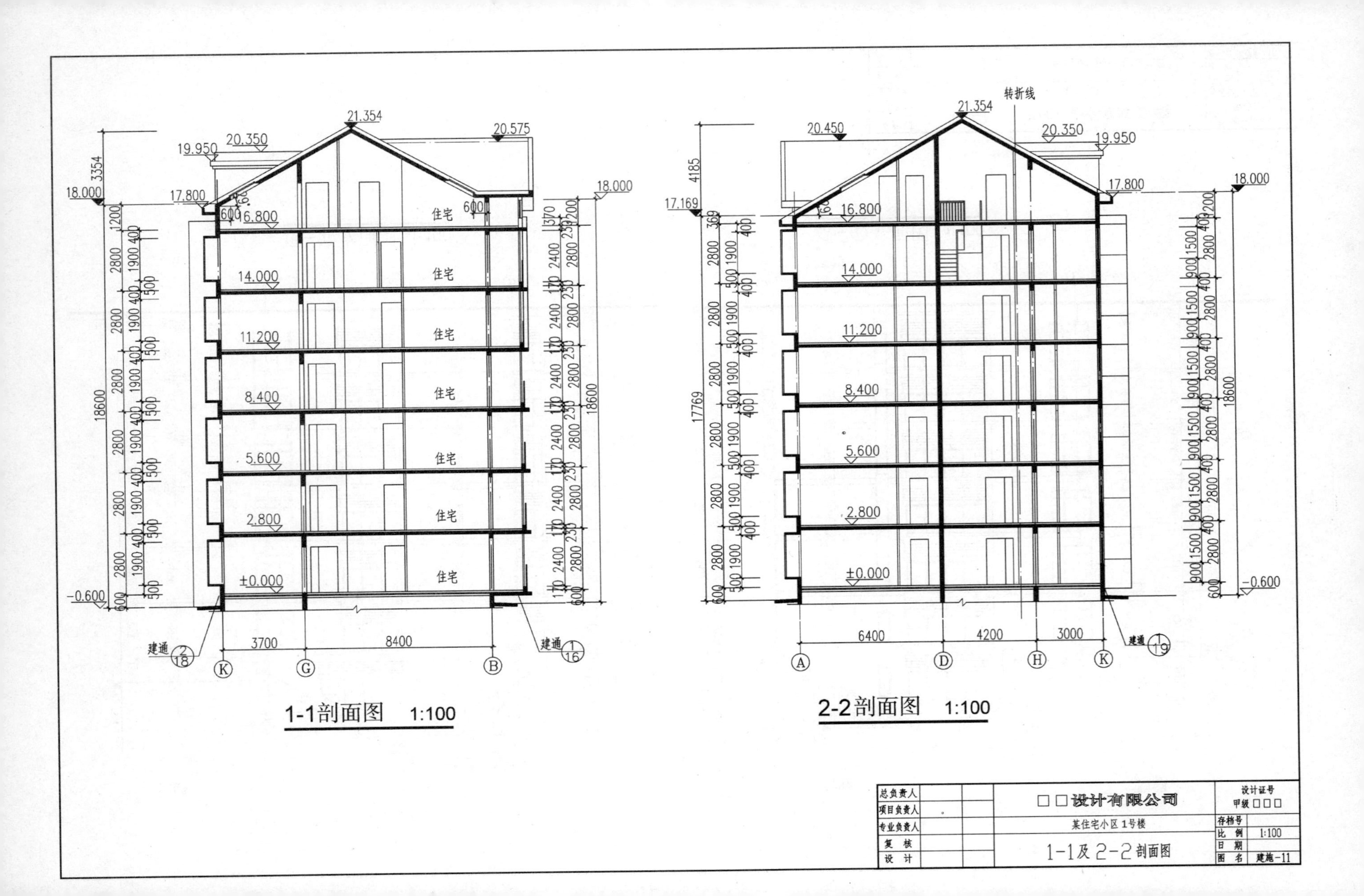

21.354
20.350
19.950
20.575
18.000
17.800
16.800
14.000
11.200
8.400
5.600
2.800
±0.000
-0.600
住宅
3700
8400
18600
3354
建通 2/18
建通 1/16
K
G
B
1-1剖面图 1:100
转折线
20.450
17.169
4185
17769
6400
4200
3000
建通 1/19
A
D
H
K
2-2剖面图 1:100
总负责人
项目负责人
专业负责人
复 核
设 计
□□设计有限公司
某住宅小区1号楼
1-1及2-2剖面图
设计证号
甲级□□□
存档号
比 例 1:100
日 期
图 名 建施-11

建筑设计说明

1. 工程概况

1.1 工程名称：某住宅小区

1.2 使用性质：商品住宅

1.3 建设单位：某公司

1.4 建设地点：北京市

1.5 总建筑面积：103200m²

地上建筑面积：82300m²

地下建筑面积：20900m²

1.6 组成方式：分为1号、2号、3号、4号、5号、6号、7号、8号、9号、10号、11号、12号住宅楼及地下车库

1.7 结构形式：钢筋混凝土剪力墙结构(地下车库为框架结构)

1.8 抗震设防裂度：8度

1.9 耐火等级：地下一级，地上二级　耐久年限：50年

1.10 各栋建筑简况见下表

楼号	建筑面积(m²)	地上面积(m²)	地下面积(m²)	层数 地上	层数 地下	檐口高度	总户数
1号楼	5363.28m²	5363.28m²		6.5		18.4m	694
2号楼	7678.21m²	6984.33m²	693.88m²	9	2	25.9m	
3号楼	17355.25m²	15648.57m²	1706.68m²	9	2	26.3m	
4号楼	4193.34m²	3698.52m²	494.82m²	6.5	2	18.4m	
5号、7号楼	5363.28m²	5363.28m²		6.5		18.4m	
6号、8号楼	3698.52m²	3698.52m²		6.5		18.4m	
9号楼	5363.28m²	5363.28m²		6.5		18.4m	
10号楼	12855.57m²	12855.57m²		5~8		23.45m	
11号楼	5917.71m²	5917.71m²		6		17.85m	
12号楼	9973.40m²	8165.14m²	1808.26m²	9	2	26.25m	
1号地下车库	13968.28m²	60m²	13908.28m²		1		306辆
2号地下车库	789.46m²	18.6m²	760.86m²		1		30辆
3号地下车库	919.79m²	18.6m²	901.19m²		1		30辆
垃圾站公厕	120m²	120m²		2			
锅炉房	260m²		260m²		1		
中水处理站	200m²		200m²		1		

1.11 人防工程分区及各项指标见下表

防护单元名称	面积	所在位置	使用功能 战时	使用功能 平时	抗力等级	防化等级
A区	825m²	1号楼地下二层西部	人员掩蔽	自行车库	5级	丙级
B区	819m²	1号楼地下二层东部	人员掩蔽	自行车库	5级	丙级
C区	3158m²	4号楼地下二层 1号地下车库南部	物资库	汽车库	6级	丁级
D区	913m²	12-1号楼地下二层	人员掩蔽	自行车库	5级	丙级

注：以上面积不含各出口面积

A区B区共用一个室外出口为1号室外出口，面积为54m²。

C区室外出口为2号室外出口，面积为65m²。

D区室外出口为3号室外出口，面积为54m²。

2. 设计依据

2.1 北京市规划委员会对该项目的规划意见书及钉桩坐标成果通知单。

2.2 北京规划委员会批准的规划方案。

2.3 有关人防(2004京防工准字×××××号)、消防(京消审2004第×××××号)等批文。

2.4 甲方提供的地形图、红线图。

2.5 北京某勘察设计研究院提供的“某住宅小区岩土工程勘察报告”。

2.6 国家和北京市现行的各项设计规范、规程和规定。

2.7 各专业提供的施工图设计阶段的技术条件。

3. 设计范围

3.1 本工程住宅户内，商业店铺及10-2号楼管理办公房间，做法均为初装修，应满足北京市住宅工程初装修竣工质量核定规定的要求，设计按要求做出全部房间做法表，并设计所有必要的内门，并统计数量，仅做为初装修的设计依据和参考。

3.2 本工程建筑定位见总图专业图纸及说明。

4. 标注说明

4.1 本工程标注尺寸除标高以米为单位外，其他均以毫米为单位，±0.000绝对标高值见总平面图。本工程1号~9号楼无底商，室内外高差为600，10号~12号楼有底商，室内外高差为150。

4.2 标高示意 XX.XXX 建筑标高 XX.XXX 结构标高

5. 地下工程防水

5.1 本工程有地下室者，防水等级为二级，采用混凝土自防水的刚性防水与外贴防水卷材两道防水措施。混凝土防水措施详见结构图纸说明。

防水卷材采用高延伸率的高聚物改性沥青防水卷材两道，详参88J6-1 1/19

5.2 地下室墙身(自外而内)

1. 3:7灰土回填，分层夯实
2. 50厚聚苯板保护层
3. 20厚1:2.5水泥砂浆保护层
4. (每层3厚)SBS改性沥青防水卷材2层
5. 20厚1:2水泥砂浆找平层
6. 钢筋混凝土墙体

5.3 地下室底板(自上而下)

1. 接地面做法
2. 钢筋混凝土底板
3. 50厚C20细石混凝土保护层
4. (每层3厚)SBS改性沥青防水卷材2层
5. 20厚1:2水泥砂浆找平层
6. 100厚C10混凝土垫层
7. 素土夯实

5.4 地下室顶板(自上而下)

1. 回填种植土
2. 70厚C20混凝土保护层
3. (每层3厚)SBS改性沥青防水卷材2层)
4. 20厚1:2水泥砂浆找平层
5. 钢筋混凝土顶板

5.5 地下室顶板(自上而下)(1号楼车行通道处)

1. 70厚C20混凝土保护层
2. (每层3厚)SBS改性沥青防水卷材2层
3. 20厚1:2水泥砂浆找平层
4. 钢筋混凝土顶板

6. 楼地面工程

6.1 具体做法详见“房间用料表”

6.2 本工程楼面做法厚度一般为80，卫生间楼地面做法较相邻房间低10

7. 墙体工程

7.1 地下部分

外墙：300厚防水钢筋混凝土墙。

内墙：200厚钢筋混凝土墙，200厚陶粒混凝土空心砌块。

7.2 地上部分

外墙：180(220)厚钢筋混凝土墙。

内墙：除180(220)厚钢筋混凝土墙外，户内隔墙90厚为麻面陶粒混凝土隔墙板，其他为陶粒混凝土空心砌块厚详单元详图，设备井，电井为100厚陶粒混凝土空心砌块。

7.3 陶粒混凝土空心砌块墙的构造柱，水平配筋带等做法见结施。

7.4 陶粒混凝土空心砌块墙砌筑前，先浇筑细石混凝土基座，高150与墙同宽。

7.5 钢筋混凝土墙预留洞，见结施和设备施工图纸；非承重墙预留洞见建施和设备施工图纸。

7.6 外墙保温

外墙外保温采用大模内置聚苯外保温做法，50厚。

有关窗口，女儿墙，变形缝，阴阳角，分格线，雨水管，凸窗，空调冷凝水管等与保温层相关处理均参见上《规程》

住宅下部为室外、地下室者，底板粘贴40厚玻璃棉保温板。

不采暖楼梯间在住宅居室一侧内侧抹20厚保温砂浆。

变形缝处两侧墙内抹20厚保温砂浆。

7.7 凡起居室、卧室临电梯井道处墙面，均贴通长50厚岩棉隔声材料，外贴木龙骨石膏板20厚

7.8 本工程所采用的陶粒混凝土空心砌块的性能应达到《轻集料混凝土小型空心砌块》GB 15229—94标准密度等级

7.9 承重混凝土墙体因结构需要开设洞以同宽陶粒混凝土空心砌块封堵。

7.10 墙体图例

	比例≤1:100时	比例>1:100时
钢筋混凝土墙		
陶粒混凝土空心砌块		
麻面陶粒混凝土隔墙板		

总负责人		□□设计有限公司	设计证号 甲级□□□
项目负责人		某住宅小区1号楼	存档号
专业负责人		建筑设计说明	比例 1:100
复核			日期
设计			图名 建通-1a

建筑设计说明(续)

8. 屋面工程

8.1 屋面防水等级为Ⅲ级，耐用年限10年。

8.2 坡屋面 屋面做法详88J1-1坡屋2C改85厚。

8.3 平屋面 屋面做法详88J1-1屋11-C1-ⅢQ2-1，最薄处100。

8.4 空调板采用1∶3防水水泥砂浆做刚性防水处理。

8.5 厨卫排气道出屋面做法及无动力排气风帽参见02J916—2 (一/17)。

8.6 坡屋面面层为多彩油毡瓦4厚，其搭接铺粘工艺须严格遵照有关专业厂家施工说明书，并由专业队伍施工。

9. 门窗工程

9.1 门窗用料

选用门窗的保温，隔声技术指标应符合住宅设计规范的要求。外门、外窗必须选用中空玻璃保温门窗，严禁使用单层玻璃及单框双层玻璃。

住宅所有外门窗开启窗扇均带纱。

一层住宅外窗及两户相邻近部位应设防盗网或防盗分隔设施，形式由甲方自定。

户门选用防盗、隔声、保温户门。(超过六层需为乙级防火门)。

户内门：初装修不做，只留门洞，用户自理。

单元门：安装可视对讲，钢质防盗门，玻璃为安全玻璃。

坡屋面天窗：参照88J5-1/A18由供应商配合施工，玻璃为双层安全玻璃。

地下室：除特别注明外，均采用普通木门，卫生间采用普通百叶通风叶木门。

9.2 门窗立樘位置：除特别注明外，均居墙中，具体位置详平面图及墙身详图。

9.3 门窗加工尺寸：住宅外门窗四边暂定小于洞口20mm，详细尺寸待确定外保温材料厚度及门窗厂家后给定。

9.4 防火门均装闭门器，双扇防火门均装顺序器；常开防火门须有自行关闭和信号反馈装置。

9.5 管道井检修门定位与管道井外侧墙面平；做100高C15混凝土门槛，宽同墙厚，外与墙面平。

9.6 玻璃选用应符合JGJ 113—97《建筑玻璃应用技术规程》，并应符合京建法(2001)《关于发布北京市建筑工程安全玻璃使用规定的通知》的规定。门单块大于1.5平米的玻璃和落地窗1100以下玻璃均应采用安全玻璃。(安全玻璃厚度≥6.38mm)并应符合GB 9962，9963标准。

10. 室内装修工程

10.1 房间各部位均按〈北京市住宅工程装修标准暂行规定〉中的初装修标准施工，施工单位应逐条对照施工。

10.2 凡有管道穿楼板时须加套管，套管高出楼面面层40，并用防水油膏堵塞密实。

10.3 墙体上的穿管洞口，在管道安装完毕后用C15细石混凝土(内掺膨胀剂)填实。

10.4 内墙阳角均做200宽2000高1∶2水泥砂浆抱角。

10.5 设计中采用的水泥砂浆，其强度等级：1∶3水泥砂浆不低于M7.5；1∶2.5水泥砂浆不低于M10；1∶2水泥砂浆不低于M10；混凝土强度等级不低于C20。防水砂浆均为1∶2水泥砂浆内掺5%防水剂20厚。

10.6 厨房、卫生间排风道选用《住宅厨卫排风道》88JZ8系列，详见单元大样图说明部分。

10.7 厨房、卫生间预留洗池、灶台、卫生洁具位置，其他设施(橱柜、台板等)由精装修确定。

11. 室外装修工程

11.1 外墙饰面为贴外墙面砖，饰面材料的材质、颜色与贴法均参见立面和立面详图，并以业主与建筑师最终确定色标为准，施工前须在现场做局部样板，经业主及建筑师共同确认后方可施工。做法详88J2-4 (1/W20)。

11.2 散水为水泥散水，做法详88J1-1散3B。与道路相邻部位做法与道路同。

11.3 台阶为铺地砖台阶，做法详88J1-1台8B。

11.4 坡道为铺地砖坡道，做法详88J1-1坡6B。

12. 电梯工程

12.1 本工程电梯根据甲方要求选用奥的斯无机房电梯。

12.2 电梯选型与甲方协商确定，速度为1m/s。

12.3 本设计仅提供电梯选型，井道尺寸及机房等土建条件，留洞及其他详见厂家安装详图。

12.4 甲方应按无障碍电梯定货。

12.5 电梯机房隔墙待设备安装完毕后砌。

12.6 各栋建筑电梯详见下表

楼号	载重量		额定速度(m/s)	提升速度(m)	停靠层站数	数量
	乘员数	额定荷载(kg)				
1号楼	10	800	1.0	28.5	11	3
2号楼	10	800	1.0	28.5	11	4
3号、5号、7号	10	800	1.0	14.0	6	3×3
4号楼	10	800	1.0	20.1	8	2
6号、8号楼	10	800	1.0	14.0	6	2×2
9号楼	10	800	1.0	14.0	6	3
10-1号楼	10	800	1.0	15.8	6	3
10-2号楼	10	800	1.0	16.5	5	1
10-3号楼	10	800	1.0	15.8	6	1
	10	800	1.0	17.6	7	1
	10	800	1.0	20.4	8	1
11号楼	10	800	1.0	15.8	6	5
12号楼	10	800	1.0	29.3	11	3
总计						44

13. 防火设计

13.1 住宅均<9层，执行《建筑设计防火规范》。

13.2 所有砌体墙(除说明者外)均砌至梁底或板底。

13.3 所有管道井(除风井外)待管道安装后，在楼板处用后浇板做防火分离。

13.4 管道穿过隔墙、楼板时应采用不燃烧材料将其周围的缝隙填塞密实。

13.5 防火门的选用应符合防火规范的要求。

13.6 其他有关消防措施见各专业图。

14. 无障碍设计

14.1 小区道路、公厕及绿地应按规范进行无障碍设计，符合《城市道路和建筑无障碍设计规范》。

14.2 住宅入口设置无障碍坡道，选用无障碍电梯。

15. 节能设计

15.1 执行《居住建筑节能设计标准》DBJ 01—602—97《外墙外保温技术规程》(现浇混凝土模板内置保温板做法)DBJ/T 01—66—2002。

15.2 外墙、屋面及外门窗保温构造做法见7.6、8.2、8.3及9.1。

16. 其他

16.1 信报箱集中设于入口门厅内，本图表示于楼梯详图首层，具体做法参图集京01SJ40，规格由甲方定。

16.2 本施工图应与各专业设计图密切配合施工，注意预留孔洞、预埋件，不得随意剔凿，水池、水箱的做法见水施。

16.3 门窗过梁、圈梁做法见结施。

16.4 预埋木砖均须做防腐处理，露明铁件均须做防锈处理。

16.5 两种材料的墙体交接处，在做饰面前均须加钉金属网，防止裂缝。

16.6 墙上预留洞与墙同厚时，待箱盒安装完毕后，背后钉钢板网抹灰。

16.7 金属构件(不锈钢除外)外露部分均需涂一道防锈底漆，再涂二道调合漆，颜色另定，不外露部分只涂防锈底漆。木材与砌体接触部分均须满涂防腐剂。

16.8 施工要求及其他

施工中除满足本施工图及说明要求外，尚应严格按照国家颁发的建筑工程现行施工及验收规范以及建设地区有关主管部门的规定。

施工中应与结构、给排水、采暖、通风、电气等有关专业图纸密切配合施工。

16.9 凡涉及颜色，外墙饰面，栏杆等具有装饰性的材料，均应在施工前提供样品或样板，经建设单位和设计单位认可后，方可施工。

16.10 户型及楼梯等详图与组合平面不一致者，以详图为准。

16.11 人防、汽车库、锅炉房工程的设计说明见该项目设计图纸。

总负责人		□□设计有限公司	设计证号 甲级□□□
项目负责人			
专业负责人		某住宅小区1号楼	存档号
复核			比例 1:100
设计		建筑设计说明(续)	日期
			图名 建通-1b

房间用料表

部分	房间位置	房间名称	楼地面 做法	楼地面 编号	厚度	踢脚 做法	踢脚 编号	内墙 做法	内墙 编号	顶棚 做法	顶棚 编号
地下部分	1号地下车库（含1号2号4号12号楼地下二层）	停车库	细石混凝土楼面	楼 B	100	水泥踢脚	踢 2-1	刮腻子喷涂墙面	内墙 4	板底刮腻子喷涂顶棚	棚 2
		汽车坡道	豆石混凝土面层坡道	坡 9-2	50			刮腻子喷涂墙面	内墙 4	板底刮腻子喷涂顶棚	棚 2
		人员掩蔽区及其机房	水泥楼面	楼 2C 改	100	水泥踢脚	踢 2-1	刮腻子喷涂墙面	内墙 4	板底刮腻子喷涂顶棚	棚 2
		楼梯	水泥楼面	楼 2D	20	水泥踢脚	踢 2-1	刮腻子喷涂墙面	内墙 4	板底刮腻子喷涂顶棚	棚 2
		卫生间简易洗消间 生活水箱间	水泥地面	楼 2F	83	水泥踢脚	踢 2-1	刮腻子喷涂墙面	内墙 4	板底刮腻子喷涂顶棚	棚 2
		消防水泵房 生活水箱间	水泥地面	楼 2F 改 (200 厚 CL7.5 轻集料混凝土垫层)	300	水泥踢脚	踢 2-1	刮腻子喷涂墙面	内墙 4	板底刮腻子喷涂顶棚	棚 2
		消防水池	铺地砖楼面	楼 8F2	82			釉面砖墙面	内墙 38-F	板底刮腻子喷涂顶棚	棚 2
		风机房	水泥楼面	楼 2C 改	100	水泥踢脚	踢 2-1	刮腻子喷涂墙面	内墙 4	板底刮腻子喷涂顶棚	棚 2
		变配电所及管道层	水泥楼面	楼 2D	20	水泥踢脚	踢 2-1	刮腻子喷涂墙面	内墙 4	板底刮腻子喷涂顶棚	棚 2
		人防室外出口	水泥楼面	楼 2D	20	水泥踢脚	踢 2-1	刮腻子喷涂墙面	内墙 4	板底刮腻子喷涂顶棚	棚 2
	2号3号地下车库	停车库	细石混凝土楼面	楼 B	100	水泥踢脚	踢 2-1	刮腻子喷涂墙面	内墙 4	板底刮腻子喷涂顶棚	棚 2
		汽车坡道	豆石混凝土面层坡道	坡 9-2	50			刮腻子喷涂墙面	内墙 4	板底刮腻子喷涂顶棚	棚 2
		楼梯及室外出口	水泥楼面	楼 2D	20	水泥踢脚	踢 2-1	刮腻子喷涂墙面	内墙 4	板底刮腻子喷涂顶棚	棚 2
		变配电所及管道层	水泥地面	楼 2D	20	水泥踢脚	踢 2-1	刮腻子喷涂墙面	内墙 4	板底刮腻子喷涂顶棚	棚 2
	1号2号4号12号楼地下一层	丁戊类储物间 走廊	水泥楼面	楼 2D	20	水泥踢脚	踢 2-1	刮腻子喷涂墙面	内墙 4	板底刮腻子喷涂顶棚	棚 2
		楼梯	水泥楼面	楼 2D	20	水泥踢脚	踢 2-1	刮腻子喷涂墙面	内墙 4	板底刮腻子喷涂顶棚	棚 2
		变配电所	水泥楼面	楼 2D	20	水泥踢脚	踢 2-1	刮腻子喷涂墙面	内墙 4	板底刮腻子喷涂顶棚	棚 2
		兀接室 配电室	水泥楼面	楼 2D	20	水泥踢脚	踢 2-1	刮腻子喷涂墙面	内墙 4	板底刮腻子喷涂顶棚	棚 2
		消防控制室 安防室	活动地板楼面	楼 29B-1	20	铺地砖踢脚	踢 6	刮腻子喷涂墙面	内墙 4	板底刮腻子喷涂顶棚	棚 2
地上部分	10号11号楼一层	商铺 配套商业	铺地砖地面	地 9(面层预留 30 用户自理)	181	用户自理		刮腻子交活，面层用户自理	内墙 4	刮腻子交活，面层用户自理	棚 2
		住宅门厅 电梯厅	铺地砖地面	地 9	181	铺地砖踢脚	踢 6	刮腻子喷涂墙面	内墙 4	板底刮腻子喷涂顶棚	棚 2
		楼梯	铺地砖楼面	楼 8C	30	铺地砖踢脚	踢 6	刮腻子喷涂墙面	内墙 4	板底刮腻子喷涂顶棚	棚 2
	12号楼一层	商铺	铺地砖楼面	楼 8C(面层预留 30 用户自理)	50	用户自理		刮腻子交活，面层用户自理	内墙 4	刮腻子交活，面层用户自理	棚 2
		住宅门厅 电梯厅	铺地砖楼面	楼 8D	50	铺地砖踢脚	踢 6	刮腻子喷涂墙面	内墙 4	板底刮腻子喷涂顶棚	棚 2
		楼梯	铺地砖楼面	楼 8C	30	铺地砖踢脚	踢 6	刮腻子喷涂墙面	内墙 4	板底刮腻子喷涂顶棚	棚 2
	3号5号6号7号8号9号楼一层	一般房间	铺地砖地面	地 A(面层预留 30 用户自理)	240	用户自理		刮腻子交活，面层用户自理	内墙 4	刮腻子交活，面层用户自理	棚 2
		卫生间	铺地砖地面	地 9F(面层预留 30 用户自理)	180			釉面砖墙面，面层用户自理	内墙 38-F	刮腻子交活，面层用户自理	棚 2
		厨房	铺地砖地面	地 A(面层预留 30 用户自理)	180			釉面砖墙面，面层用户自理	内墙 38	刮腻子交活，面层用户自理	棚 2
		电梯厅	铺地砖地面	地 A	240	铺地砖踢脚	踢 6	刮腻子喷涂墙面	内墙 4	板底刮腻子喷涂顶棚	棚 2
		楼梯	铺地砖楼面	楼 8C	30	铺地砖踢脚	踢 6	刮腻子喷涂墙面	内墙 4	板底刮腻子喷涂顶棚	棚 2
	各楼住宅部分（除3号5号6号7号8号9号楼一层）	一般房间	铺地砖楼面	楼 8A(面层预留 30 用户自理)	80	用户自理		刮腻子交活，面层用户自理	内墙 4	刮腻子交活，面层用户自理	棚 2
		卫生间	铺地砖楼面	楼 A(面层预留 30 用户自理)	45			釉面砖墙面，面层用户自理	内墙 38-F	刮腻子交活，面层用户自理	棚 2
		厨房	铺地砖楼面	楼 8A(面层预留 30 用户自理)	80			釉面砖墙面，面层用户自理	内墙 38	刮腻子交活，面层用户自理	棚 2
		电梯厅	铺地砖楼面	楼 8A	80	铺地砖踢脚	踢 6	刮腻子喷涂墙面	内墙 4	板底刮腻子喷涂顶棚	棚 2
		楼梯	铺地砖楼面	楼 8C	30	铺地砖踢脚	踢 6	刮腻子喷涂墙面	内墙 4	板底刮腻子喷涂顶棚	棚 2
	10-2号楼二～五层	配套商业 管理办公	铺地砖楼面	楼 8C(面层预留 30 用户自理)	50	用户自理		刮腻子交活，面层用户自理	内墙 4	刮腻子交活，面层用户自理	棚 2
		卫生间	铺地砖楼面	楼 8F2	82			釉面砖墙面	内墙 38-F	板底刮腻子喷涂顶棚	棚 2
		楼梯	铺地砖楼面	楼 8C	30	铺地砖踢脚	踢 6	刮腻子喷涂墙面	内墙 4	板底刮腻子喷涂顶棚	棚 2
	1号楼顶层	水箱间	水泥地面	楼 2F	83	水泥踢脚	踢 2-1	刮腻子喷涂墙面	内墙 4	板底刮腻子喷涂顶棚	棚 2
	各楼住宅部分	生活阳台	铺地砖楼面	楼 A(面层预留 用户自理)	45			釉面砖墙面，面层用户自理	内墙 38	刮腻子交活，面层用户自理	棚 2

* 楼 A：铺地砖楼面
1. 5 厚地砖铺实拍平，水泥浆擦缝
2. 20 厚 1∶2 干硬性水泥砂浆，面上撒素水泥
3. 1.5 聚氨酯防水涂料
4. 1∶3 水泥砂浆从门口向地漏找 1%坡，最薄处 20
5. 钢筋混凝土楼板

* 楼 B：细石混凝土楼面
1. 50 厚 C20 细石混凝土随搭随抹，上撒 1∶1 水泥砂子压实赶光
2. 50 厚 CL7.5 轻集料混凝土垫层
3. 钢筋混凝土楼板

* 地 A：铺地砖地面
1. 5-10 厚铺地砖平，稀水泥浆(或彩色水泥浆)擦缝
2. 6 厚建筑胶水泥砂浆粘结层
3. 素水泥浆一道(内掺建筑胶)
4. 74-79 厚 CL7.5 轻集料混凝土垫层
5. 50 厚 C10 混凝土
6. 100 厚 3∶7 灰土
7. 素土夯实，压实系数　0.90

说明
1. 本表中做法编号选自 88J1—1 图集。
2. 凡采暖房间局部屋面未做保温层处，均做顶板粘贴保温顶棚，做法参棚 61。
3. 凡采暖房间局部下方为室外，均做顶板粘贴保温顶棚，做法参棚 61。

总负责人		□□设计有限公司	设计证号 甲级 □□□
项目负责人		某住宅小区 1 号楼	存档号
专业负责人			比例 1:100
复核		房间用料表	日期
设计			图名 建通-2

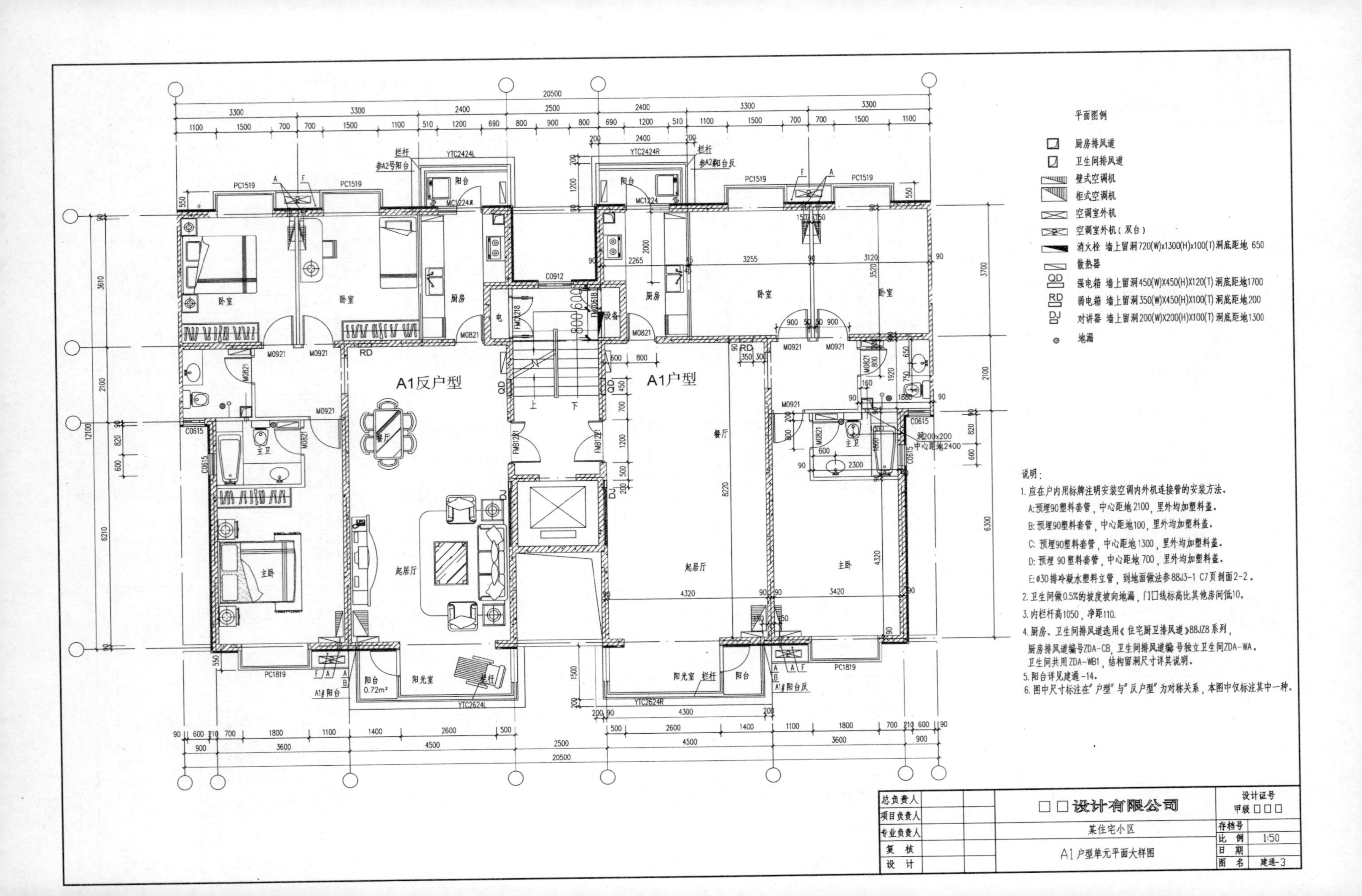
A1反户型
A1户型
平面图例
厨房排风道
卫生间排风道
壁式空调机
柜式空调机
空调室外机
空调室外机（双台）
消火栓 墙上留洞720(W)x1300(H)x100(T)洞底距地 650
散热器
强电箱 墙上留洞450(W)X450(H)X120(T)洞底距地1700
弱电箱 墙上留洞350(W)X450(H)X100(T)洞底距地200
对讲器 墙上留洞200(W)X200(H)X100(T)洞底距地1300
地漏
说明：
1. 应在户内用标牌注明安装空调内外机连接管的安装方法。
A:预埋90塑料套管，中心距地2100，里外均加塑料盖。
B:预埋90塑料套管，中心距地100，里外均加塑料盖。
C: 预埋90塑料套管，中心距地 1300，里外均加塑料盖。
D: 预埋 90塑料套管，中心距地 700，里外均加塑料盖。
E:ø30排冷凝水塑料立管，到地面做法参88J3-1 C7页剖面2-2。
2. 卫生间做0.5%的坡度坡向地漏，门口线标高比其他房间低10。
3. 内栏杆高1050，净距110。
4. 厨房、卫生间排风道选用《住宅厨卫排风道》88JZ8系列，
厨房排风道编号ZDA-CB，卫生间排风道编号独立卫生间ZDA-WA。
卫生间共用ZDA-WB1，结构留洞尺寸详其说明。
5. 阳台详见建通-14。
6. 图中尺寸标注在"户型"与"反户型"为对称关系，本图中仅标注其中一种。
总负责人
项目负责人
专业负责人
复 核
设 计
□□设计有限公司
某住宅小区
A1户型单元平面大样图
设计证号
甲级 □□□
存档号
比 例 1:50
日 期
图 名 建通-3

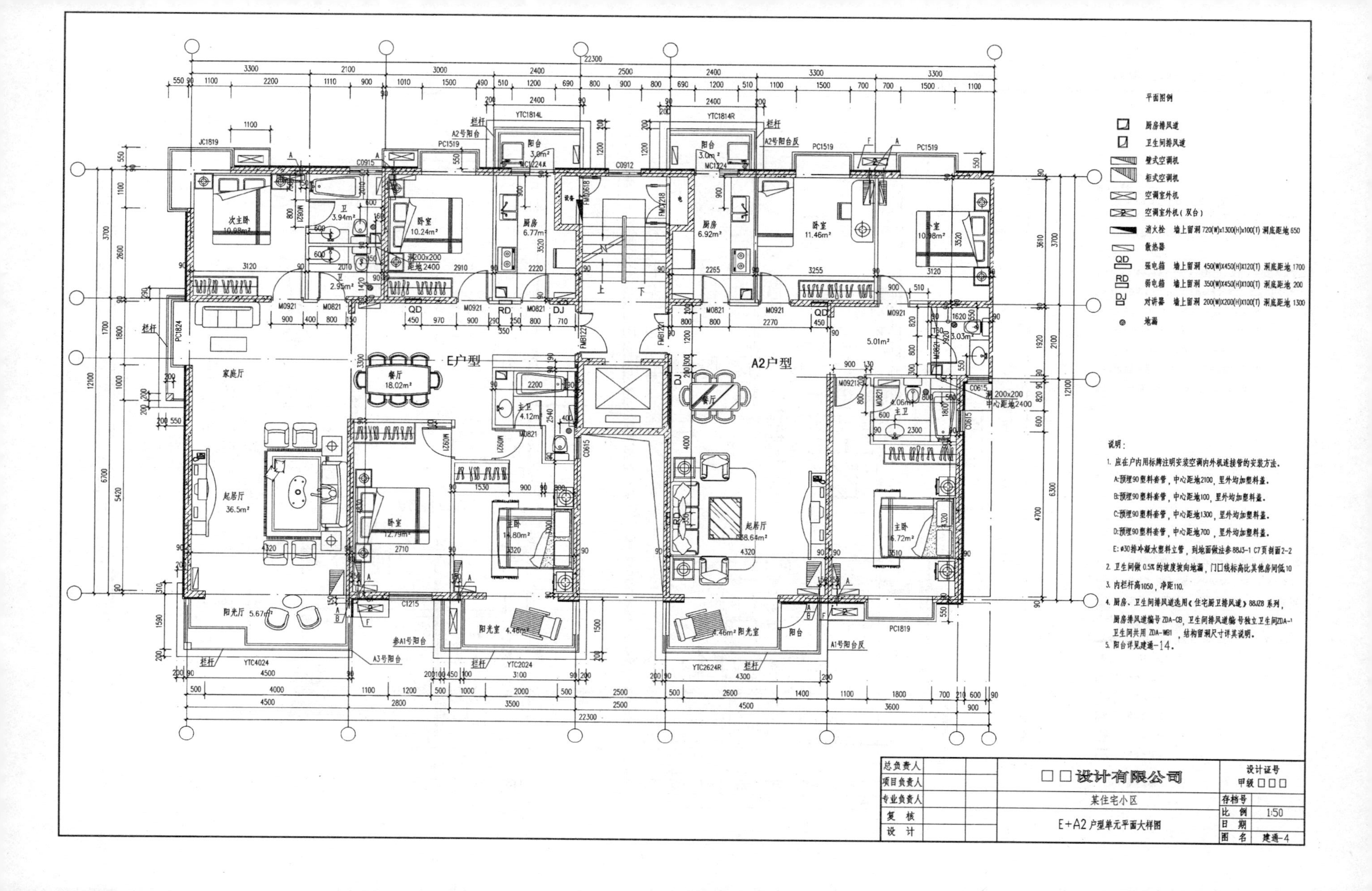
E户型
A2户型
次主卧 10.98m²
卫 3.94m²
卧室 10.24m²
厨房 6.77m²
厨房 6.92m²
卧室 11.46m²
卧室 10.98m²
阳台 3.0m²
家庭厅
餐厅 18.02m²
起居厅 36.5m²
卧室 12.79m²
主卧 14.80m²
主卫 4.12m²
阳光厅 5.67m²
阳光室 4.46m²
起居厅 38.64m²
主卧 16.72m²
主卫 4.06m²
5.01m²
3.03m²
A2号阳台
A2号阳台反
参A1号阳台
A3号阳台
A1号阳台反
栏杆
平面图例
厨房排风道
卫生间排风道
壁式空调机
柜式空调机
空调室外机
空调室外机（双台）
消火栓 墙上留洞 720(W)x1300(H)x100(T) 洞底距地 650
散热器
QD 强电箱 墙上留洞 450(W)x450(H)x120(T) 洞底距地 1700
RD 弱电箱 墙上留洞 350(W)x450(H)x100(T) 洞底距地 200
DJ 对讲器 墙上留洞 200(W)x200(H)x100(T) 洞底距地 1300
地漏
说明：
1. 应在户内用标牌注明安装空调内外机连接管的安装方法。
A:预埋90塑料套管，中心距地2100，里外均加塑料盖。
B:预埋90塑料套管，中心距地100，里外均加塑料盖。
C:预埋90塑料套管，中心距地1300，里外均加塑料盖。
D:预埋90塑料套管，中心距地700，里外均加塑料盖。
E: ϕ30排冷凝水塑料立管，到地面做法参88J3-1 C7页剖面2-2
2. 卫生间做 0.5%的坡度坡向地漏，门口线标高比其他房间低10
3. 内栏杆高1050，净距110.
4. 厨房、卫生间排风道选用《住宅厨卫排风道》88JZ8 系列，
厨房排风道编号 ZDA-CB，卫生间排风道编号独立卫生间ZDA-¹
卫生间共用 ZDA-WB1 ，结构留洞尺寸详其说明。
5. 阳台详见建通-14。
总负责人
项目负责人
专业负责人
复 核
设 计
□□设计有限公司
某住宅小区
E+A2 户型单元平面大样图
设计证号
甲级 □□□
存档号
比 例 1:50
日 期
图 名 建通-4

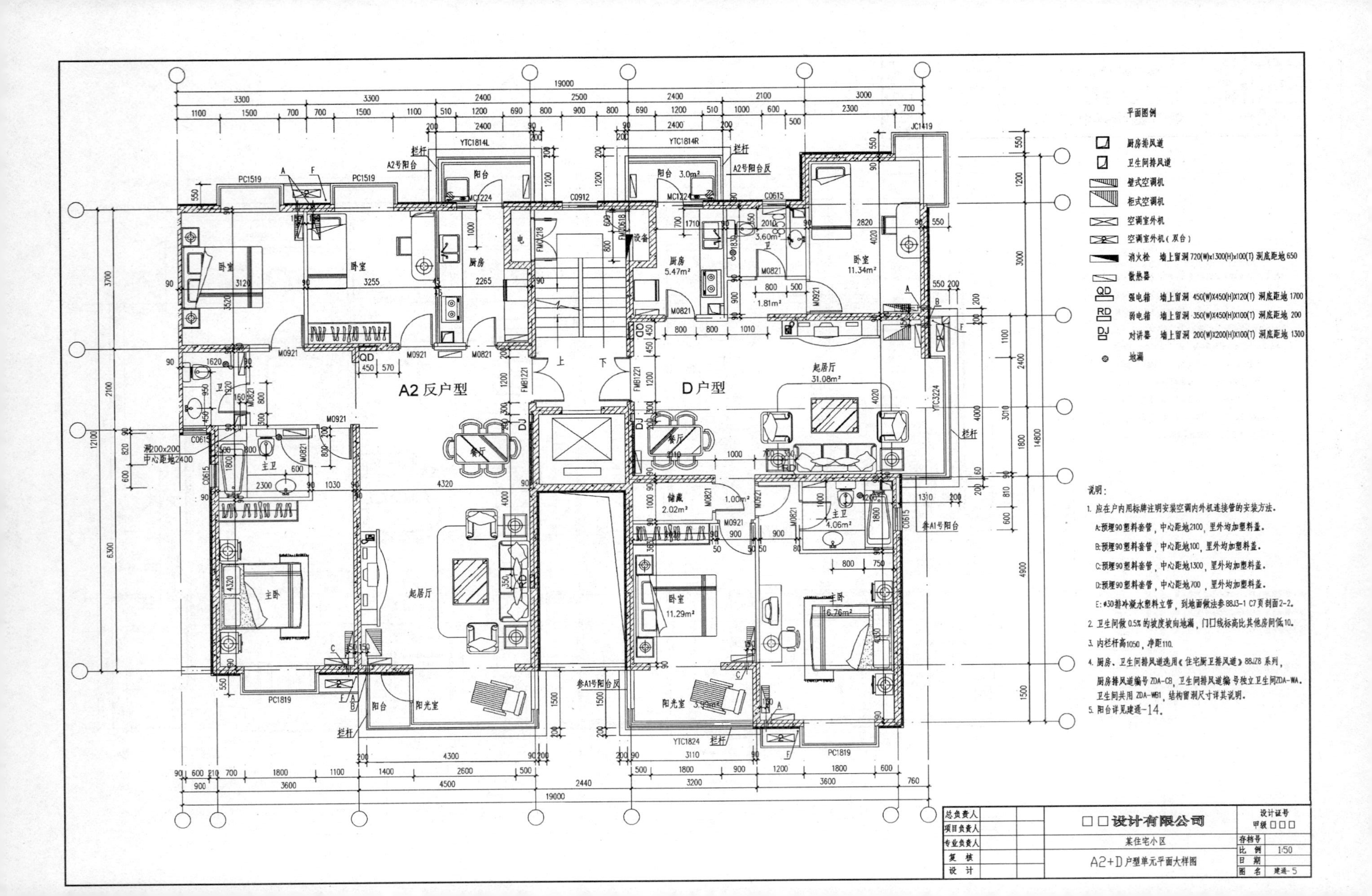
A2反户型
D户型
卧室
主卧
主卫
卫
厨房
阳台
阳光室
起居厅
餐厅
储藏
卧室 11.34m²
卧室 11.29m²
主卧 6.76m²
起居厅 31.08m²
厨房 5.47m²
阳台 3.0m²
储藏 2.02m²
主卫 4.06m²
卫 3.60m²
阳光室 3.99m²
A2号阳台
A2号阳台反
参A1号阳台
参A1号阳台反
栏杆
上
下
电
设备
平面图例
厨房排风道
卫生间排风道
壁式空调机
柜式空调机
空调室外机
空调室外机（双台）
消火栓　墙上留洞 720(W)x1300(H)x100(T) 洞底距地 650
散热器
QD 强电箱　墙上留洞 450(W)X450(H)X120(T) 洞底距地 1700
RD 弱电箱　墙上留洞 350(W)X450(H)X100(T) 洞底距地 200
DJ 对讲器　墙上留洞 200(W)X200(H)X100(T) 洞底距地 1300
地漏
说明：
1. 应在户内用标牌注明安装空调内外机连接管的安装方法。
A:预埋90塑料套管，中心距地2100，里外均加塑料盖。
B:预埋90塑料套管，中心距地100，里外均加塑料盖。
C:预埋90塑料套管，中心距地1300，里外均加塑料盖。
D:预埋90塑料套管，中心距地700，里外均加塑料盖。
E:Φ30排冷凝水塑料立管，到地面做法参88J3-1 C7页剖面2-2。
2. 卫生间做0.5%的坡度坡向地漏，门口线标高比其他房间低10。
3. 内栏杆高1050，净距110。
4. 厨房、卫生间排风道选用《住宅厨卫排风道》88JZ8 系列，
厨房排风道编号 ZDA-CB，卫生间排风道编号独立卫生间ZDA-WA，
卫生间共用 ZDA-WB1，结构留洞尺寸详其说明。
5. 阳台详见建通-14。
洞200x200 中心距地2400
19000
12100
14800
□□设计有限公司
某住宅小区
A2+D户型单元平面大样图
总负责人
项目负责人
专业负责人
复　核
设　计
设计证号
甲级 □□□
存档号
比　例　1:50
日　期
图　名　建通-5

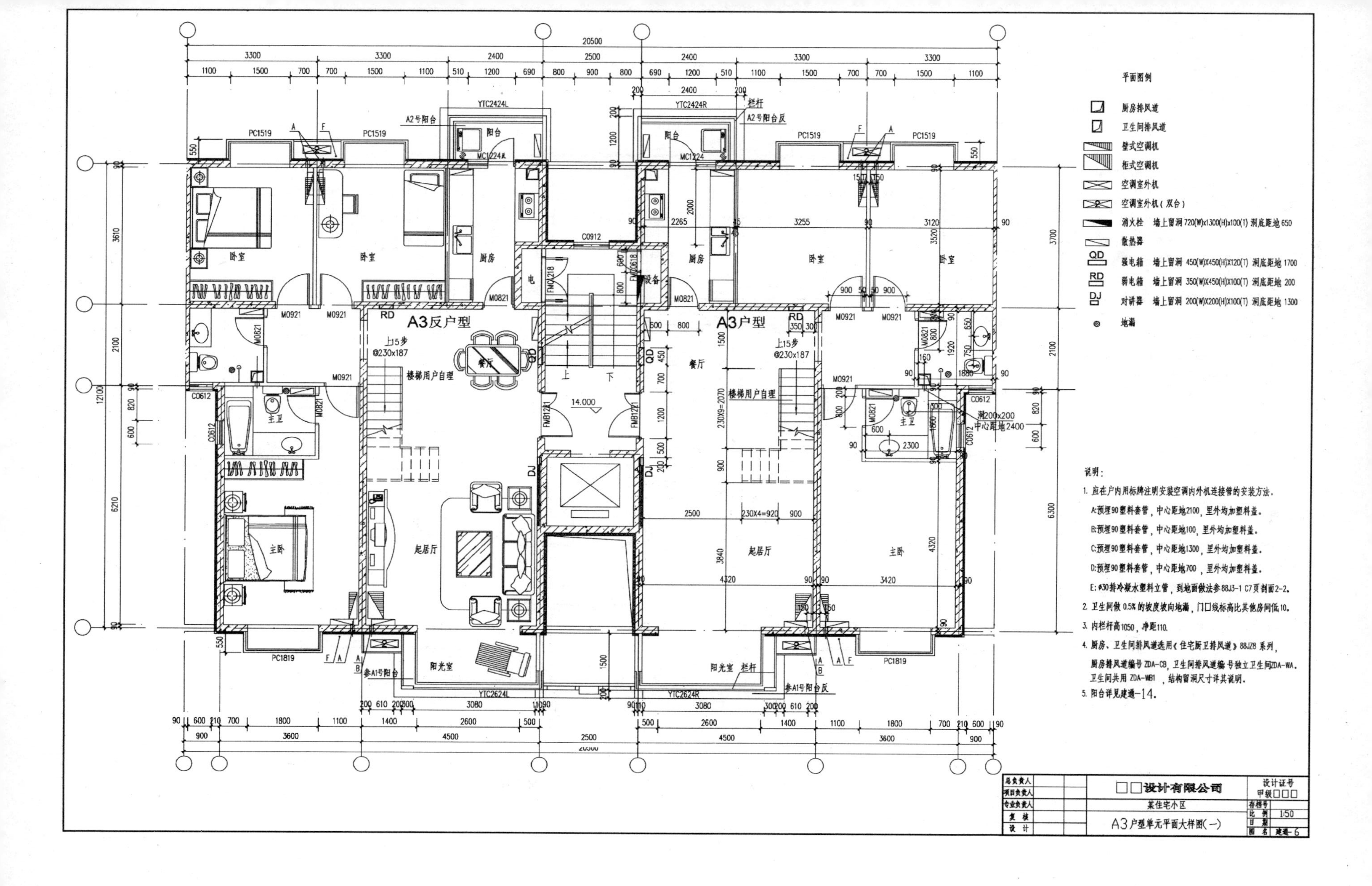
平面图例
厨房排风道
卫生间排风道
壁式空调机
柜式空调机
空调室外机
空调室外机（双台）
消火栓　墙上留洞 720(W)x1300(H)x100(T) 洞底距地 650
散热器
QD 强电箱　墙上留洞 450(W)X450(H)X120(T) 洞底距地 1700
RD 弱电箱　墙上留洞 350(W)X450(H)X100(T) 洞底距地 200
DJ 对讲器　墙上留洞 200(W)X200(H)X100(T) 洞底距地 1300
地漏
说明：
1. 应在户内用标牌注明安装空调内外机连接管的安装方法。
A:预埋90塑料套管，中心距地2100，里外均加塑料盖。
B:预埋90塑料套管，中心距地100，里外均加塑料盖。
C:预埋90塑料套管，中心距地1300，里外均加塑料盖。
D:预埋90塑料套管，中心距地700，里外均加塑料盖。
E:Ø30排冷凝水塑料立管，到地面做法参88J3-1 C7页剖面2-2。
2. 卫生间做0.5%的坡度坡向地漏，门口线标高比其他房间低10。
3. 内栏杆高1050，净距110。
4. 厨房、卫生间排风道选用《住宅厨卫排风道》88JZ8 系列，
厨房排风道编号 ZDA-C8，卫生间排风道编号独立卫生间ZDA-WA，
卫生间共用 ZDA-WB1，结构留洞尺寸详其说明。
5. 阳台详见建通-14。
A3反户型
A3户型
卧室
主卧
主卫
厨房
餐厅
起居厅
阳光室
阳台
楼梯用户自理
上15步
@230x187
14.000
□□设计有限公司
某住宅小区
A3户型单元平面大样图(一)
设计证号
甲级□□□
比例 1:50
图名 建通-6
总负责人
项目负责人
专业负责人
复核
设计
存档号
日期

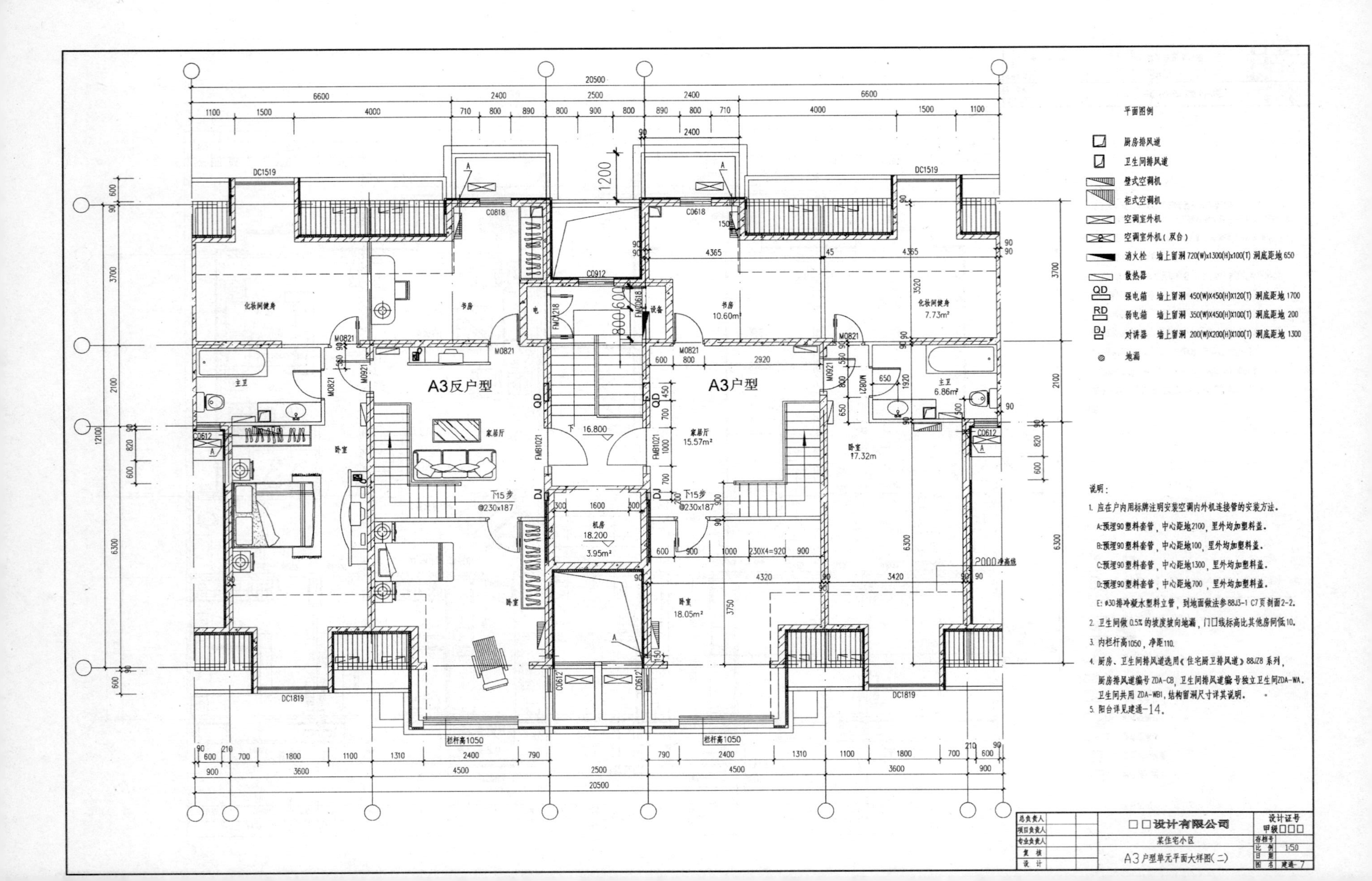

A3反户型
A3户型
家居厅
15.57m²
书房
10.60m²
化妆间健身
7.73m²
主卫
6.86m²
卧室
17.32m
卧室
18.05m²
机房
18.200
3.95m²
16.800
下15步
@230x187
栏杆高1050
2000净高线
平面图例
厨房排风道
卫生间排风道
壁式空调机
柜式空调机
空调室外机
空调室外机(双台)
消火栓 墙上留洞 720(W)x1300(H)x100(T) 洞底距地 650
散热器
QD 强电箱 墙上留洞 450(W)x450(H)x120(T) 洞底距地 1700
RD 弱电箱 墙上留洞 350(W)x450(H)x100(T) 洞底距地 200
DJ 对讲器 墙上留洞 200(W)x200(H)x100(T) 洞底距地 1300
地漏
说明:
1. 应在户内用标牌注明安装空调内外机连接管的安装方法。
A:预埋90塑料套管，中心距地2100，里外均加塑料盖。
B:预埋90塑料套管，中心距地100，里外均加塑料盖。
C:预埋90塑料套管，中心距地1300，里外均加塑料盖。
D:预埋90塑料套管，中心距地700，里外均加塑料盖。
E: Φ30排冷凝水塑料立管，到地面做法参88J3-1 C7页剖面2-2。
2. 卫生间做 0.5% 的坡度坡向地漏，门口线标高比其他房间低10。
3. 内栏杆高1050，净距110。
4. 厨房、卫生间排风道选用《住宅厨卫排风道》88JZ8 系列，
厨房排风道编号 ZDA-CB，卫生间排风道编号独立卫生间ZDA-WA，
卫生间共用 ZDA-WB1，结构留洞尺寸详其说明。
5. 阳台详见建通-14。
总负责人
项目负责人
专业负责人
复核
设计
□□设计有限公司
某住宅小区
A3户型单元平面大样图(二)
设计证号
甲级□□□
比例 1:50
日期
图名 建通-7

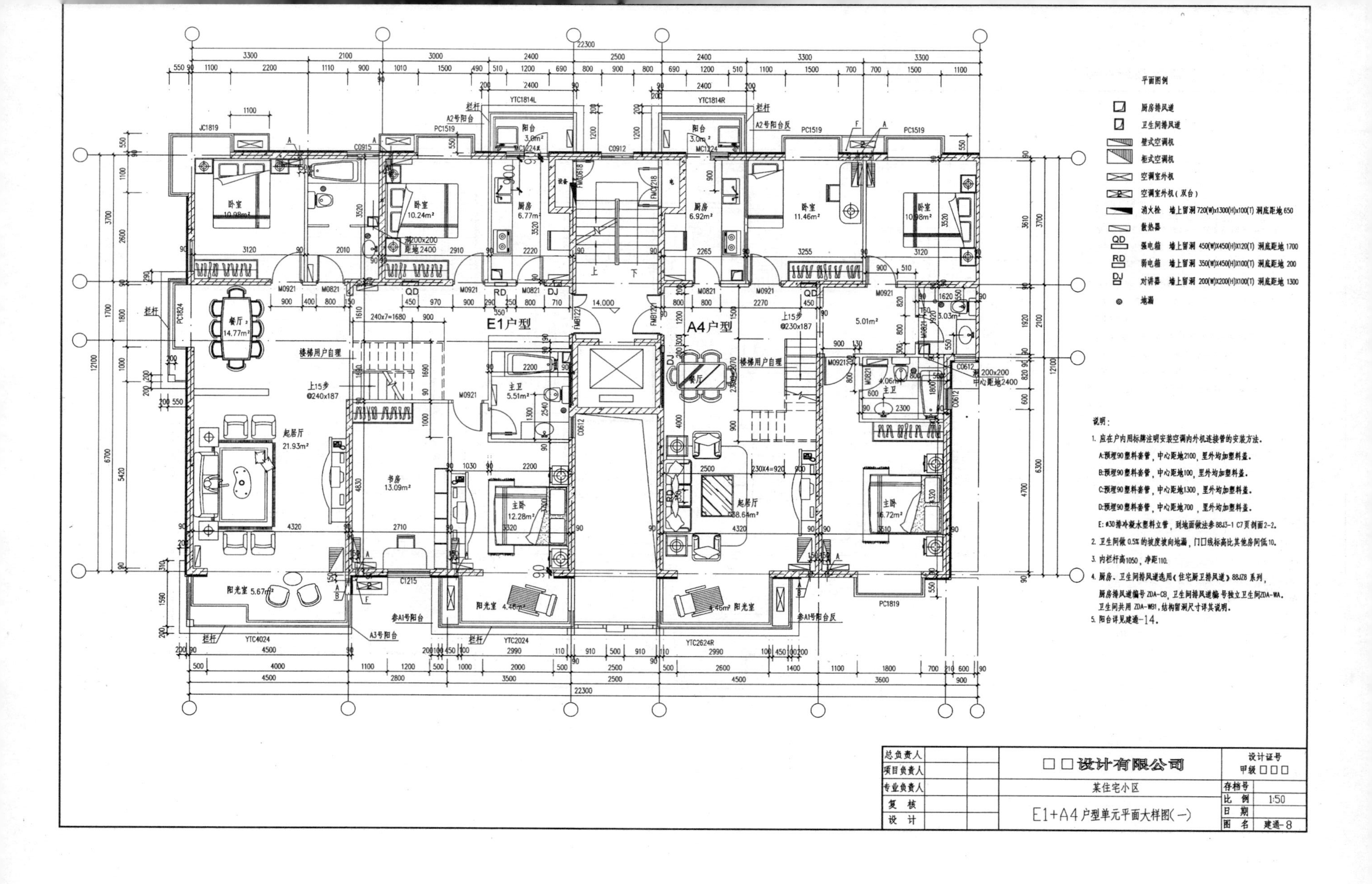
E1户型
A4户型
卧室 10.98m²
卧室 10.24m²
厨房 6.77m²
厨房 6.92m²
卧室 11.46m²
卧室 10.98m²
阳台 3.0m²
阳台 3.0m²
餐厅 14.77m²
楼梯用户自理
上15步 @240x187
上15步 @230x187
起居厅 21.93m²
书房 13.09m²
主卫 5.51m²
主卧 12.28m²
起居厅 38.64m²
主卧 16.72m²
主卫 4.06m²
5.01m²
3.03m²
阳光室 5.67m²
阳光室 4.46m²
4.46m² 阳光室
参A1号阳台
参A1号阳台反
A3号阳台
A2号阳台
A2号阳台反
栏杆
平面图例
厨房排风道
卫生间排风道
壁式空调机
柜式空调机
空调室外机
空调室外机（双台）
消火栓 墙上留洞 720(W)x1300(H)x100(T) 洞底距地 650
散热器
QD 强电箱 墙上留洞 450(W)X450(H)X120(T) 洞底距地 1700
RD 弱电箱 墙上留洞 350(W)X450(H)X100(T) 洞底距地 200
DJ 对讲器 墙上留洞 200(W)X200(H)X100(T) 洞底距地 1300
地漏
说明：
1. 应在户内用标牌注明安装空调内外机连接管的安装方法。
A:预埋90塑料套管，中心距地2100，里外均加塑料盖。
B:预埋90塑料套管，中心距地100，里外均加塑料盖。
C:预埋90塑料套管，中心距地1300，里外均加塑料盖。
D:预埋90塑料套管，中心距地700，里外均加塑料盖。
E: Φ30排冷凝水塑料立管，到地面做法参88J3-1 C7页剖面2-2。
2. 卫生间做0.5%的坡度坡向地漏，门口线标高比其他房间低10。
3. 内栏杆高1050，净距110。
4. 厨房、卫生间排风道选用《住宅厨卫排风道》88JZ8系列，
厨房排风道编号ZDA-CB，卫生间排风道编号独立卫生间ZDA-WA，
卫生间共用ZDA-WB1，结构留洞尺寸详其说明。
5. 阳台详见建通-14。
总负责人
项目负责人
专业负责人
复 核
设 计
□□设计有限公司
某住宅小区
E1+A4户型单元平面大样图(一)
设计证号
甲级□□□
存档号
比 例 1:50
日 期
图 名 建通-8

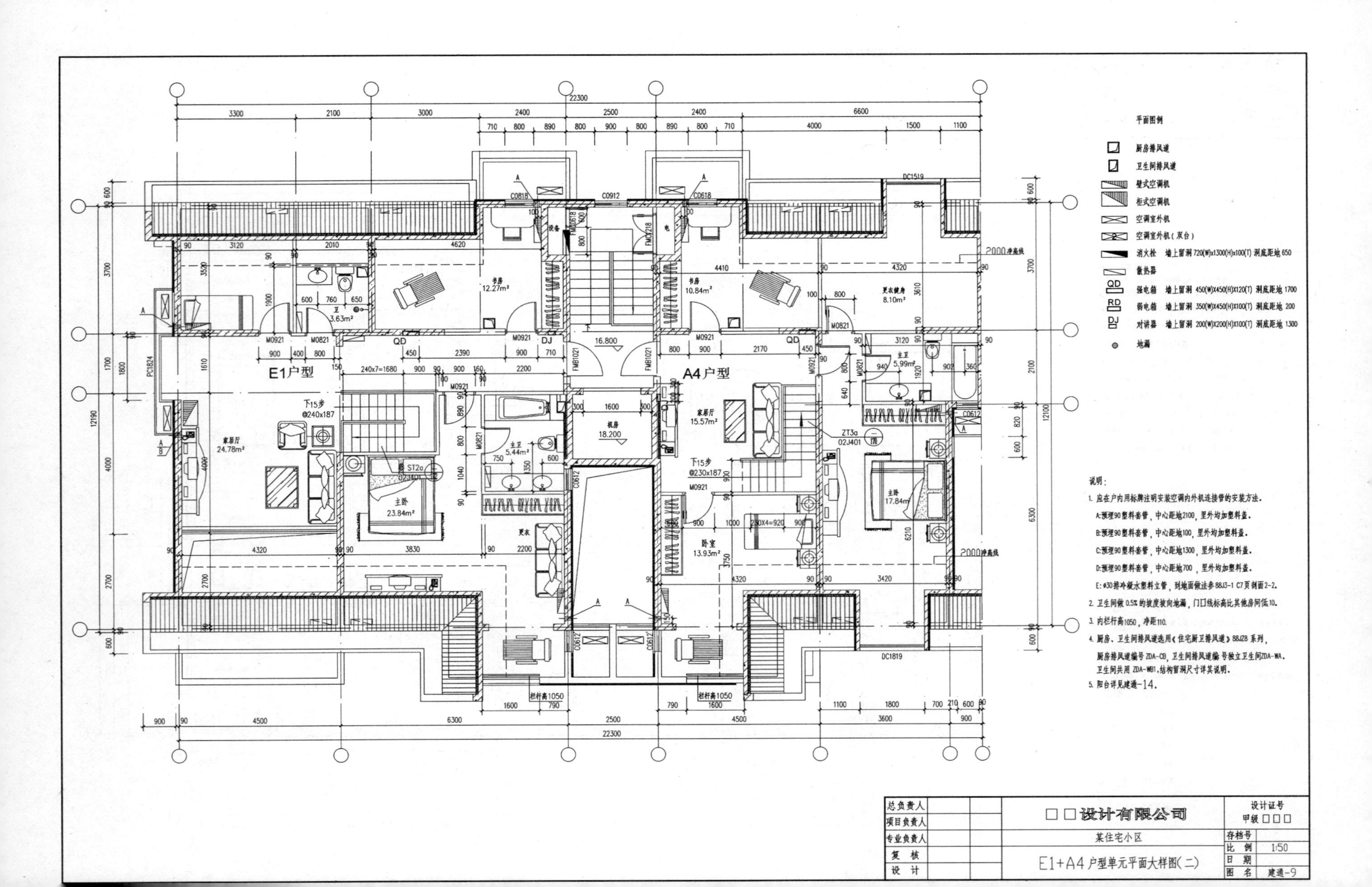
平面图例
厨房排风道
卫生间排风道
壁式空调机
柜式空调机
空调室外机
空调室外机（双台）
消火栓 墙上留洞 720(W)x1300(H)x100(T) 洞底距地 650
散热器
QD 强电箱 墙上留洞 450(W)X450(H)X120(T) 洞底距地 1700
RD 弱电箱 墙上留洞 350(W)X450(H)X100(T) 洞底距地 200
DJ 对讲器 墙上留洞 200(W)X200(H)X100(T) 洞底距地 1300
地漏
说明：
1. 应在户内用标牌注明安装空调内外机连接管的安装方法。
A:预埋90塑料套管，中心距地2100，里外均加塑料盖。
B:预埋90塑料套管，中心距地100，里外均加塑料盖。
C:预埋90塑料套管，中心距地1300，里外均加塑料盖。
D:预埋90塑料套管，中心距地700 ，里外均加塑料盖。
E:Φ30排冷凝水塑料立管，到地面做法参88J3-1 C7页剖面2-2。
2. 卫生间做0.5%的坡度坡向地漏，门口线标高比其他房间低10。
3. 内栏杆高1050，净距110。
4. 厨房、卫生间排风道选用《住宅厨卫排风道》88JZ8 系列，
厨房排风道编号 ZDA-CB，卫生间排风道编号独立卫生间ZDA-WA，
卫生间共用 ZDA-WB1，结构留洞尺寸详其说明。
5. 阳台详见建通-14。
E1户型
A4户型
家居厅 24.78m²
书房 12.27m²
卫 3.63m²
主卧 23.84m²
主卫 5.44m²
更衣
机房 18.200
书房 10.84m²
家居厅 15.57m²
卧室 13.93m²
更衣健身 8.10m²
主卫 5.99m²
主卧 17.84m²
下15步 @240x187
下15步 @230x187
栏杆高1050
2000净高线
总负责人
项目负责人
专业负责人
复 核
设 计
□□设计有限公司
某住宅小区
E1+A4户型单元平面大样图(二)
设计证号
甲级 □□□
存档号
比 例 1:50
日 期
图 名 建通-9

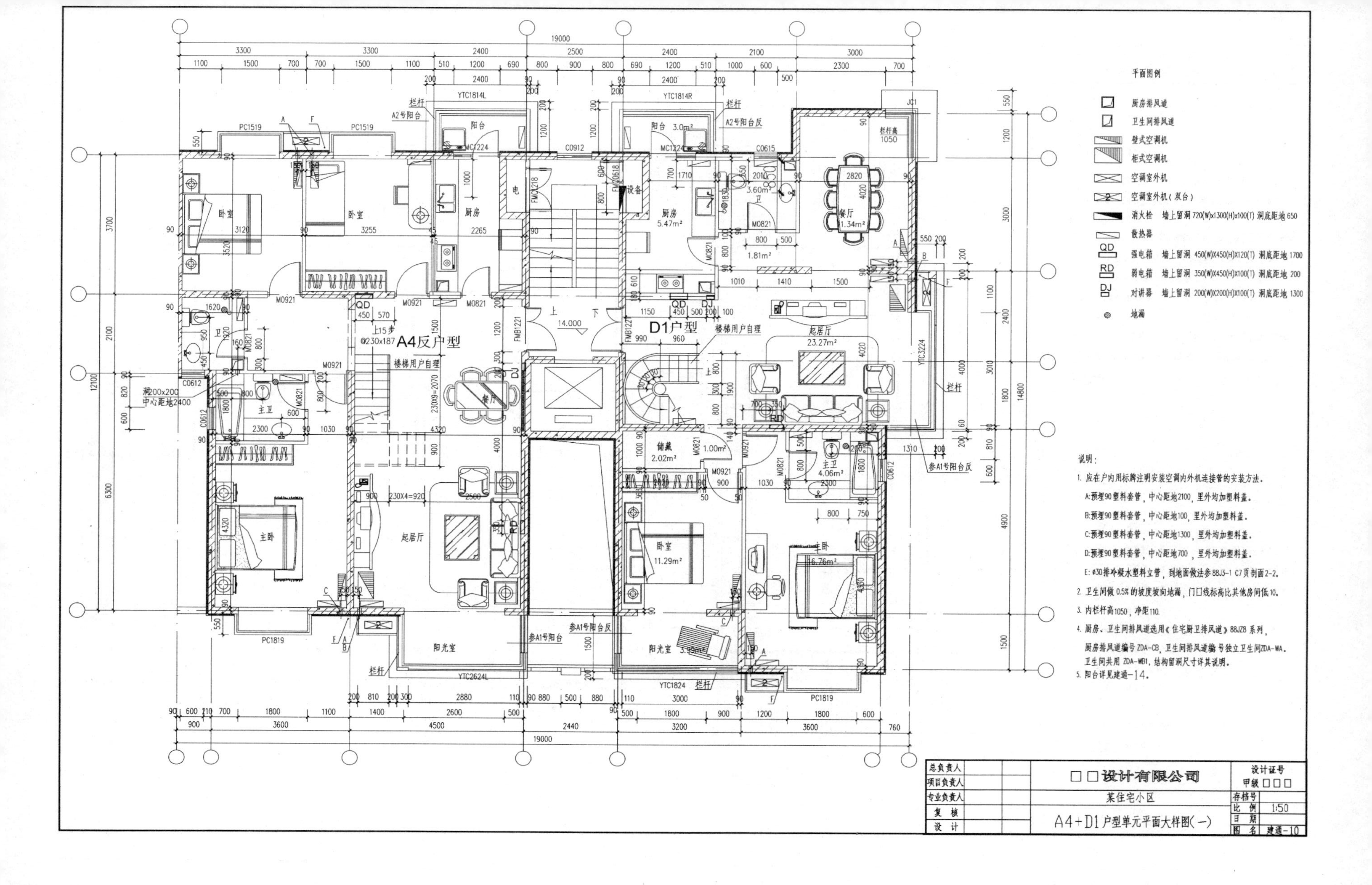

平面图例
厨房排风道
卫生间排风道
壁式空调机
柜式空调机
空调室外机
空调室外机（双台）
消火栓 墙上留洞 720(W)x1300(H)x100(T) 洞底距地 650
散热器
QD 强电箱 墙上留洞 450(W)X450(H)X120(T) 洞底距地 1700
RD 弱电箱 墙上留洞 350(W)X450(H)X100(T) 洞底距地 200
DJ 对讲器 墙上留洞 200(W)X200(H)X100(T) 洞底距地 1300
地漏
说明：
1. 应在户内用标牌注明安装空调内外机连接管的安装方法。
A:预埋90塑料套管，中心距地2100，里外均加塑料盖。
B:预埋90塑料套管，中心距地100，里外均加塑料盖。
C:预埋90塑料套管，中心距地1300，里外均加塑料盖。
D:预埋90塑料套管，中心距地700，里外均加塑料盖。
E: ø30排冷凝水塑料立管，到地面做法参88J3-1 C7页剖面2-2。
2. 卫生间做 0.5% 的坡度坡向地漏，门口线标高比其他房间低10。
3. 内栏杆高1050，净距110。
4. 厨房、卫生间排风道选用《住宅厨卫排风道》88JZ8 系列，
厨房排风道编号 ZDA-CB，卫生间排风道编号独立卫生间ZDA-WA。
卫生间共用 ZDA-WB1，结构留洞尺寸详其说明。
5. 阳台详见建通-14。
A4反户型
D1户型
卧室
主卧
主卫
卫
厨房
阳台
餐厅
起居厅
阳光室
储藏
楼梯用户自理
参A1号阳台
参A1号阳台反
A2号阳台
A2号阳台反
栏杆
14.000
总负责人
项目负责人
专业负责人
复 核
设 计
□□设计有限公司
某住宅小区
A4+D1户型单元平面大样图(一)
设计证号
甲级 □□□
存档号
比 例 1:50
日 期
图 名 建通-10

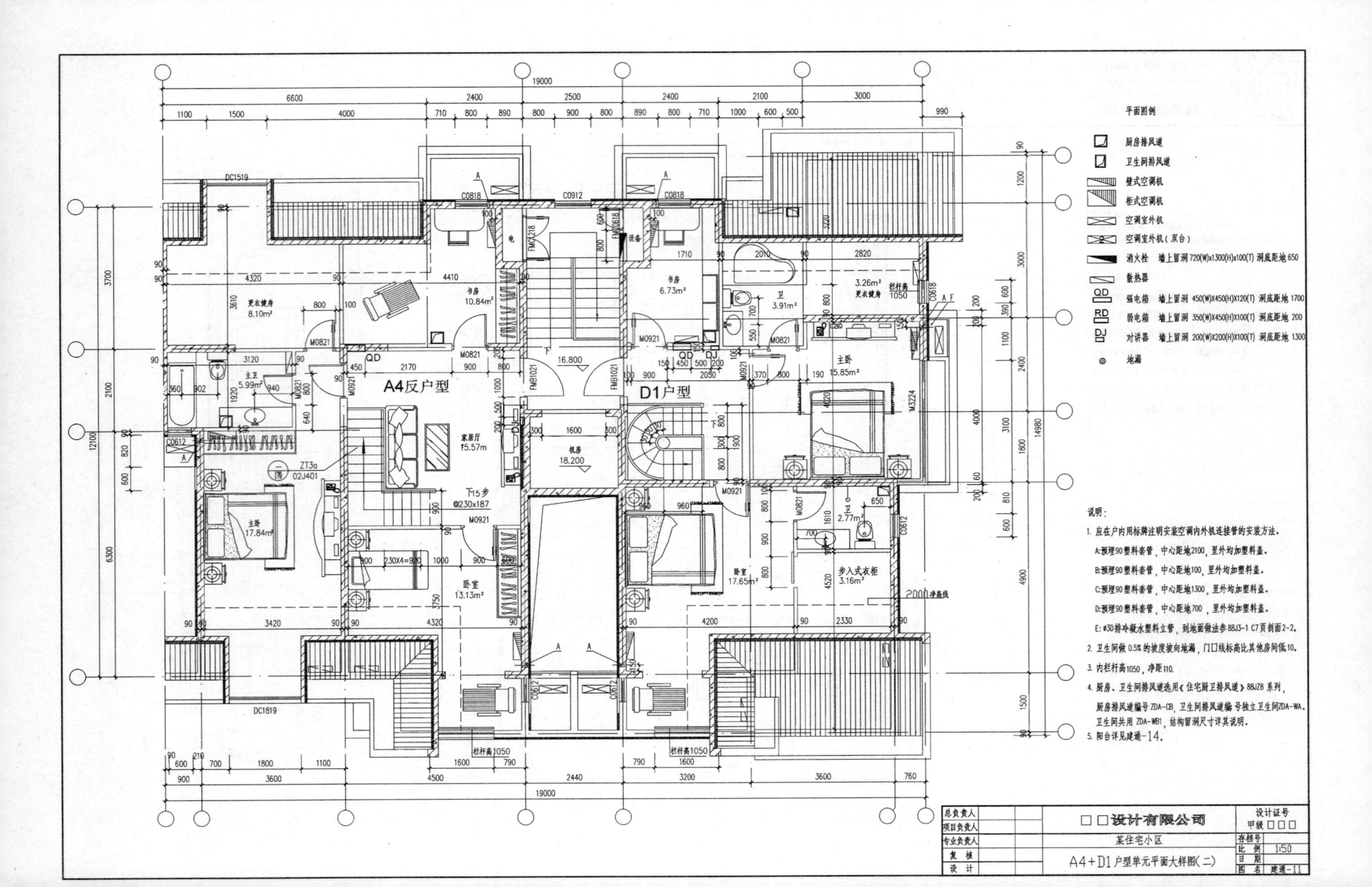
A4反户型
D1户型
书房 10.84m²
书房 6.73m²
更衣健身 8.10m²
更衣健身 3.26m²
主卫 5.99m²
卫 3.91m²
卫 2.77m²
家居厅 15.57m
机房 18.200
主卧 17.84m²
主卧 15.85m²
卧室 13.13m²
卧室 17.65m²
步入式衣柜 3.16m²
下15步 @230x187
栏杆高1050
2000净高线
平面图例
厨房排风道
卫生间排风道
壁式空调机
柜式空调机
空调室外机
空调室外机（双台）
消火栓 墙上留洞 720(W)x1300(H)x100(T) 洞底距地 650
散热器
强电箱 墙上留洞 450(W)X450(H)X120(T) 洞底距地 1700
弱电箱 墙上留洞 350(W)X450(H)X100(T) 洞底距地 200
对讲器 墙上留洞 200(W)X200(H)X100(T) 洞底距地 1300
地漏
说明：
1. 应在户内用标牌注明安装空调内外机连接管的安装方法。
A:预埋90塑料套管，中心距地2100，里外均加塑料盖。
B:预埋90塑料套管，中心距地100，里外均加塑料盖。
C:预埋90塑料套管，中心距地1300，里外均加塑料盖。
D:预埋90塑料套管，中心距地700，里外均加塑料盖。
E: ø30排冷凝水塑料立管，到地面做法参88J3-1 C7页剖面2-2。
2. 卫生间做0.5%的坡度坡向地漏，门口线标高比其他房间低10。
3. 内栏杆高1050，净距110。
4. 厨房、卫生间排风道选用《住宅厨卫排风道》88JZ8 系列，
厨房排风道编号 ZDA-CB，卫生间排风道编号独立卫生间ZDA-WA，
卫生间共用 ZDA-WB1，结构留洞尺寸详其说明。
5. 阳台详见建通-14。
总负责人
项目负责人
专业负责人
复核
设计
□□设计有限公司
某住宅小区
A4+D1户型单元平面大样图(二)
设计证号
甲级 □□□
存档号
比例 1:50
日期
图名 建通-11

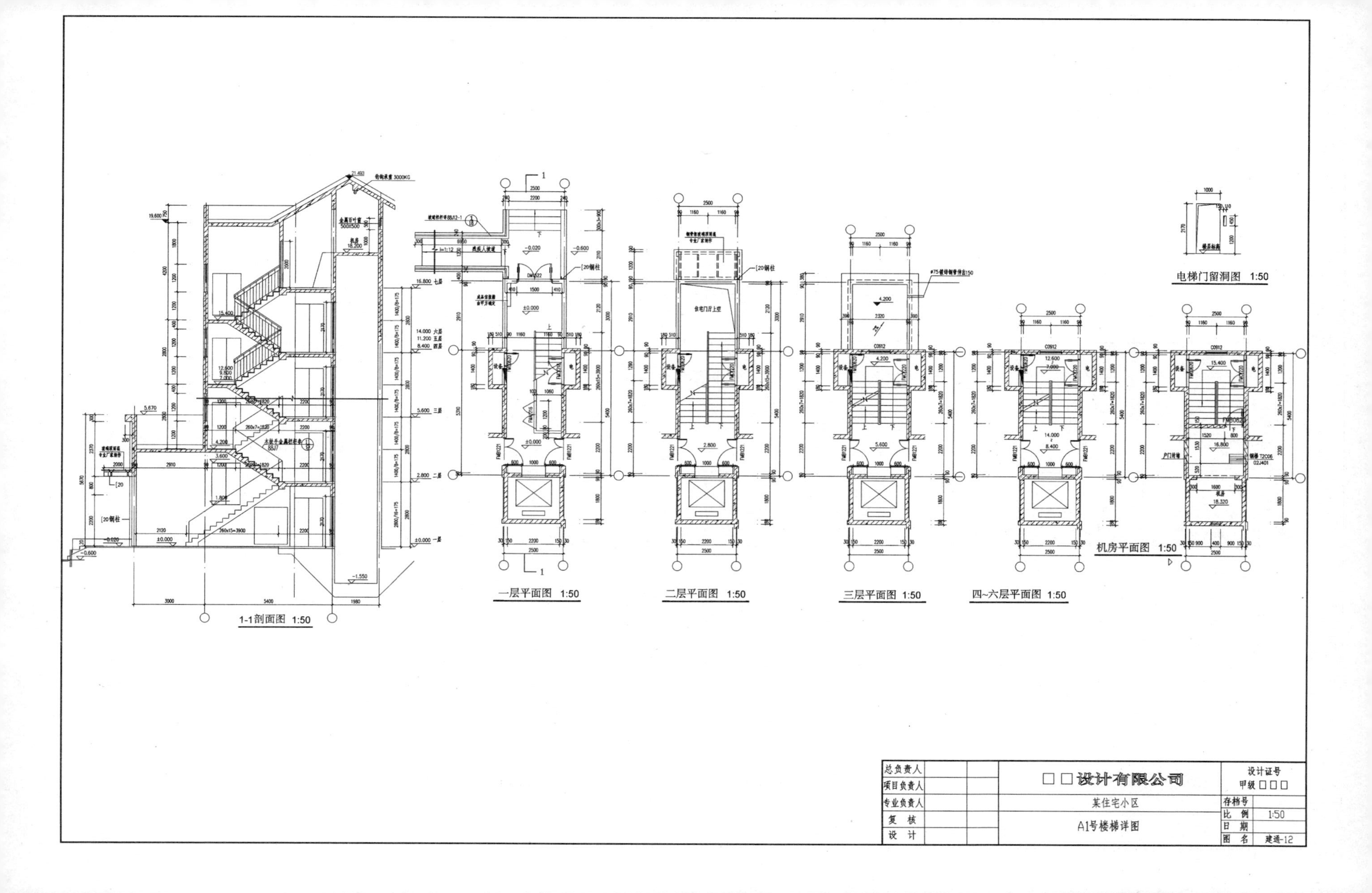

1-1剖面图 1:50
一层平面图 1:50
二层平面图 1:50
三层平面图 1:50
四~六层平面图 1:50
机房平面图 1:50
电梯门留洞图 1:50
总负责人
项目负责人
专业负责人
复 核
设 计
□□设计有限公司
某住宅小区
A1号楼梯详图
设计证号
甲级 □□□
存档号
比 例
1:50
日 期
图 名
建通-12

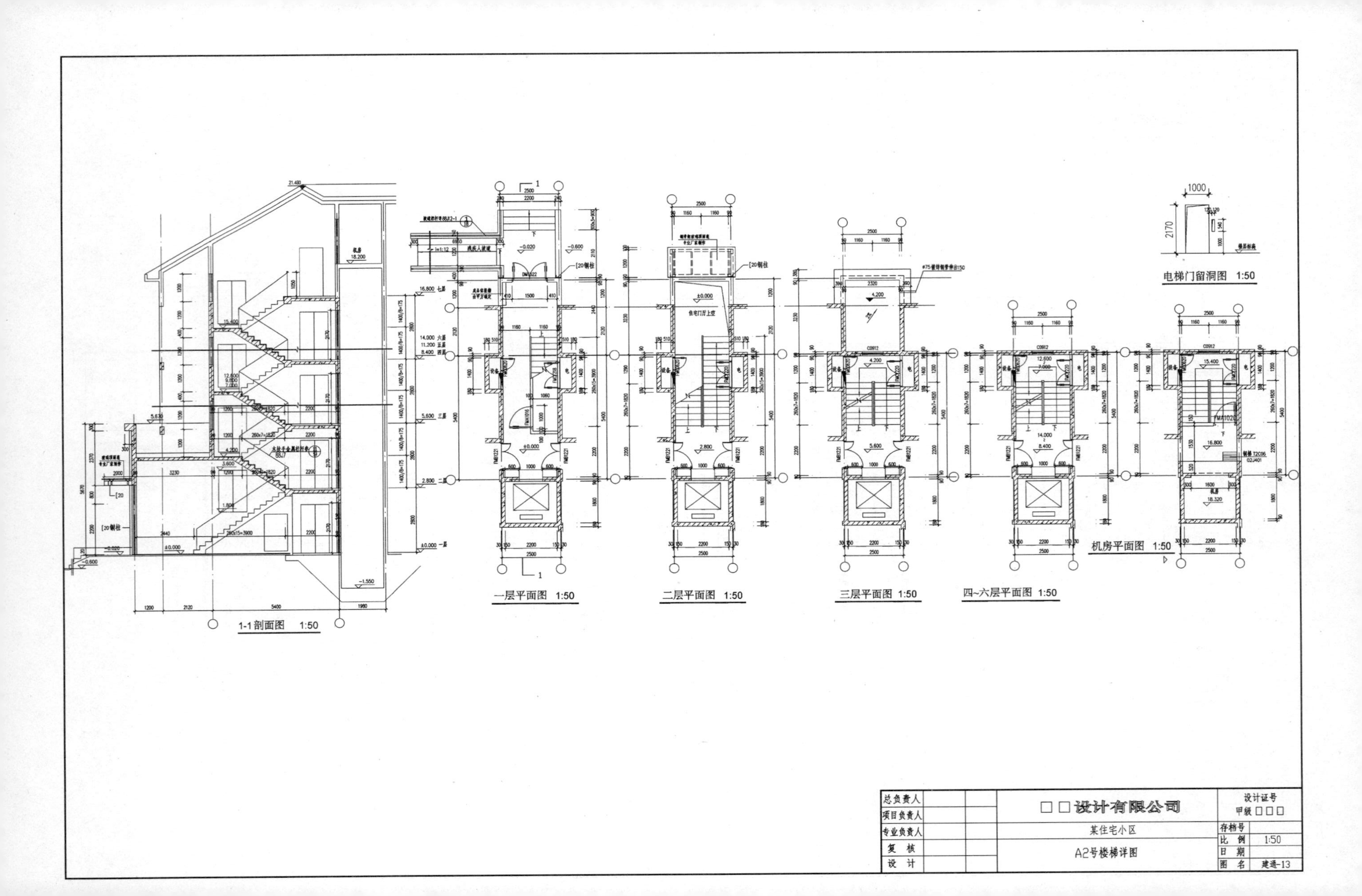
1-1剖面图 1:50
一层平面图 1:50
二层平面图 1:50
三层平面图 1:50
四~六层平面图 1:50
机房平面图 1:50
电梯门留洞图 1:50
总负责人
项目负责人
专业负责人
复 核
设 计
□□设计有限公司
某住宅小区
A2号楼梯详图
设计证号
甲级 □□□
存档号
比 例 1:50
日 期
图 名 建通-13

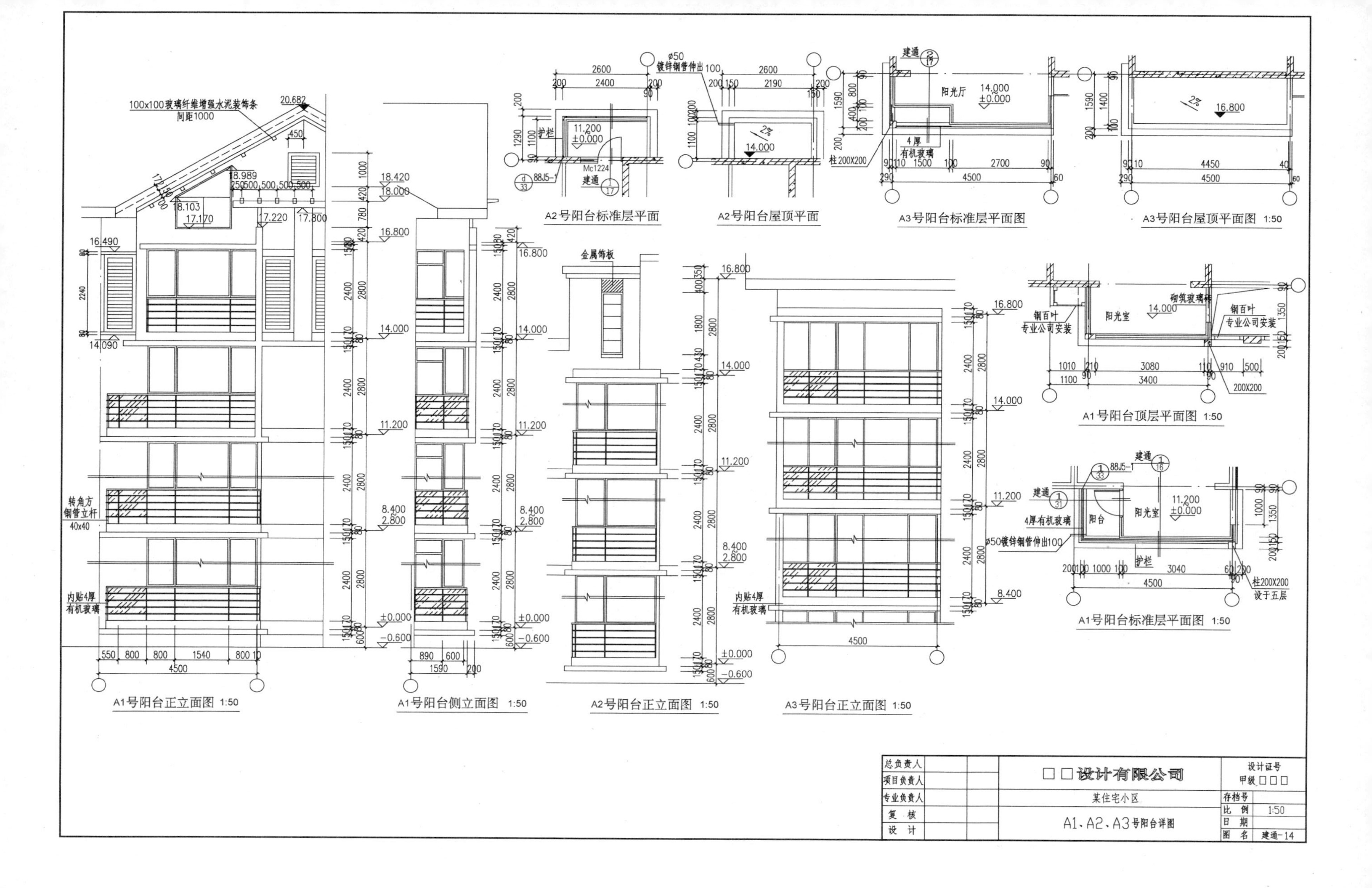
100x100玻璃纤维增强水泥装饰条
间距1000
转角方
钢管立杆
40x40
内贴4厚
有机玻璃
A1号阳台正立面图 1:50
A1号阳台侧立面图 1:50
金属饰板
A2号阳台正立面图 1:50
A3号阳台正立面图 1:50
A2号阳台标准层平面
A2号阳台屋顶平面
A3号阳台标准层平面图
A3号阳台屋顶平面图 1:50
A1号阳台顶层平面图 1:50
A1号阳台标准层平面图 1:50
阳光厅
阳光室
阳台
护栏
钢百叶
专业公司安装
砌筑玻璃砖
4厚有机玻璃
φ50镀锌钢管伸出100
柱200X200
设于五层
建通
□□设计有限公司
某住宅小区
A1、A2、A3号阳台详图
总负责人
项目负责人
专业负责人
复 核
设 计
设计证号
甲级 □□□
存档号
比 例 1:50
日 期
图 名 建通-14

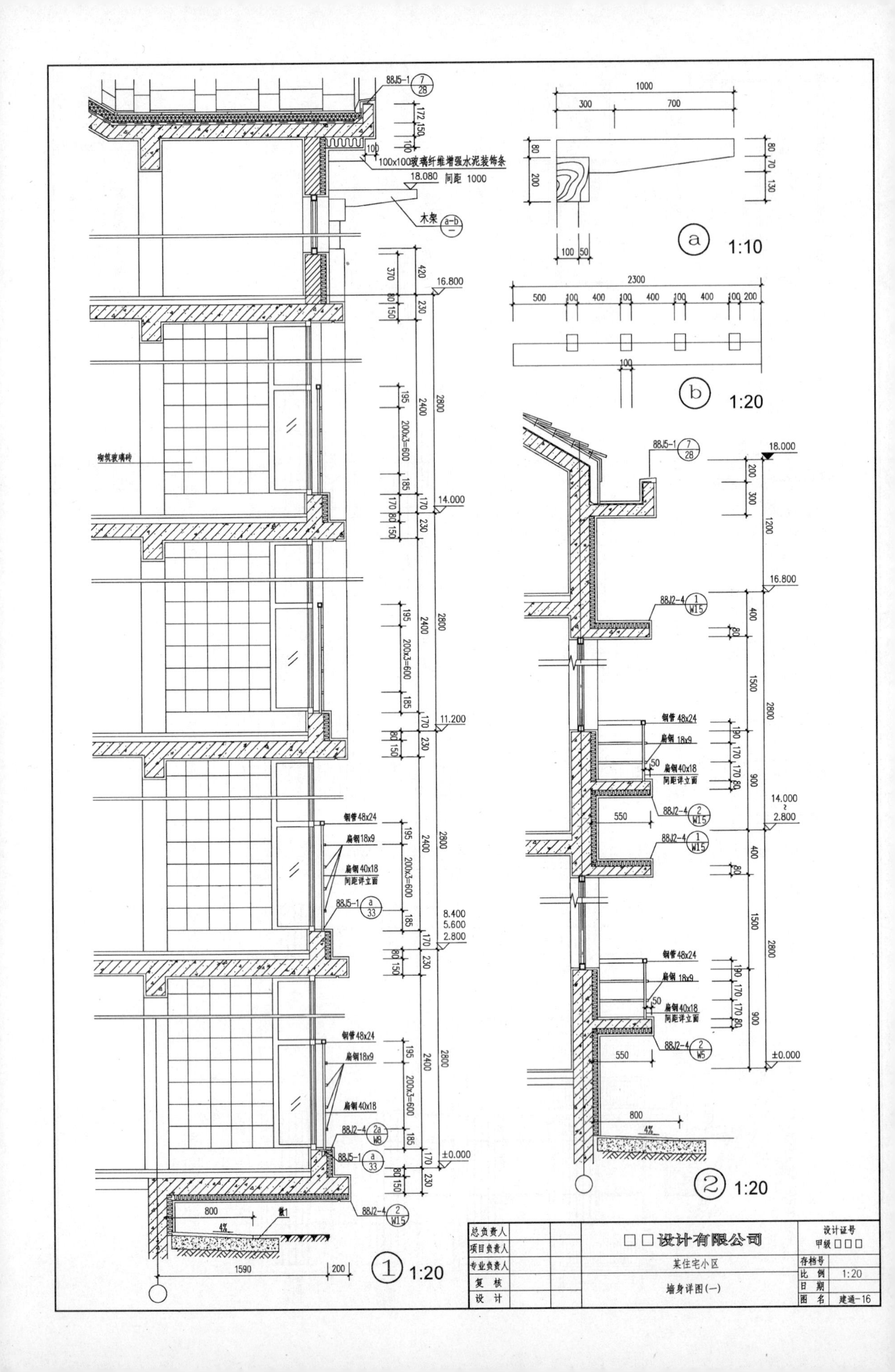

88J5-1 7/28
100x100玻璃纤维增强水泥装饰条
间距 1000
18.080
木架 a-b
16.800
14.000
11.200
8.400
5.600
2.800
±0.000
砌筑玻璃砖
钢管 48x24
扁钢18x9
扁钢 40x18
间距详立面
88J5-1 a/33
88J2-4 2a/W8
88J2-4 2/W15
88J2-4 1/W15
88J2-4 2/W5
散1
4%
1:10
1:20
18.000
14.000~2.800
总负责人
项目负责人
专业负责人
复 核
设 计
□□设计有限公司
某住宅小区
墙身详图(一)
设计证号
甲级 □□□
存档号
比 例 1:20
日 期
图 名 建通-16

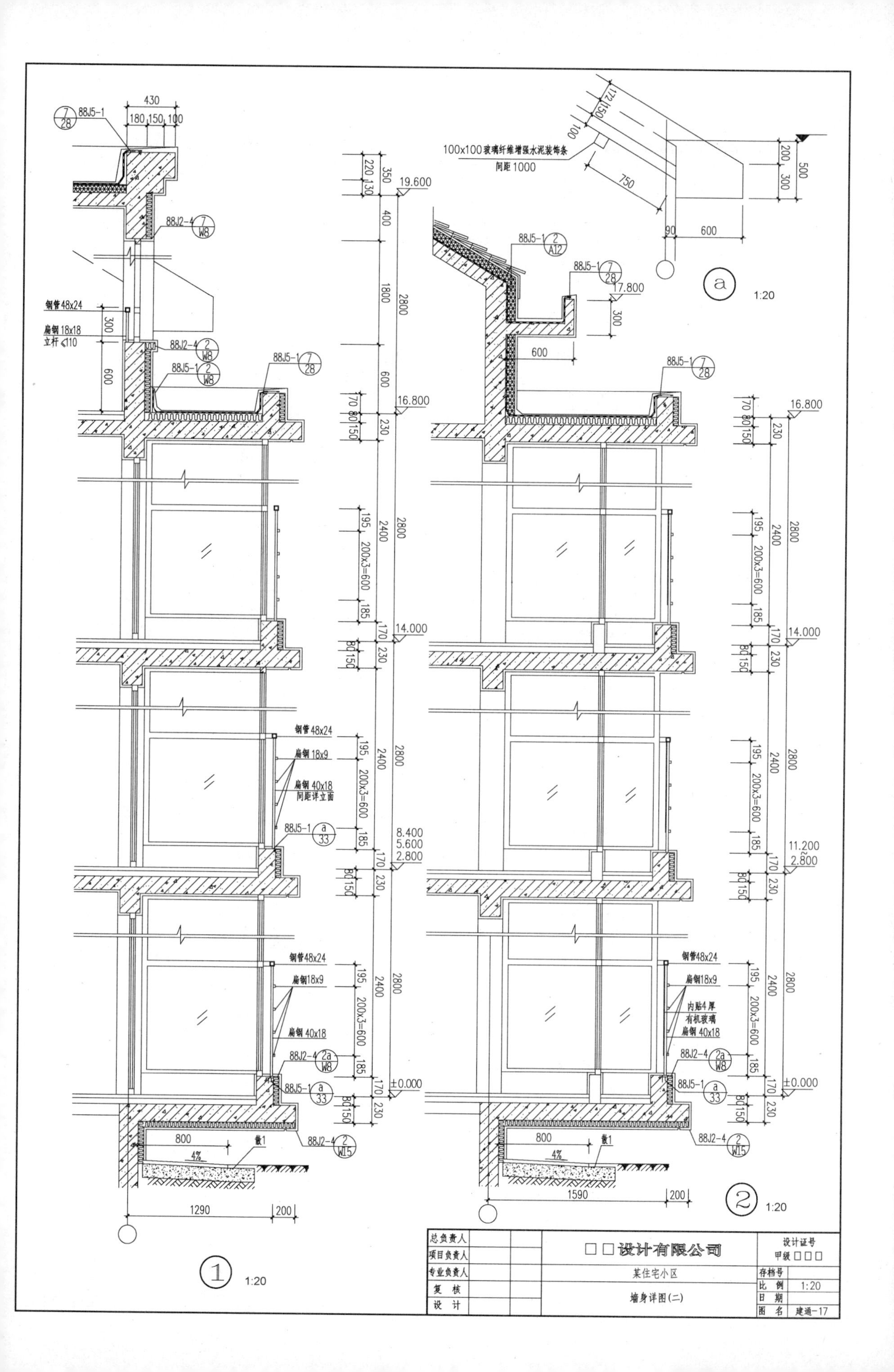

总负责人			□□设计有限公司	设计证号 甲级 □□□
项目负责人				
专业负责人			某住宅小区	存档号
复　核				比　例 1:20
设　计			墙身详图(二)	日　期
				图　名 建通-17

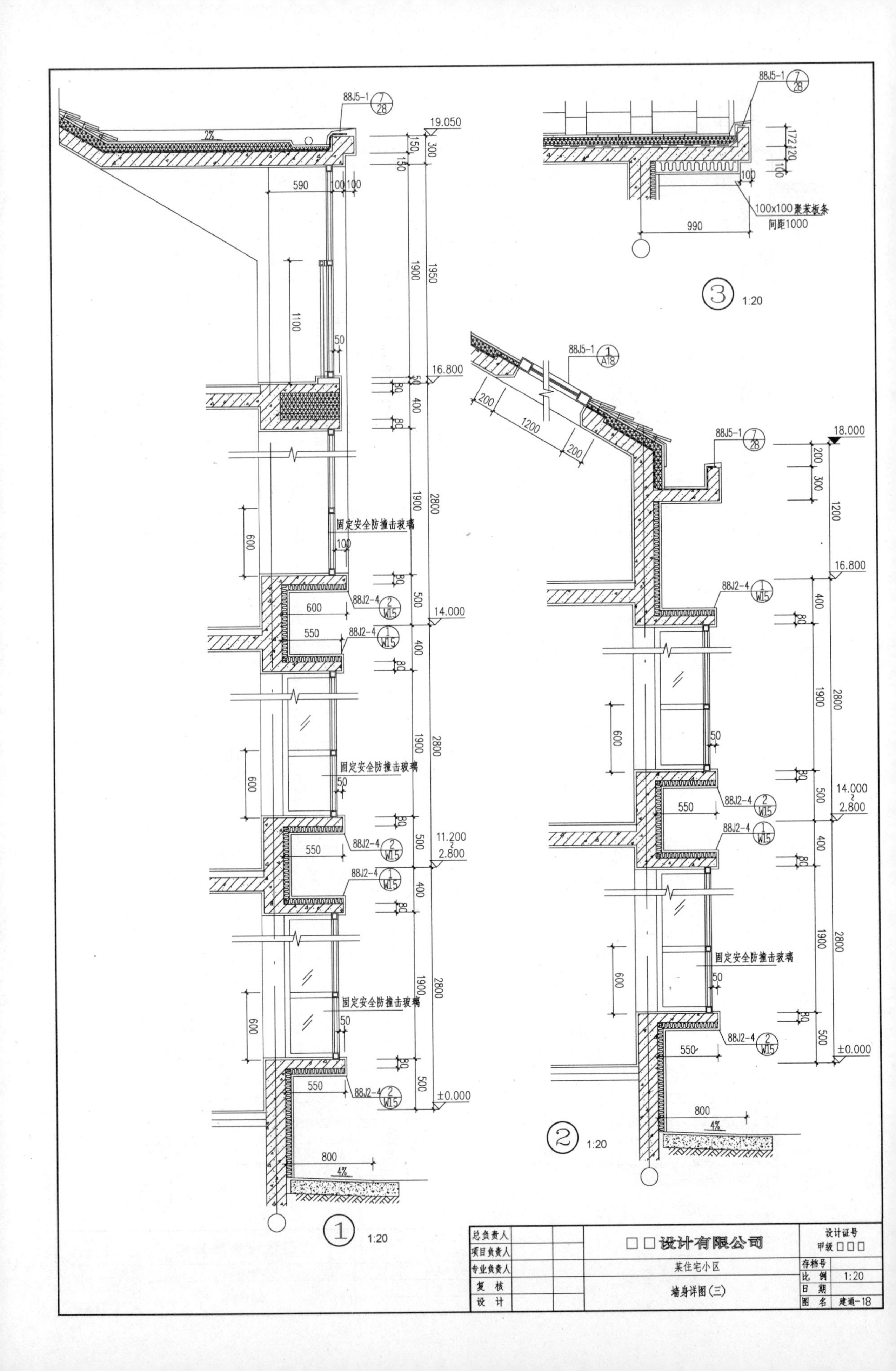

88J5-1
2%
19.050
16.800
14.000
11.200
2.800
±0.000
590
100
1100
1900
1950
2800
固定安全防撞击玻璃
88J2-4
W15
600
550
800
4%
1:20
3
990
100x100聚苯板条
间距1000
88J5-1
A18
1200
200
18.000
总负责人
项目负责人
专业负责人
复核
设计
□□设计有限公司
某住宅小区
墙身详图(三)
设计证号
甲级□□□
存档号
比例
日期
图名
建通-18

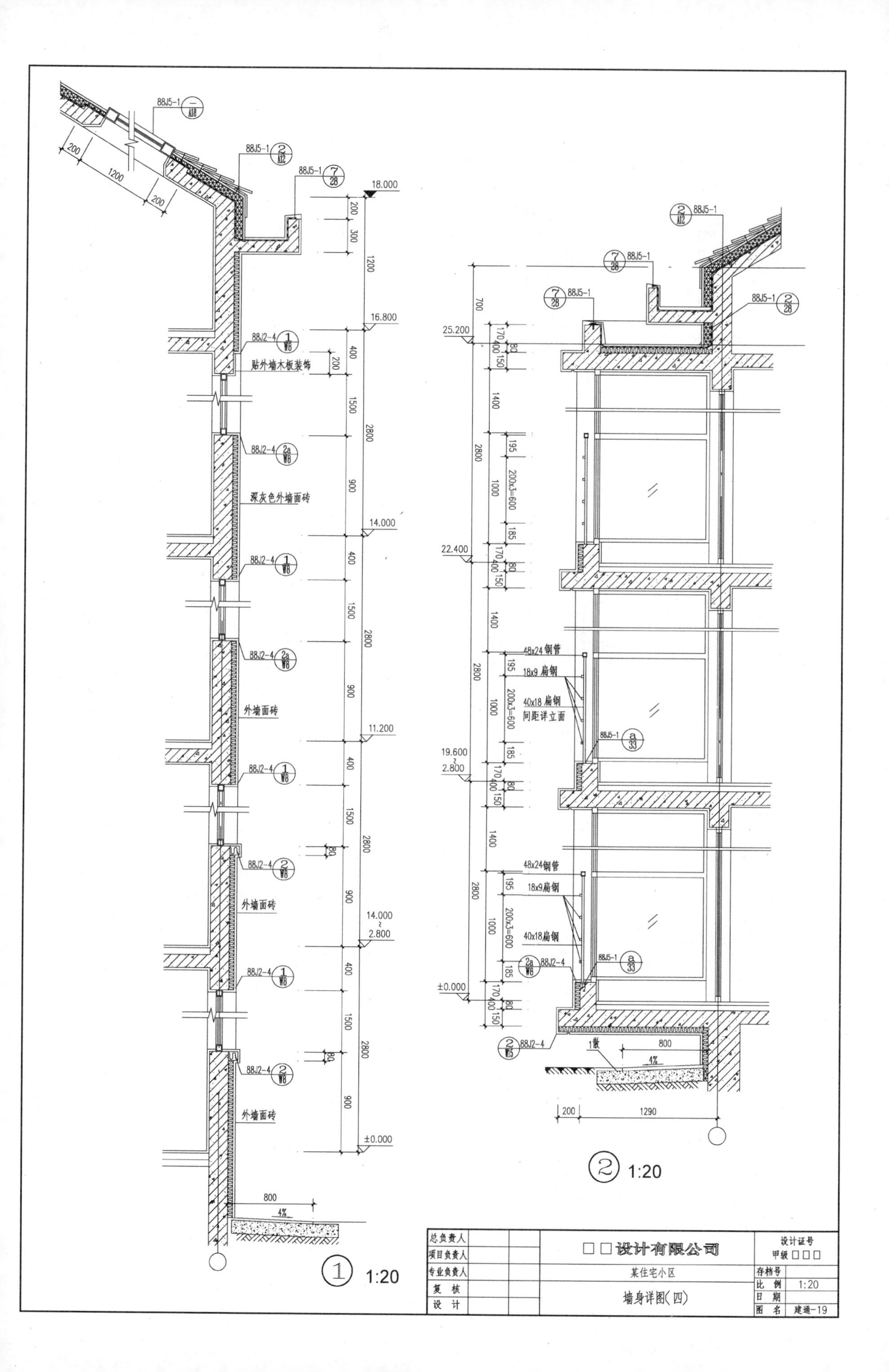

总负责人			□□设计有限公司	设计证号 甲级□□□
项目负责人				
专业负责人			某住宅小区	存档号
复　核			墙身详图(四)	比　例 1:20
设　计				日　期
				图　名 建通-19

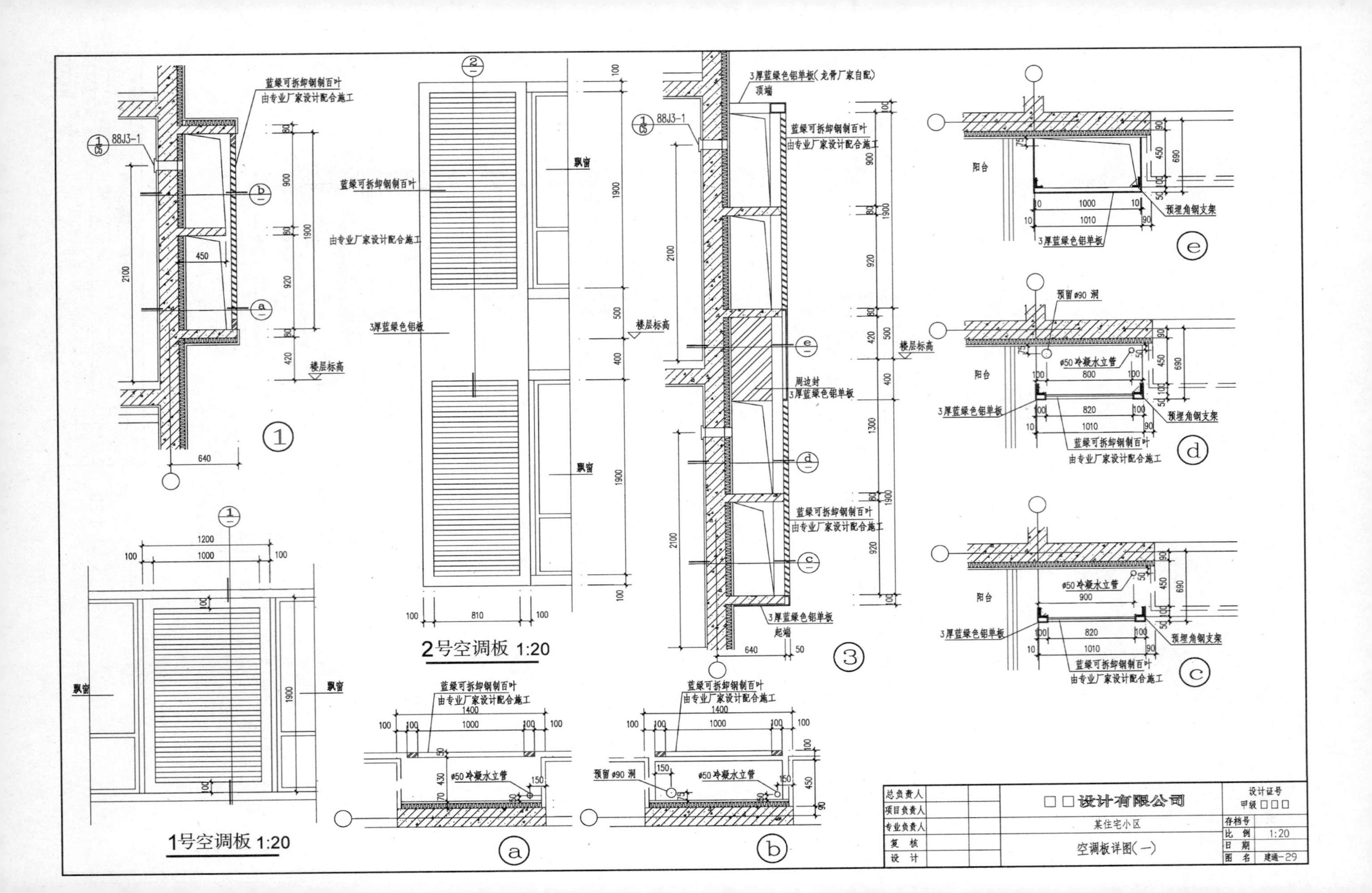
1号空调板 1:20
2号空调板 1:20
蓝绿可拆卸钢制百叶
由专业厂家设计配合施工
3厚蓝绿色铝板
3厚蓝绿色铝单板(龙骨厂家自配)
顶端
周边封
3厚蓝绿色铝单板
起端
楼层标高
飘窗
阳台
预埋角钢支架
预留ø90 洞
ø50冷凝水立管
88J3-1
□□设计有限公司
某住宅小区
空调板详图(一)
总负责人
项目负责人
专业负责人
复　核
设　计
设计证号
甲级 □□□
存档号
比　例
1:20
日　期
图　名
建通-29

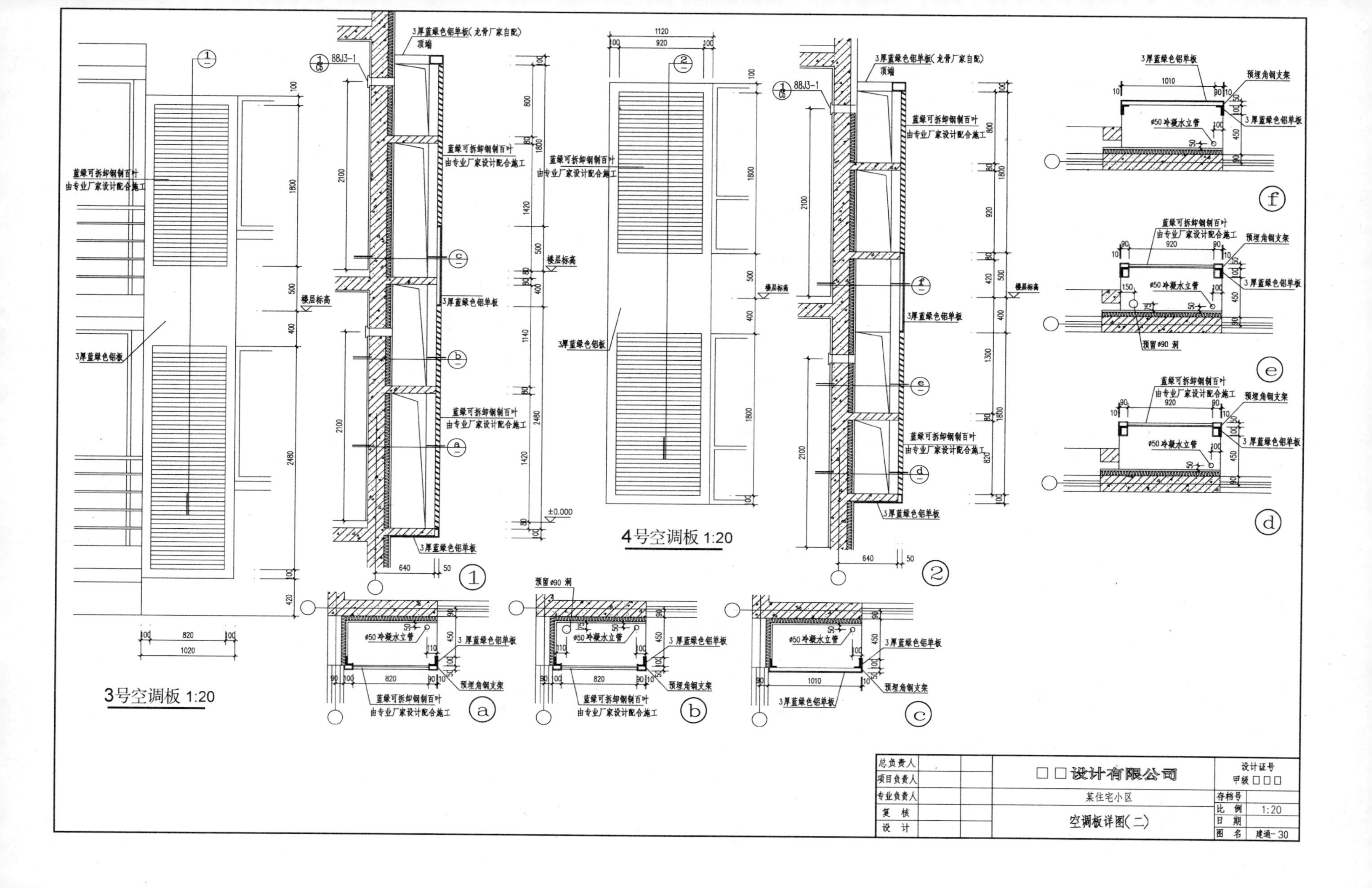
3号空调板 1:20
4号空调板 1:20
3厚蓝绿色铝单板(龙骨厂家自配)
顶端
88J3-1
蓝绿可拆卸钢制百叶
由专业厂家设计配合施工
3厚蓝绿色铝单板
3厚蓝绿色铝板
楼层标高
±0.000
预埋角钢支架
φ50冷凝水立管
预留φ90洞
总负责人
项目负责人
专业负责人
复 核
设 计
□□设计有限公司
某住宅小区
空调板详图(二)
设计证号
甲级 □□□
存档号
比 例 1:20
日 期
图 名 建通-30

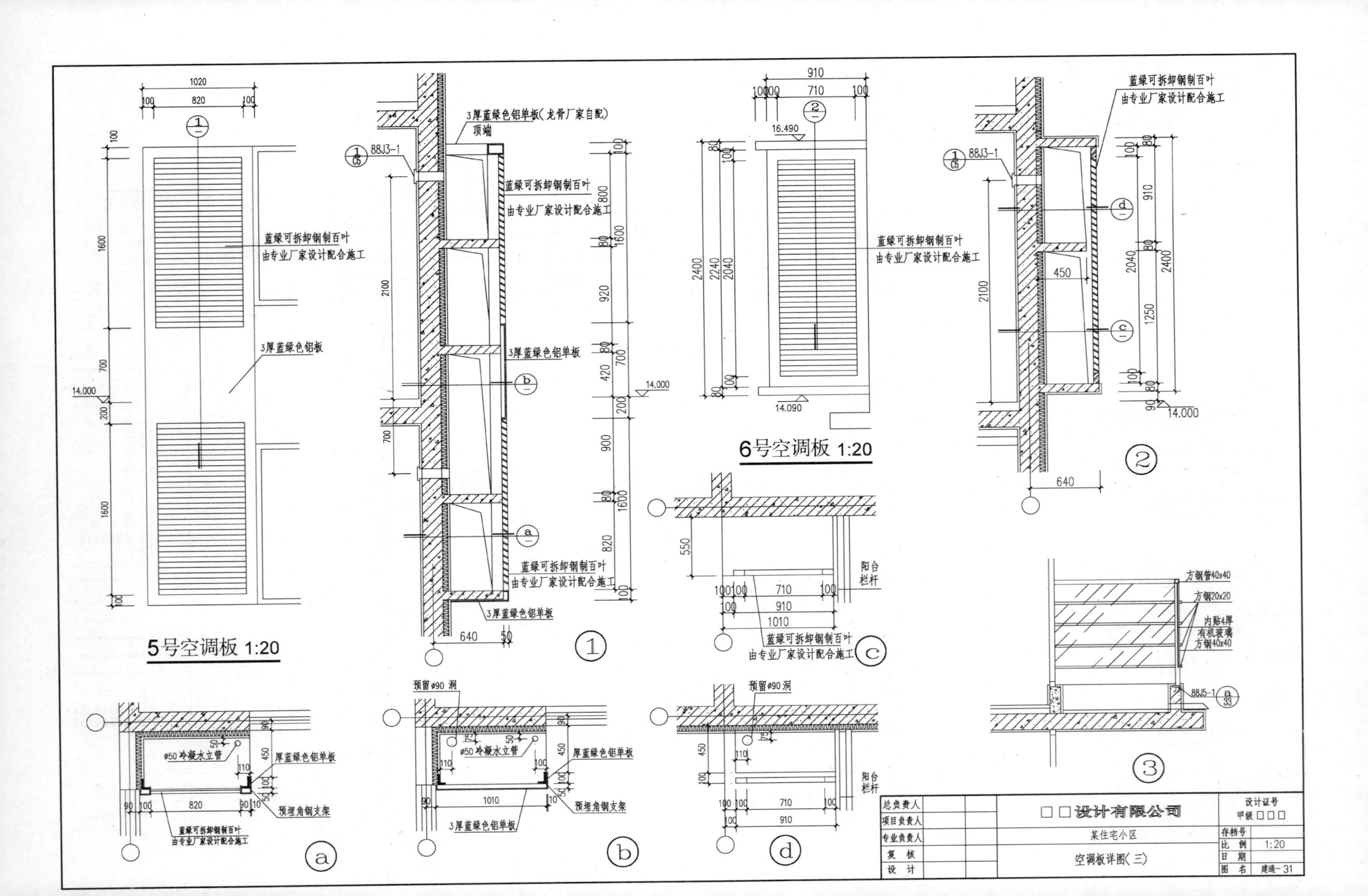
5号空调板 1:20
6号空调板 1:20
蓝绿可拆卸钢制百叶
由专业厂家设计配合施工
3厚蓝绿色铝板
3厚蓝绿色铝单板(龙骨厂家自配)
顶端
3厚蓝绿色铝单板
88J3-1
预留ø90 洞
ø50 冷凝水立管
厚蓝绿色铝单板
预埋角钢支架
阳台栏杆
方钢管40x40
方钢20x20
内贴4厚有机玻璃
方钢40x40
88J5-1
14.000
16.490
14.090
□□设计有限公司
某住宅小区
空调板详图(三)
总负责人
项目负责人
专业负责人
复 核
设 计
设计证号
甲级 □□□
存档号
比 例 1:20
日 期
图 名 建通-31

示例三

某培训中心

该培训中心位于某市风景区内，是由数栋多层与单层建筑组成的建筑群，具有接待、会议、餐饮、休闲娱乐等多种功能。建筑群的平面构成与造型与周围的优雅环境相协调。

为便于设计、制图和施工，本施工图根据功能分区和结构类型分段绘制。该工程的中心区共分 5 段，本示例选用其中的两部分图纸：

1. 综合图(建施 01～建施 017)。

主要目的是使看图者对建筑群体有个整体概念，以便对各段的平、立、剖设计进行宏观控制。为此而绘制的图纸包括：分段及轴线平面图、组合体的各层平面图及立面与剖面图、防火分区平面图等。

其次是将各段共用的设计总说明、用料说明、室内用料、门窗表、部分详图集中绘制，这样，逻辑清晰，便于看图，并可减少设计工作量。

当然，参照时应根据具体工程的规模和复杂程度进行删减。

2. 会堂(2 段，建施 2－1～建施 2－16)。

这是一栋扇形的大空间厅堂建筑(850 座)，因此平、立、剖面图及详图均有其特殊性，对同类建筑有一定的参考价值。

会堂的图纸简繁适度、图面工整。特别是室外入口处平台、花池、台阶及坡道的构造与石料划分详图，较为细致。但建施 2－15 的一层平面放大节点，如在平面图内就近绘制，则看图更为方便。

工程图纸由中国建筑西北设计研究院提供，设计制图人：高朝君、张爱萍、王军。

□□□□设计研究院图纸目录表

第 1 页共 4 页

设计号	9548	工程名称：	某培训中心		单项名称：	中心区
工　种	建　筑	设计阶段	施工图	结构类型	框架	完成日期	X年X月

序号	图别	段位	图号	图纸名称	张数			图纸规格	备注
					新设计	利用			
						旧图	标准图		
1	建施		01	建筑设计总说明	1			2号	
2	建施		02	建筑用料说明	1			1号	
3	建施		03	室内房间用料表	1			1号	
4	建施		04	门窗表	1			1号	
5	建施		05	分段及轴线平面图	1			1号	
6	建施		06	中心区一层组合平面	1			1号	
7	建施		07	中心区二层组合平面	1			1号	
8	建施		08	中心区三层组合平面	1			1号	
9	建施		09	中心区屋面组合平面	1			1号	
10	建施		010	中心区一层防火分区平面	1			1号	
11	建施		011	中心区二层防火分区平面	1			1号	
12	建施		012	中心区三层防火分区平面 中心区地下室防火分区平面	1			1号	
13	建施		013	中心区组合北立面，南立面	1			2号	
14	建施		014	中心区组合东立面，西立面	1			2号	
15	建施		015	中心区 1-1，2-2 剖面	1			2号	
16	建施		016	中心区 3-3，4-4 剖面	1			2号	
17	建施		017	地下室防水节点详图	1			1号	
18	建施	1段	1-1	1段一层平面	1			特1号	
19	建施		1-2	1段二层平面	1			特1号	
20	建施		1-3	1段屋面平面	1			特1号	
21	建施		1-4	1段南立面 1段西立面	1			2号长	
22	建施		1-5	1段东立面 1段 1-1 剖面	1			2号长	
23	建施		1-6	1段 2-2 剖面 1段 3-3 剖面	1			2号长	
24	建施		1-7	屋顶花园详图(一) 卫生间 1W-1 平面图	1			2号长	
25	建施		1-8	屋顶花园详图(二)	1			1号	
26	建施		1-9	外檐剖面，采光顶详图 屋面排风竖井详图	1			2号长	
27	建施		1-10	1段墙身节点	1			2号长	
28	建施		1-11	楼梯 1LT-1 平剖面	1			2号长	
29	建施		1-12	1段室内喷水池详图	1			1号	

项目负责人		工种负责人		归档接收人	
审　　定		制　表　人		归档日期	年　月　日

□□□□设计研究院图纸目录表

设计号	9548	工程名称：	某培训中心	单项名称：	中心区

工种	建筑	设计阶段	施工图	结构类型	框架	完成日期	X年X月

序号	图别	段位	图号	图纸名称	张数			图纸规格	备注
					新设计	利用			
						旧图	标准图		
30	建施	1段	1-13	南入口雨篷详图(一)	1			2号长	
31	建施		1-14	南入口雨篷详图(二)	1			2号长	
32	建施		1-15	南入口坡道及景池石料	1			1号	
33	建施		1-16	南入口坡道及景池详图	1			1号	
34	建施		1-17	铝合金门窗立面	1			1号	
35	建施	2段	2-1	2段一层平面	1			特1号	
36	建施		2-2	2段二层平面	1			特1号	
37	建施		2-3	2段屋面平面	1			特1号	
38	建施		2-4	2段地沟及留洞平面	1			特1号	
39	建施		2-5	2段座席排列平面 2段地下室平面	1			特1号	
40	建施		2-6	2段会堂正(东南)立面	1			2号长	
41	建施		2-7	2段北立面	1			2号长	
42	建施		2-8	2段1-1剖面	1			特1号	
43	建施		2-9	2段2-2剖面	1			2号长	
44	建施		2-10	2段3-3剖面	1			2号长	
45	建施		2-11	2段门窗立面及详图	1			特1号	
46	建施		2-12	2段详图(一)	1			2号	
47	建施		2-13	2段详图(二)	1			2号	
48	建施		2-14	2段详图(三)	1			2号	
49	建施		2-15	2段详图(四)	1			2号	
50	建施		2-16	2段底层入口处石料	1			2号	
51	建施	3段	3-1	3段一层平面	1			特1号	
52	建施		3-2	3段二层平面	1			特1号	
53	建施		3-3	3段三层平面	1			1号	
54	建施		3-4	3段地下室平面	1			1号	
55	建施		3-5	3段四层屋顶花园铺地平面 3段五层平面 塔楼屋面平面	1			1号	
56	建施		3-6	3段屋顶花园详图	1			1号	
57	建施		3-7	3段东立面 3段北立面	1			2号长	
58	建施		3-8	3段西立面	1			2号长	

项目负责人		工种负责人		归档接收人	
审定		制表人		归档日期	年 月 日

□□□□设计研究院图纸目录表

设计号	9548	工程名称:	某培训中心		单项名称:	中心区			
工种	建筑	设计阶段	施工图	结构类型	框架	完成日期	X年X月		
序号	图别	段位	图号	图纸名称	张数			图纸规格	备注
					新设计	利用			
						旧图	标准图		
59	建施	3段	3-9	3段南立面 3段4-4剖面	1			2号长	
60	建施		3-10	3段1-1剖面	1			2号长	
61	建施		3-11	3段2-2剖面	1			2号长	
62	建施		3-12	3段3-3剖面	1			2号长	
63	建施		3-13	3段墙身节点	1			1号	
64	建施		3-14	3段外檐剖面	1			2号长	
65	建施		3-15	楼梯3LT-1平剖面	1			1号	
66	建施		3-16	液压电梯放大平剖面	1			2号长	
67	建施		3-17	卫生间放大平面	1			2号	
68	建施		3-18	3段详图(一)	1			1号	
69	建施		3-19	3段详图(二)	1			1号	
70	建施		3-20	铝合金门窗立面(一)	1			1号	
71	建施		3-21	铝合金门窗立面(二)	1			1号	
72	建施		3-22	东入口雨篷平、立、剖面	1			1号长	
73	建施		3-23	东入口室外平台石料	1			1号	
74	建施		3-24	水院平台石料	1			1号	
75	建施	4段	4-1	4段地下管道廊，地沟平面及墙体流动	1			1号	
76	建施		4-2	4段一层平面	1			1号	
77	建施		4-3	4段4.800m标高平面 4段$a—a$剖面　4段$b—b$剖面	1			1号	
78	建施		4-4	4段屋面平面	1			1号	
79	建施		4-5	4段1-1剖面　4段东立面	1			1号	
80	建施		4-6	4段2-2剖面　4段3-3剖面	1			1号	
81	建施		4-7	4段北立面　4段南立面	1			1号	
82	建施		4-8	4段西立面　详图	1			1号	
83	建施		4-9	外墙大样图	1			1号	
84	建施		4-10	4段c-c剖面　大样图	1			1号	
85	建施		4-11	泳池大样图(一)	1			1号	
86	建施		4-12	泳池大样图(二)	1			1号	
87	建施		4-13	门窗立面划分示意图	1			1号	

项目负责人		工种负责人		归档接收人	
审定		制表人		归档日期	年　月　日

□□□□设计研究院图纸目录表

设计号	9548	工程名称：	某培训中心	单项名称：	中心区

工　种	建　筑	设计阶段	施工图	结构类型	框架	完成日期	×年×月

序号	图别	段位	图号	图纸名称	张数			图纸规格	备注
					新设计	利用			
						旧图	标准图		
88	建施	5段	5-1	5段一层平面	1		1号		
89	建施		5-2	5段二层平面	1		1号		
90	建施		5-3	5段屋面平面	1		1号		
91	建施		5-4	5段地下室平面	1		1号		
92	建施		5-5	5段南立面　5段北立面	1		1号		
93	建施		5-6	5段西立面	1		2号		
94	建施		5-7	5段1-1剖面	1		2号		
95	建施		5-8	5段2-2剖面	1		2号		
96	建施		5-9	墙身节点	1		2号长		
97	建施		5-10	5段外檐剖面	1		2号长		
98	建施		5-11	梯梯5LT-1平面	1		2号		
99	建施		5-12	楼梯5LT-1剖面	1		2号		
100	建施		5-13	楼梯5LT-2平面	1		2号		
101	建施		5-14	楼梯5LT-2剖面	1		2号		
102	建施		5-15	楼梯5LT-3，5LT-4平剖面	1		1号		
103	建施		5-16	厨房食梯放大平剖面	1		2号长		
104	建施		5-17	卫生间放大平面(一)	1		2号		
105	建施		5-18	卫生间放大平面(一)	1		2号		
106	建施		5-19	详图	1		2号长		
107	建施		5-20	铝合金门窗立面	1		2号		
108	建施		5-21	临水平台石料	1		1号		

利用标准图集					
88JX1	综合本	甲方自理	88J7	楼梯	甲方自理
88JX3	客房装修	〃	88J8	卫生间　洗池	〃
88J1	工程做法	〃	88J9	室外工程	〃
88J4(一)	内装修	〃	8812	无障碍设施	〃
88J5	屋面	〃	J642	平开木门	〃

项目负责人		工种负责人		归档接收人	
审　　定		制　表　人		归档日期	年　月　日

建筑设计总说明

一、设计依据

(1) 西安曲江旅游度假区管理委员会及建设开发总公司西曲旅管发［1997］58号《西安曲江旅游度假区管理委员会关于对某培训中心初步设计的批复》

(2) 初步设计

(3) 建设单位对初步设计所提修改意见

(4) 设计合同书

(5) 各有关规范

(6) 建设单位所提各基础资料

二、工程性质及设计范围

某培训中心地处大雁塔风景区南缘，是一组具有接待、会议、餐饮、休闲娱乐等多种功能的建筑群体，耐火等级为一级，地震设防烈度为八度，结构类型依各分段平面功能布局分别为框架或砖混。总建筑面积：45533m^2。其中心区由以下几部分组成：枢纽性大堂(1段)，会堂(2段)，文体楼(3段)，游泳馆(4段)，餐厅及宴会厅(5段)，局部设有地下室，地下室局部设有平战结合的六级人防。建筑层数：1段2层；2段1层，局部1层地下室；3段3层，局部1层地下室；4段1层；5段2层，1层地下室。

三、设计标高±0.000=439.30(1956年黄海高程系)

四、建筑分段及轴线

本施工图分为：1，2，3，4，5等段，各段地上地下轴线统一编号，分段及轴线编号详建筑分段及轴线索引图，(建施08)。

五、墙体

(1) 地下室内隔墙未注明者均为240厚实心砖墙，电梯及食梯井道壁均用实心砖墙。

(2) 地上外围护墙，分隔墙，防火墙均为空心砖墙，砖混结构用承重空心砖，厚度见平面图注。

(3) 墙体凡300以下洞口，建施均未标注，施工时应与有关工种配合施工留洞。

(4) 墙体用MU10黏土空心砖、M5水泥砂浆砌筑，墙身防潮层用25厚1∶2水泥砂浆加5%防水剂(按水泥重量计)，设于室内地面下一皮砖处。

六、门窗

(1) 凡门有大头角未注明者，均为250。

(2) 凡两柱间之门窗，洞口尺寸为净口，门窗厂家应实测足尺，以免有误。

(3) 凡砖墙上之门窗，洞口尺寸为砖口。

(4) 门窗定位未注明者，立樘均居墙中。

(5) 本工程位于西安市，基本风压35kg/m^2，本设计只提供铝合金门窗与幕墙立面尺寸与划分；强度设计、构造设计、预埋件设置、防烟防雨密闭构造等均由厂家负责，并应满足规范要求，铝合金框为古铜色，玻璃为净片玻璃，推拉窗及菱形窗玻璃厚度为5厚，隐框幕墙玻璃15厚，1，2，3，4段采光顶用单层中空玻璃，上为12厚夹胶玻璃，空气层8厚，下层玻璃夹胶8厚，落地门窗及雨篷玻璃采光顶玻璃厚度为不小

建筑设计总说明(续)

于12厚的净片夹胶玻璃，2段幕墙设计要求详建施，非落地铝合金窗用70系列，落地铝合金窗用100系列，玻璃厚度仅供参考，以厂家计算为准。

七、配件固定方式

本工程墙体、柱与门窗等配件的固定连接，除注明者外，可根据位置需要采用射钉、膨胀螺栓、预埋钢件等方式，施工时视情况而定，但一定要保证连接在其上的物体的牢固性和安全性。

八、本工程所有外装饰材料及室内装饰材料及配件均需甲、乙双方协商看样定货，经设计人认可后方可使用。

九、室内装修：本工程主要部分均有二次装修、范围详见建施03，二次装修需与本工程建筑设计人密切配合后方能定案，二次装修的吊顶由装修单位统一设计，本图只标注其吊顶底控制标高。

十、防火卷帘：防火卷帘的制造安装应选择消防部门批准的专业厂家，确保其绝对安全可靠、使用灵活并结合装修安装施工。

十一、电梯：5段厨房食梯按如下电梯样本进行设计：

食梯按中迅公司的AKN型有工作高度的直分门杂物电梯，载重250kg，速度E40cm/s设计，共3部；客梯选用苏迅公司的液压电梯，载重1吨，速度0.63m/s，共2部；学员宿舍电梯详6段施工图，电梯预埋件由电梯厂家配合施工。

十二、其他：

(1) 雨水管除注明者外，均为内排水，详见水施。

(2) 过梁选用：砖墙过梁按陕96G501选用。

(3) 地下防水：本工程地下防水应按《地下工程防水技术规范》GBJ 108—87及增强氯化聚乙烯橡胶卷材防水工程技术规程施工。

(4) 所有配电室地面图中未注明者均应高出同层楼地面20mm。

(5) 所有卫生间、开水间楼地面均低于同层楼地面20mm。

(6) 各部位防水卷材铺置后必须采取保护措施，以防施工组织不当破坏防水材料，万一有破损，必须修补完备后再进行下一道工序。

(7) 防火分区：防水分区按层划分，各层防火分区见组合平面防火分区图。

(8) 建筑用料说明中所引的楼面做法厚度与设计标高冲突者，调整其水泥焦渣垫层厚度来满足设计标高。

(9) 空调机房，内墙用钢丝网固定30厚岩棉板，距地1800，空调机房的门为隔声乙级防火门。

(10) 屋面聚苯乙烯泡沫塑料保温层密度不小于20kg/m^3。

(11) 5段北侧坡道未注明者结合总体另详。

(12) 2，5段屋面网架由甲方确定厂家，其设计由厂家负责。

(13) 所有露明木件均需做防火处理。

□□□□设计研究院				工作名称：某培训中心		
项目负责人		副项目负责人		单项名称：中心区	设计号	□□□
审　定		校　对		建筑设计总说明	图　别	建　施
审　核		设　计			图　号	01
工种负责人		制　图			日　期	

建筑用料说明

项目	编号	类别	做法		适用范围及附注
			引用图集代号	编号	
地面	D1	地砖	88JX1	地 145-3	颜色看样定
	D2	镜面花岗石	88J1	参地 62	规格颜色详内装修
	D3	花岗石	88J1	参地 62	用于 1，3 段入口平台
	D4	地砖	88JX1	地 139-2	颜色看样定
	D5	防滑地砖	88JX1	地 149-3	颜色看样定
	D6	水泥砂浆	88J1	地 6	
	D7	活动地面	88J1	地 78	规格颜色看样定
	D8	现制磨石	88J1	地 26	红水泥中八厘白石子玻璃条分仓，做样定
	D9	地毯	88J1	地 98-1	规格颜色内装修定
	D10	镜面花岗石	1. 普通水泥浆擦缝 2. 20 厚花岗石板(镜面) 3. 撒素水泥面(洒适量清水) 4. 30 厚 1∶4 干硬性水泥砂浆结合层 5. 素水泥浆一道 6. 60 厚(最高处)1∶2∶4 细石混凝土从门口处向地漏找泛水，最底处不小于 30 厚 7. 聚氨酯防水涂膜层 (1) 刷 0.4 厚聚氨酯防水涂膜一层 (2) 刷 0.6 厚聚氨酯防水涂膜一层 (3) 基层表面满刷底涂一层 8. 40 厚 1∶2∶4 细石混凝土随打随抹平，四周抹小八字角 9. 100 厚 3∶7 灰土 10. 素土夯实		
台阶	TJ1	花岗石	88J1	台 17	规格详建施　颜色看样定 用于 1.2.3 段主入口台阶
散水	S1	细石混凝土	88J1	散 1	用于建筑周边宽 1200
楼面	L1	镜面花岗石	88J1	楼 42	规格颜色详内装修
	L2	地砖	88JX1	楼 106-2	颜色看样定
	L3	防滑地砖	88JX1	楼 111-2	颜色看样定
	L4	水泥砂浆	88J1	楼 4	
	L5	花岗石 (机切面)	88J1	参楼 46	规格详建施用于长廊 颜色看样定 防水层用 1.2 厚增强氯化聚乙烯橡胶防水卷材
	L6	木地板	88J1	楼 52	规格 300×50×20　油 20
	L7	活动楼面	88J1	楼 57	规格　颜色看样定
	L8	地毯	88J1	楼 73	规格　颜色内装修定
	L9	现制磨石	88J1	楼 14	红水泥中八厘白石子玻璃条分仓，做样定。
	L10	地砖	88JX1	楼 109-3	颜色看样定
	L11	木地板	88J1	楼 47	油 20
	L12	耐酸地砖	88J1	楼 89	

(续表)

项目	编号	类别	做法		适用范围及附注
			引用图集代号	编号	
楼面	L13	镜面花岗石	88J1	参楼 46-1	
踢脚	T1	地砖	88JX1	踢 63　踢 64	规格颜色同所在房间地面高 150
	T2	硬木	88J1	踢 38　踢 40	规格颜色同所在房间地面高 150
	T3	水泥砂浆	88J1	踢 32　踢 45	高 150
	T4	现制磨石	88J1	踢 18　踢 20	规格颜色同所在房间地面高 150
	T5	镜面花岗石	88J1	踢 34　踢 35	规格颜色同所在房间地面高 150
	T6	耐酸地砖	88J1	踢 60　踢 61	规格颜色同所在房间地面高 150
墙裙	QQ1	硬木墙裙	88J1	裙 48　裙 49	高 1200
	QQ2	水泥砂浆	88J1	裙 5　裙 2	高 1200 表面罩高级大白浆
	QQ3	耐酸瓷板	88J1	裙 60	用于混凝土墙　柱　高 1200
	QQ4	瓷砖墙裙	88J1	裙 41　裙 44	高 1200
内墙	NQ1	镜面花岗石	88J1	参内墙 98 内墙 99	规格颜色详内装修
	NQ2	多彩喷涂	88JX1	内墙 117 内墙 119	
	NQ3	高级釉面砖	88JX1	内墙 152 内墙 154	规格 150×200 颜色看样定
	NQ4	FC 穿孔吸声板	88J1	参内墙 110 内墙 11	规格颜色详内装修
	NQ5	水泥砂浆	88J1	内墙 20 内墙 21	高级大白浆
	NQ6	木板墙	88J1	参内墙 102 内墙 103	规格颜色详内装修
	NQ7	仿瓷涂料	88JX1	内墙 127 内墙 129	白色，基层统一用内墙 1273，4 抹平
顶棚	P1	装饰吸声板	88J1	参棚 76	规格颜色详内装修
	P2	矿棉板	88J1	参棚 82	规格颜色详内装修
	P3	板底喷涂	88J1	棚 4	高级大白浆
	P4	板底抹水泥砂浆	88J1	棚 10	外罩白色仿瓷涂料
	P5	铝塑板吊顶	88J1	棚 83	

(续表)

项目	编号	类别	做法		适用范围及附注
			引用图集代号	编号	
坡道	PD1	水泥防滑坡道	88J1	坡3	用于厨房北侧坡道
	PD2	花岗石板	88J1	坡7	用于1，2，3段主入口坡道
	PD3	地砖	88J1	参地38	用于厨房西北侧坡道
油漆	Y1	金属面油漆	88J1	油22	用于图中未注明的所有露明金属件　银灰色
	Y2	木材面油漆	88J1	油4	用于图中未注明的所有露明木件　栗木色
墙面	WQ1	仿石面砖	88JX1	外墙123 外墙125	规格颜色看样定
	WQ2	花岗石	88JX1	外墙136 外墙137	规格颜色看样定
屋面	W1	铺地缸砖保护层屋面(上人)	88J1	屋35	保温层60厚，聚氨酯防水涂膜胶一道(无焦油)上铺1.5厚增强氯化聚乙烯防水卷材用于1，3段屋面
	W2	水泥砖保护层屋面(不上人)	88J1	屋19	保温层60厚，聚氨酯防水涂膜胶一道(无焦油)上铺1.5厚增强氯化聚乙烯用于非坡屋顶及非上人屋面
	W3	金属屋面			用于2，4段坡顶屋面详图节点及防水由厂家负责颜色看样定
	W4	金属网架玻璃顶屋面	金属网架表面刷防火涂料详88JX1的防火涂1(涂料厚度达一级耐火标准)		用于1，3段玻璃采光顶详图节点由厂家负责
	W5	陶瓦屋面	1　筒瓦白灰麻刀捉节 2　板瓦压六露四 3　灰泥找坡坐瓦，最薄处≮50 4　聚氨酯防水涂料二道 5　20厚1∶3水泥砂浆找平 6　素水泥浆一道 7　钢筋混凝土现浇板		规格颜色看样定 用于6段坡屋顶
地下室防水	DDF	地下室地面防水	1. 室内地面做法另详 2. C10混凝土垫层 3. 300厚3∶7灰土回填夯实 4. 素土夯实 5. 钢筋混凝土底板 6. 40厚C20细石混凝土保护层 7. 花铺200g油毡一层 8. 增强氯化聚乙烯橡胶防水卷材1.5厚(条粘法或点粘法) 9. C10混凝土垫层表面提浆抹光(垫层厚度详结施) 10. 3∶7灰土(垫层厚度详结施) 11. 素土夯实		用于2，3，5段地下室
	DQF	地下室墙体防水	1. 内墙体面另详 2. 粉20厚无机铝盐防水砂浆 3. 钢筋混凝土墙体 4. 素水泥浆一道 5. 20厚1∶2.5水泥砂浆找平层 6. 增强氯化聚乙烯橡胶防水卷材1.5厚 7. 120厚砖保护墙 8. 20厚1∶2.5水泥砂浆保护层 9. 2∶8灰土回填分层夯实		用于2，3，5段地下室

注：适用范围未注明者详室内房间用料表.

□□□□设计研究院		工作名称：某培训中心		
项目负责人	副项目负责人	单项名称：中心区	设计号	□□□
审　定	校　对	建筑用料说明	图　别	建　施
审　核	设　计		图　号	02
工种负责人	制　图		日　期	

室内房间用料表

段位	层数	房间名称	楼地面		墙面		踢脚		墙裙		顶棚		备注
			材料	编号	材料	编号	材料	编号	材料	编号	材料	编号	
1段	一层	大堂总台吧台·	镜面花岗石	D2	镜面花岗石	NQ1	—	—	—	—	装饰吸声板	P1	
		小卖部·	镜面花岗石	NQ1	—	D2	镜面花岗石	NQ1	—	—	装饰吸声板	P1	
		接待大厅兼大会议室·	镜面花岗石	D2	多彩喷涂	NQ2	镜面花岗石	T5	木墙裙	QQ1	装饰吸声板	P1	
		办公经理·	地砖	D4	多彩喷涂	NQ2	地砖	T1	—	—	矿棉板	P2	
		商务·	地砖	D4	多彩喷涂	NQ2	地砖	T1	—	—	矿棉板	P2	
		卫生间·	镜面花岗石	D10	镜面花岗石	NQ1	—	—	—	—	铝塑板	P5	
		走道·	镜面花岗石	D2	镜面花岗石	NQ1	—	—	—	—	矿棉板	P2	
		楼梯·	镜面花岗石	L1	镜面花岗石	NQ1	—	—	—	—	—	—	
	二层	会议室·	地砖	L2	多彩喷涂	NQ2	地砖		木墙裙	QQ1	装饰吸声板	P1	
		环廊·	镜面花岗石	L1	镜面花岗石	NQ1	—	—	—	—	装饰吸声板	P1	
		服务	地砖	L2	多彩喷涂	NQ2	地砖	T1	—	—	矿棉板	P2	
		新风机房	水泥砂浆	L4	水泥砂浆	NQ5	水泥砂浆	T3	—	—	板底喷涂	P3	
2段	地下室	卫生间·	镜面花岗石	L13	镜面花岗石	NQ1	—	—	—	—	铝塑板	P5	
		过厅·	镜面花岗石	D2	镜面花岗石	NQ1	—	—	—	—	矿棉板	P2	
		配电	水泥砂浆	D6	水泥砂浆	NQ5	水泥砂浆	T3	—	—	板底喷涂	P3	
		空调机房	水泥砂浆	D6	水泥砂浆	NQ5	水泥砂浆	T3	—	—	板底喷涂	P3	
		库房	水泥砂浆	D6	水泥砂浆	NQ5	水泥砂浆	T3	—	—	板底喷涂	P3	
		走道	水泥砂浆	D6	水泥砂浆	NQ5	水泥砂浆	T3	—	—	板底喷涂	P3	
		下地下室楼梯	水泥砂浆	L4	水泥砂浆	NQ5	—	—	—	—	—	—	
	一层	门厅·	镜面花岗石	D2	镜面花岗石	NQ1	—	—	—	—	装饰吸声板	P1	
		休息厅(含上下踏步及坡道)·	镜面花岗石	D2L1	镜面花岗石	NQ1	—	—	—	—	装饰吸声板	P1	
		观众厅·	现制磨石	D8	FC穿孔吸声板	NQ4	—	—	木墙裙	QQ1	装饰吸声板	P1	
		主席台(含上下踏步)·	木地板	L11	FC穿孔吸声板	NQ4	—	—	—	—	装饰吸声板	P1	
		上放映间楼梯	现制磨石	L9	水泥砂浆	NQ5	水泥砂浆	T3	—	—	板底喷涂	P3	
	二层	音控	现制磨石	L9	FC穿孔吸声板	NQ4	现制磨石	T4	木墙裙	QQ1	装饰吸声板	P1	
		灯控	现制磨石	L9	FC穿孔吸声板	NQ4	现制磨石	T4	木墙裙	QQ1	装饰吸声板	P1	
		配电	水泥砂浆	L4	水泥砂浆	NQ5	水泥砂浆	T3	—	—	板底喷涂		
		放映间	现制磨石	L9	FC穿孔吸声板	NQ4	现制磨石	T4	木墙裙	QQ1	装饰吸声板	P1	
		扩音	现制磨石	L9	FC穿孔吸声板	NQ4	现制磨石	T4	木墙裙	QQ1	装饰吸声板	P1	
		走道	现制磨石	L9	水泥砂浆	NQ5	现制磨石	T4	水泥砂浆	QQ2	板底喷涂	P3	
3段	地下室	八道保龄球·	镜面花岗石	L1	镜面花岗石	NQ1	—	—	—	—	装饰吸声板	P1	球道及投掷区为木地板
			木地板	L6									
		吧台·	镜面花岗石	L1	镜面花岗石	NQ1	—	—	—	—	装饰吸声板	P1	
		休息厅·	镜面花岗石	L1	镜面花岗石	NQ1	—	—	—	—	矿棉板	P2	
		卫生间·	镜面花岗石	L13	镜面花岗石	NQ1	—	—	—	—	铝塑板	P5	
		楼梯·	镜面花岗石	L1	—	—	—	—	—	—			
		保龄球机房	水泥砂浆	L4	水泥砂浆	NQ5	水泥砂浆	T3	—	—	板底喷涂	P3	
		送排风机房	水泥砂浆	L4	水泥砂浆	NQ5	水泥砂浆	T3	—	—	板底喷涂	P3	
		库房	水泥砂浆	L4	水泥砂浆	NQ5	水泥砂浆	T3	—	—	板底喷涂	P3	
		人防口部	水泥砂浆	L4	水泥砂浆	NQ5	水泥砂浆	T3	—	—	板底喷涂	P3	
		扩散室	水泥砂浆	L4	水泥砂浆	NQ5	水泥砂浆	T3	—	—	板底喷涂	P3	
		送排风竖井	水泥砂浆	L4	水泥砂浆	NQ5	水泥砂浆	T3	—	—	—	—	
		紧急疏散口	水泥砂浆	L4	水泥砂浆	NQ5	水泥砂浆	T3	—	—	—	—	
		配电	水泥砂浆	L4	水泥砂浆	NQ5	水泥砂浆	T3	—	—	板底喷涂	P3	
		变配电	水泥砂浆	L4	水泥砂浆	NQ5	水泥砂浆	T3	—	—	板底喷涂	P3	
		走道	镜面花岗石	L1	多彩喷涂	NQ2	镜面花岗石	T5	—	—	矿棉板	P2	
		茶室	镜面花岗石	L1	多彩喷涂	NQ2	镜面花岗石	T5	—	—	矿棉板	P2	
		人防疏散梯	地砖	L2	水泥砂浆	NQ5	水泥砂浆	T3	—	—	板底喷涂	P3	

(续表)

段位	层数	房间名称	楼地面		墙面		踢脚		墙裙		顶棚		备注
			材料	编号	材料	编号	材料	编号	材料	编号	材料	编号	
3段	一层	美容美发·	地砖	D4	多彩喷涂	NQ2	地砖	T1	—	—	矿棉板	P2	
		理疗保健·	地砖	D4	多彩喷涂	NQ2	地砖	T1	—	—	矿棉板	P2	
		消防监控	活动地面	D7	多彩喷涂	NQ2	硬木踢脚	T2	—	—	矿棉板	P2	
		门厅·	镜面花岗石	D2	镜面花岗石	NQ1	—	—	—	—	矿棉板	P2	
		管理	地砖	D4	多彩喷涂	NQ2	地砖	T1	—	—	矿棉板	P2	
		接待	地砖	D4	多彩喷涂	NQ2	地砖	T1	—	—	矿棉板	P2	
		会务办公	地砖	D4 L2	多彩喷涂	NQ2	地砖	T1	—	—	矿棉板	P2	
		会议室·	地砖	L2	多彩喷涂	NQ2	地砖	T1	—	—	矿棉板	P2	
		商店·	镜面花岗石	L1	镜面花岗石	NQ1	—	—	—	—	矿棉板	P2	
		大餐厅·	地砖	L2	多彩喷涂	NQ2	地砖	T1	—	—	装饰吸声板	P1	
		配电	水泥砂浆	L4	水泥砂浆	NQ5	水泥砂浆	T5	—	—	板底喷涂	P3	
		卫生间·	镜面花岗石	L13	镜面花岗石	NQ1	—	—	—	—	铝塑板	P5	
		楼梯间·	镜面花岗石	L1	镜面花岗石	NQ1	—	—	—	—	矿棉板	P2	
		走廊·	镜面花岗石	L1 D2	镜面花岗石	NQ1	—	—	—	—	矿棉板	P2	
	二层	娱乐管理·	地砖	L2	多彩喷涂	NQ2	地砖	T1	—	—	矿棉板	P2	
		会议室·	地砖	L2	多彩喷涂	NQ2	地砖	T1	—	—	装饰吸声板	P1	
		棋牌室·	地砖	L2	多彩喷涂	NQ2	地砖	T1	—	—	装饰吸声板	P1	
		乒乓球室·	地砖	L2	多彩喷涂	NQ2	地砖	T1	—	—	装饰吸声板	P1	
		台球室·	地砖	L2	多彩喷涂	NQ2	地砖	T1	—	—	装饰吸声板	P1	
		电子游艺室·	地砖	L2	多彩喷涂	NQ2	地砖	T1	—	—	装饰吸声板	P1	
		健身房·	木地板	L6	多彩喷涂	NQ2	硬木踢脚	T2	—	—	装饰吸声板	P1	
		配电	水泥砂浆	L4	水泥砂浆	NQ5	水泥砂浆	T3	—	—	板底喷涂	P3	
		卫生间·	镜面花岗石	L13	镜面花岗石	NQ1	—	—	—	—	铝塑板	P5	
		楼梯间·	镜面花岗石	L1	镜面花岗石	NQ1	—	—	—	—	矿棉板	P2	
		走廊·	镜面花岗石	L1	镜面花岗石	NQ1	—	—	—	—	矿棉板	P2	
	三层	灯控·	地砖	L2	多彩喷涂	NQ2	地砖	T1	—	—	矿棉板	P2	
		声控·	地砖	L2	多彩喷涂	NQ2	地砖	T1	—	—	装饰吸声板	P1	
		多功能厅·	镜面花岗石	L1	硬木板墙	NQ6	—	—	—	—	装饰吸声板	P1	
		电教室·	地砖	L2	多彩喷涂	NQ2	地砖	T1	—	—	装饰吸声板	P1	
		阅览	地砖	L2	多彩喷涂	NQ2	地砖	T1	—	—	装饰吸声板	P1	
		总机设备间·	活动地面	L7	多彩喷涂	NQ2	硬木踢脚	T2	—	—	矿棉板	P2	
		总机房·	活动地面	L7	多彩喷涂	NQ2	硬木踢脚	T2	—	—	矿棉板	P2	
		配电	水泥砂浆	L4	水泥砂浆	NQ5	水泥砂浆	T3	—	—	板底喷涂	P3	
		卫生间·	镜面花岗石	L13	镜面花岗石	NQ1	—	—	—	—	铝塑板	P5	
		楼梯间·	镜面花岗石	L1	镜面花岗石	NQ1	—	—	—	—	矿棉板	P2	
		走廊·	镜面花岗石	L1	镜面花岗石	NQ1	—	—	—	—	矿棉板	P2	
		办公及门前走道·	地砖	L2	多彩喷涂	NQ2	地砖	T1	—	—	矿棉板	P2	
		休息厅·	镜面花岗石	L1	镜面花岗石	NQ1	—	—	—	—	矿棉板	P2	
		后台·	地砖	L2	多彩喷涂	NQ2	地砖	T1	—	—	装饰吸声板	P1	
		送排风机房	水泥砂浆	L4	水泥砂浆	NQ5	水泥砂浆	T3	—	—	板底喷涂	P3	
	四层	塔楼楼梯间·	地砖	L2	多彩喷涂	NQ2	地砖	T1	—	—	矿棉板	P2	
	五层	塔楼楼梯间	地砖	L2	多彩喷涂	NQ2	地砖	T1	—	—	—	—	玻璃顶详建施图
4段	一层	室内游泳池·	防滑地砖	详建施	FC窗孔吸声孔	NQ4	—	—	瓷砖墙裙	QQ4	板底抹水泥砂浆	P4	内墙及顶缝吸声处理详内装
		池区工作间	现制磨石	D8	水泥砂浆	NQ5	水泥砂浆	T3	—	—	板底喷涂	P3	
		休息 更衣 淋浴 按摩 桑拿	防滑地砖	D5	高级釉面砖	NQ3	—	—	—	—	铝塑板	P5	
		前室	防滑地砖	D5	高级釉面砖	NQ3	—	—	—	—	矿棉板	P5	
		新风机房	水泥砂浆	D6	水泥砂浆	NQ5	水泥砂浆	T3	—	—	板底喷涂	P3	

（续表）

段位	层数	房间名称	楼地面		墙面		踢脚		墙裙		顶棚		备注
			材料	编号	材料	编号	材料	编号	材料	编号	材料	编号	
4段	一层	管理台·	地砖	D4	镜面花岗石	NQ1	—	—	—	—	矿棉板	P2	
		卫生间·	地砖	D1	高级釉面砖	NQ3	—	—	—	—	铝塑板	P5	
		和看台及3段相连的走道·	镜面花岗石	D2	镜面花岗石	NQ1	—	—	—	—	铝塑板	P5	
		看台及楼梯	地砖	L2 L4	多彩喷涂	NQ2	地砖	T1	—	—	板底抹水泥砂浆	P4	外罩仿瓷涂料
5段	地下室	排风机房	水泥砂浆	L4	水泥砂浆	NQ5	水泥砂浆	T3	水泥砂浆	QQ2	板底喷涂	P3	
		进风机房	水泥砂浆	L4	水泥砂浆	NQ5	水泥砂浆	T3	水泥砂浆	QQ2	板底喷涂	P3	
		库房	水泥砂浆	L4	水泥砂浆	NQ5	水泥砂浆	T3	水泥砂浆	QQ2	板底喷涂	P3	
		值班	地砖	L2	水泥砂浆	NQ5	地砖	T1	水泥砂浆	QQ2	板底喷涂	P3	
		配电	水泥砂浆	L4	水泥砂浆	NQ5	水泥砂浆	T3	水泥砂浆	QQ2	板底喷涂	P3	
		走道	水泥砂浆	L4	水泥砂浆	NQ5	水泥砂浆	T3	水泥砂浆	QQ2	板底喷涂	P3	
		楼梯间及楼梯	水泥砂浆	L4	水泥砂浆	NQ5	水泥砂浆	T3	水泥砂浆	QQ2	板底喷涂	P3	
		工具间	水泥砂浆	L4	水泥砂浆	NQ5	水泥砂浆	T3	水泥砂浆	QQ2	板底喷涂	P3	
		变配电	水泥砂浆	L4	水泥砂浆	NQ5	水泥砂浆	T3	水泥砂浆	QQ2	板底喷涂	P3	
		消防水池	地面及墙体作法详建筑防水节点详图								板底抹水泥砂浆	P4	
		水泵房	水泥砂浆	L4	水泥砂浆	NQ5	水泥砂浆	T3	水泥砂浆	QQ2	板底抹水泥砂浆	P4	
		循环水泵房及加药间	水泥砂浆	L4	水泥砂浆	NQ5	水泥砂浆	T3	水泥砂浆	QQ2	板底抹水泥砂浆	P4	
		水处理间	水泥砂浆	L4	水泥砂浆	NQ5	水泥砂浆	T3	水泥砂浆	QQ2	板底抹水泥砂浆	P4	
		消毒间 药品库	耐酸地砖	L12	水泥砂浆	NQ5	—	—	耐酸瓷板	QQ3	板底喷涂	P3	
		化验室	耐酸地砖	L12	水泥砂浆	NQ5	—	—	耐酸瓷板	QQ3	板底喷涂	P3	
	一层	中餐厅·	镜面花岗石	L1	硬木板墙	NQ6	镜面花岗石	T5	—	—	矿棉板	P2	
		小餐厅·	镜面花岗石	L1	硬木板墙	NQ6	镜面花岗石	T5	—	—	矿棉板	P2	
		厨房·	防滑地砖	L3	高级釉面砖	NQ3	—	—	—	—	板底抹水泥砂浆	P4	
		备餐·	防滑地砖	L3	高级釉面砖	NQ3	—	—	—	—	矿棉板	P2	
		主食库 副食库	现制磨石	L9	水泥砂浆	NQ5	现制磨石	T4	—	—	板底喷涂	P3	
		办公	地砖	L2	多彩喷涂	NQ2	地砖	T1—	—	—	矿棉板	P2	
		更衣	地砖	L10	高级釉面砖	NQ3	—	—	—	—	矿棉板	P2	
		新风机房	水泥砂浆	L4	水泥砂浆	NQ5	水泥砂浆	T3	—	—	板底喷涂	P3	
		配电	水泥砂浆	L4	水泥砂浆	NQ5	水泥砂浆	T3	—	—	板底喷涂	P3	
		走道及休息廊·	镜面花岗石	L1	镜面花岗石	NQ1	—	—	—	—	矿棉板	P2	
		公共楼梯间及楼梯·	镜面花岗石	L1	镜面花岗石	NQ1	—	—	—	—	矿棉板	P2	
		卫生间·	镜面花岗石	L13	镜面花岗石	NQ1	—	—	—	—	铝塑板	P5	
		厨房楼梯间及楼梯	现制磨石	L9	水泥砂浆	NQ5	水泥砂浆	T3	—	—	板底喷涂	P3	
	二层	宴会厅·	镜面花岗石	L1	硬木板墙	NQ6	镜面花岗石	T5	—	—	矿棉板	P2	
		小餐厅·	镜面花岗石	L1	硬木板墙	NQ6	镜面花岗石	T5	—	—	矿棉板	P2	
		厨房·	防滑地砖	L3	高级釉面砖	NQ3	—	—	—	—	板底抹水泥砂浆	P4	
		备餐·	防滑地砖	L3	高级釉面砖	NQ3	—	—	—	—	矿棉板	P2	
		卫生间·	镜面花岗石	L13	镜面花岗石	NQ1	—	—	—	—	铝塑板	P5	
		游泳馆送风机房	水泥砂浆	L4	水泥砂浆	NQ5	水泥砂浆	T3	—	—	板底喷涂	P3	
		新风机房	水泥砂浆	L4	水泥砂浆	NQ5	水泥砂浆	T3	—	—	板底喷涂	P3	
		配电	水泥砂浆	L4	水泥砂浆	NQ5	水泥砂浆	T3	—	—	板底喷涂	P3	
		公共楼梯间及楼梯·	镜面花岗石	L1	镜面花岗石	NQ1	—	—	—	—	矿棉板	P2	
		走廊及休息厅·	镜面花岗石	L1	镜面花岗石	NQ1	—	—	—	—	矿棉板	P2	
		厨房楼梯间及楼梯	现制磨石	L9	水泥砂浆	NQ5	水泥砂浆	T3	—	—	板底喷涂	P3	

注：1. 本表上有·者为二次装修，表中做法仅供参考
2. 地下室地面作法表中为参见楼面作法仅表示其面层作法，其垫层作法详地下室防水节点详图
3. 游泳池防水作法详其节点详图
4. 所有内墙饰面有吊顶者做至吊顶以上100mm，无吊顶者做至板顶

□□□□设计研究院		工作名称：某培训中心		
项目负责人	副项目负责人	单项名称：中心区	设计号	□□□
审　定	校　对	建筑用料说明	图　别	建　施
审　核	设　计		图　号	03
工种负责人	制　图		日　期	

门 窗 表

段位	类别	编号	使用图集			砖口尺寸		数量8						备注
			图集代号	页次	编号	宽	高	总数	地下层	一层	二层	三层		
1段	木门	1MM-1	88JX3	58	参见 MX1	1000	2200	9		8	1			门扇对分
		1MM-2	88J4(一)	91	参见 MX17	1500	2200	6			6			门扇对分
	铝合金门	1LM-1				6500	3450	1		1				详门窗详图
		1LM-2			1900+7900+1900		3450	1		1				〃
		1LM-3				3000	2400			1				〃
		1LM-4				1500	2400	3		1	2			〃
		1LM-5				5500	2550	1		1				
	铝合金窗	1LC-1				6500	3300	4		4				详门窗详图
		1LC-2				2100	2100	1		1				〃
		1LC-3				5100	3300	4		4				〃
		1LC-4				4600	3300	1		1				〃
		1LC-5				5500	2400	3		3				〃
		1LC-6						1			1			尺寸详建施
		1LC-7						1			1			尺寸详建施
	铝合金玻璃幕墙	1LMQ-1				35300	10548	1	——	1	——			详门窗详图
	木质防火门	1MFM-1				1000	2200	1			1			乙级防火门
	钢质复合防火玻璃门	1GFM-1				2400	2800	1		1				甲级防火门
		1GFM-2				1500	2200	2			2			甲级防火门
		1GFM-3				2760	2800	1		1				甲级防火门
2段	铝合金玻璃幕墙	2MQ-1				41762	6000	1		1				详门窗详图
	木质防火门	2MFM-1				1000	2200	4	2		2			甲级防火门
		2MFM-2				1500	2200	4	4					甲级防火门
		2MFM-3				1200	2200	2	2					甲级防火门
	防火隔声门	2FGM-1	88J4(一)	85	参 FGM2118	1800	2200	4		4				乙级防火门
		2FGM-2	88J4(一)	85	参 FGM2115	1500	2200	3		3				乙级防火门
	铝合金门	2LM-1				1500	2700	2		2				详门窗详图
	铝合金窗	2LC-1				1560	1560	17		17				详门窗详图
		2LC-2				500	1200	6		6				详门窗详图
	木防火窗	2FC-1				1000	600	4			4			甲级防火窗
	木门	2MM-1	88JX3	59	参 MX41	1000	2200	11	4	4	3			门扇对分
		2MM-2	88J4(一)	91	参 MX17	1500	2200	6	6					门扇对分
3段	木质防火门	3MFM-1				1000	2200	15	4	5	2	3		乙级防火门
		3MFM-2				1500	2200	4	4					甲级防火门
	钢质复合防火玻璃门	3GFM-1				2760	3000	1		1				甲级防火门
	人防门	3RFM-1	JSJT-72	30 正	FM1020-1.5	1000	2000	2	2					防护门
		3RFM-2	JSJT-72	63 正	M1020	1000	2000	3	3					防护密闭门
		3RFM-3	JSJT-72	76	MH3600-1	500	800	2	2					悬板活门

(续表)

段位	类别	编号	使用图集			砖口尺寸		数量8						备注
			图集代号	页次	编号	宽	高	总数	地下层	一层	二层	三层		
3段	铝合金窗	3LC-1				5000	3300	15		15				详门窗详图
		3LC-2				5233	3300	4		4				〃
		3LC-3				4850	3300	1		1				〃
		3LC-4				5000	2200	2		2				〃
		3LC-5				5000	3300	1		1				〃
		3LC-6				1500	1800	16		16				〃
		3LC-7				4870	3300	2		2				〃
		3LC-8				5150	3300	2		2				〃
		3LC-9				2100	1800	1				1		〃
		3LC-10				5000	2200	31			15	16		〃
		3LC-11				4870	2200	4			2	2		〃
		3LC-12				1200	1200	2			1	1		〃
		3LC-13				4850	2200	3			1	2		〃
		3LC-14				5150	2200	6			3	3		〃
		3LC-15				1500	1000	2				2		〃
		3LC-16				3000	1200	1				1		〃
		3LC-17				4870	3300	1		1				
		3LC-18				5150	750	1			1			
	铝合金玻璃幕墙	3LMQ-1						1			———	1	———	详门窗详图
		3LMQ-2						1			——	1	———	〃
	防火卷帘	3FJL-1				5650	3000	1		1				甲级防火卷帘
		3FJL-2				6080	3000	1		1				甲级防火卷帘
		3FJL-3				3000	1800	1	1					甲级防火卷帘
	木门													
		3MM-1	88J4(一)	91	参见 MX17	1500	2200	17	1	4	10	2		门扇对分
		3MM-2	88JX3	58	参见 MX1	1000	2200	26	6	7	4	9		门扇对分
		3MM-3	88JX3	58	参见 MX1	900	2200	2				2		门扇对分
	铝合金门	3LM-1				1500	2200	6		1	1	2	各1	详门窗详图
		3LM-2				2220	3000	3		1	1	1		〃
		3LM-3				2370	3000	2		1	1			〃
		3LM-4				5500	3000	2		2				〃
		3LM-5				5500	3000	1		1				〃
		3LM-5A				5500	3000	1		1				〃
		3LM-6				5500	3300	1		1				〃
		3LM-7				5000	33450	3		3				〃
		3LM-8				5000	3100	1			1			〃
		3LM-9				4850	3100	1			1			〃

（续表）

段位	类别	编号	使用图集			砖口尺寸		数量 8						备注
			图集代号	页次	编号	宽	高	总数	地下层	一层	二层	三层		
4段	木门	4MM-1	88J4(一)	91	参见 MX17	900	2200	4			4			门扇对分
		4MM-2				1000	2200	2			2			采用防水木板厂家定
		4MM-3	陕 J-61	9	参见 M12-0821	800	2200	1			1			取消玻璃
		4MM-4	88JX3	58	参见 MX1	1000	2200	8			8			门扇对分
		4MM-5				1500	2200	1			1			保温门
	铝合金窗	4LC-1				4800	1500	16			16			
		4LC-2A				1100	3200	3			3			
		4LC-2B				1150	3200	14			14			
		4LC-3				5000	3300	1			1			
		4LC-4				5000	1200	1			1			
		4LC-5				5000	1800	1			1			
		4LC-6				5000	3300	1			1			
	铝合金门	4LM-1				1500	2200	1			1			
	铝合金玻璃幕墙	4LMQ-1						1			1			详门窗详图
		4LMQ-2						1			1			
	木质防火门	4MFM-1				900	2200	1			1			乙级防火门
		4MFM-2				1000	2200	1			1			乙级防火门
	木门	5MM-1	88J4(一)	91	参见 MX17	1500	2200	20		3	12	5		门扇对分
		5MM-2	88JX3	58	参见 MX1	1000	2200	26		6	13	7		门扇对分
5段	铝合金门	5LM-1				7400	3450	3			1	2		详门窗详图
		5LM-2				5400	3450	2			2			〃
		5LM-3				1800	2200	10			6	4		〃
		5LM-4				4400	3450	1			1			〃
	钢质复合防火玻璃门	5GFM-1				2120	3000	1				1		甲级防火门
	木质防火门	5MFM-1				1500	2200	5		2	2	1		甲级防火门
		5MFM-2				1000	2200	18		7	7	4		乙级防火门
		5MFM-3				1800	2200	12		11	1			甲级防火门
		5MFM-4				1500	2200	1				1		乙级防火门
	铝合金窗	5LC-1				3300	3300	5			5			详门窗详图
		5LC-2				5400	3300	6			2	4		〃
		5LC-3				7400	3300	3			2	1		〃
		5LC-4				1300	800	1			1			〃
		5LC-5				1800	2100	16			7	9		〃
		5LC-6				1800	1000	10			5	5		〃
		5LC-7				4900	3300	1				1		〃
		5LC-8				4400	2700	1				1		〃
		5LC-9				1300	500	1				1		〃
		5LC-10				3300	2700	5				5		〃

□□□□设计研究院		工作名称：某培训中心		
项目负责人	副项目负责人	单项名称：中心区	设计号	□□□
审　定	校　对	建筑用料说明	图　别	建　施
审　核	设　计		图　号	04
工种负责人	制　图		日　期	

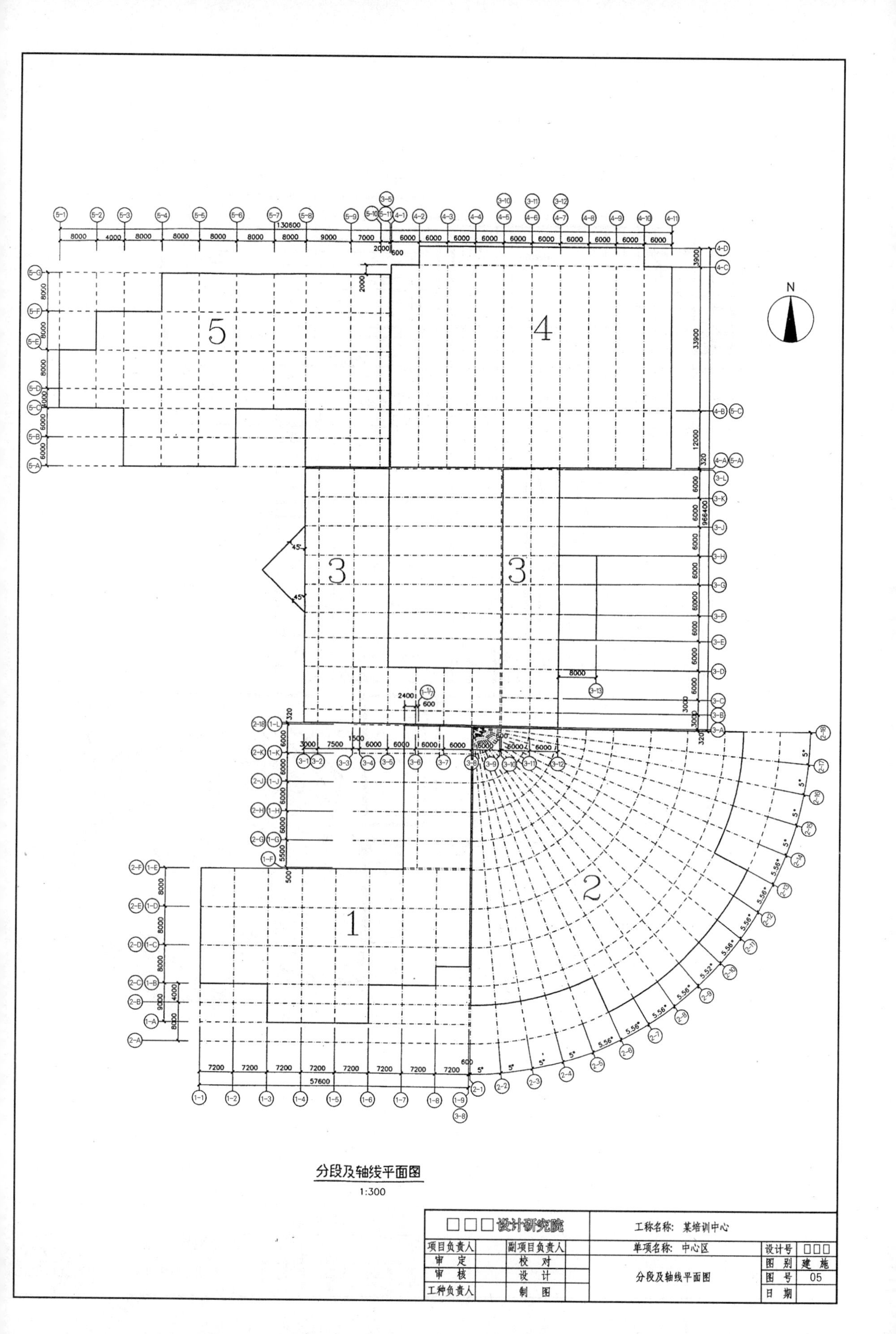

5
4
3
3
2
1
N
130600
57600
分段及轴线平面图
1:300
□□□设计研究院
工程名称：某培训中心
项目负责人
副项目负责人
单项名称：中心区
设计号
□□□
审　定
校　对
图　别
建　施
审　核
设　计
分段及轴线平面图
图　号
05
工种负责人
制　图
日　期

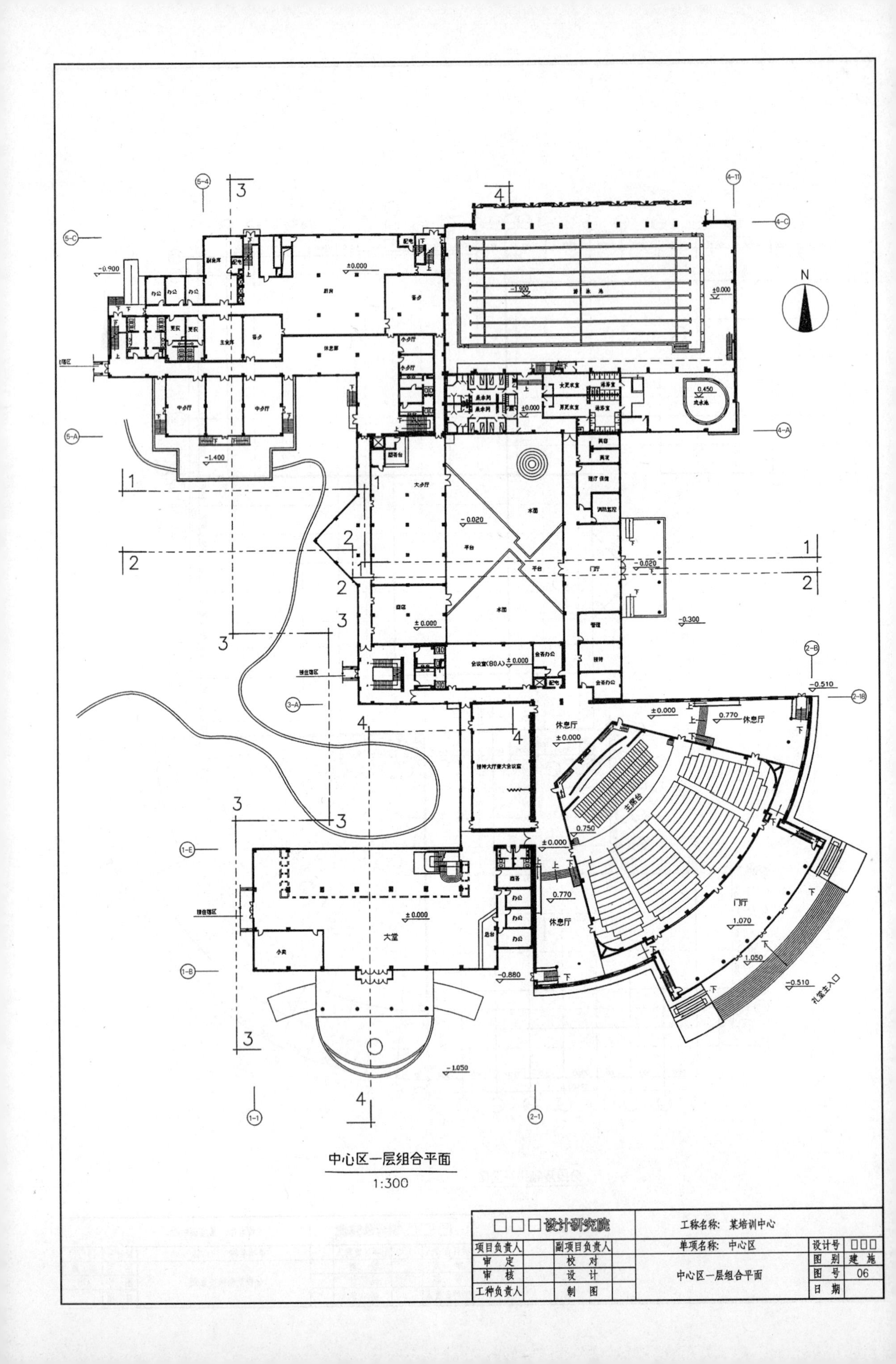

中心区一层组合平面

1:300

□□□设计研究院		工称名称：某培训中心		
项目负责人	副项目负责人	单项名称：中心区	设计号	□□□
审　定	校　对	中心区一层组合平面	图　别	建　施
审　核	设　计		图　号	06
工种负责人	制　图		日　期	

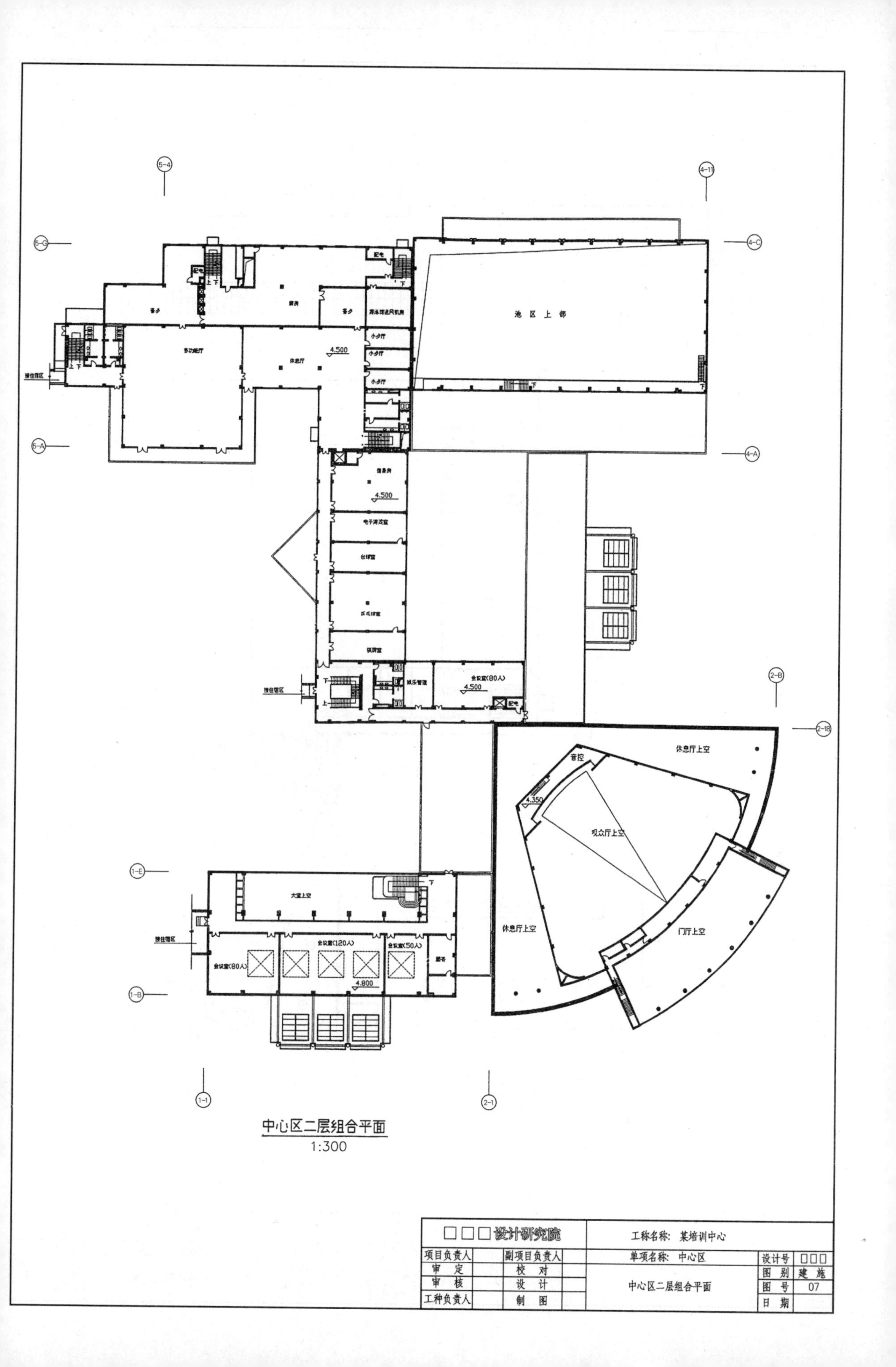

池区上部
休息厅
4.500
小餐厅
健身房
电子游戏室
台球室
棋牌室
娱乐管理
会议室(80人)
4.500
休息厅上空
观众厅上空
音控
4.350
门厅上空
休息厅上空
大堂上空
会议室(80人)
会议室(120人)
会议室(50人)
4.800
中心区二层组合平面
1:300
□□□设计研究院
工称名称：某培训中心
项目负责人
副项目负责人
审 定
校 对
审 核
设 计
工种负责人
制 图
单项名称：中心区
中心区二层组合平面
设计号 □□□
图 别 建 施
图 号 07
日 期

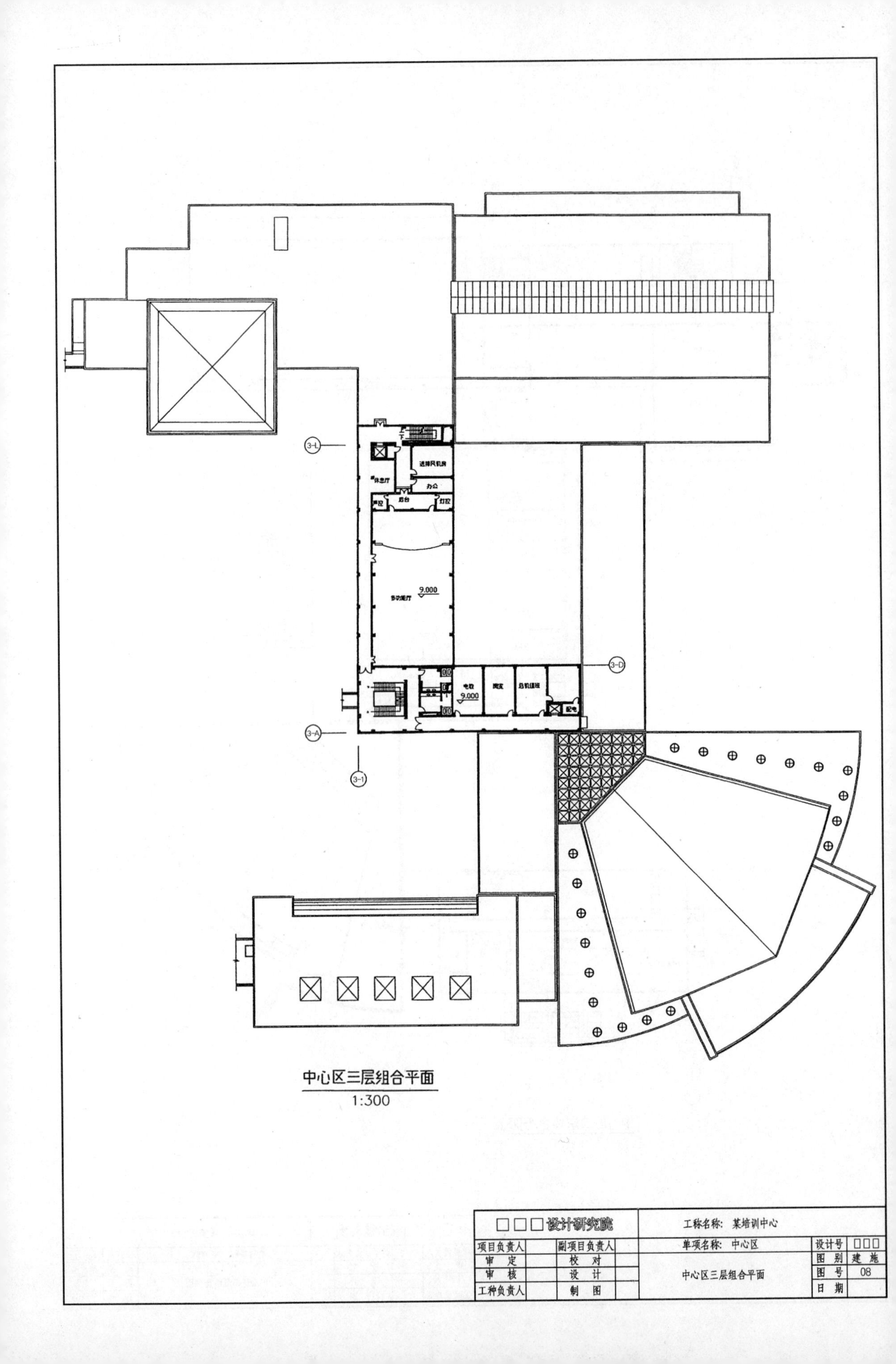

3-L
送排风机房
休息厅
办公
声控
后台
灯控
多功能厅
9.000
电教
9.000
阅览
总机值班
配电
3-D
3-A
3-1
中心区三层组合平面
1:300
□□□设计研究院
工称名称：某培训中心
项目负责人
副项目负责人
单项名称：中心区
设计号
□□□
审　定
校　对
图　别
建　施
审　核
设　计
中心区三层组合平面
图　号
08
工种负责人
制　图
日　期

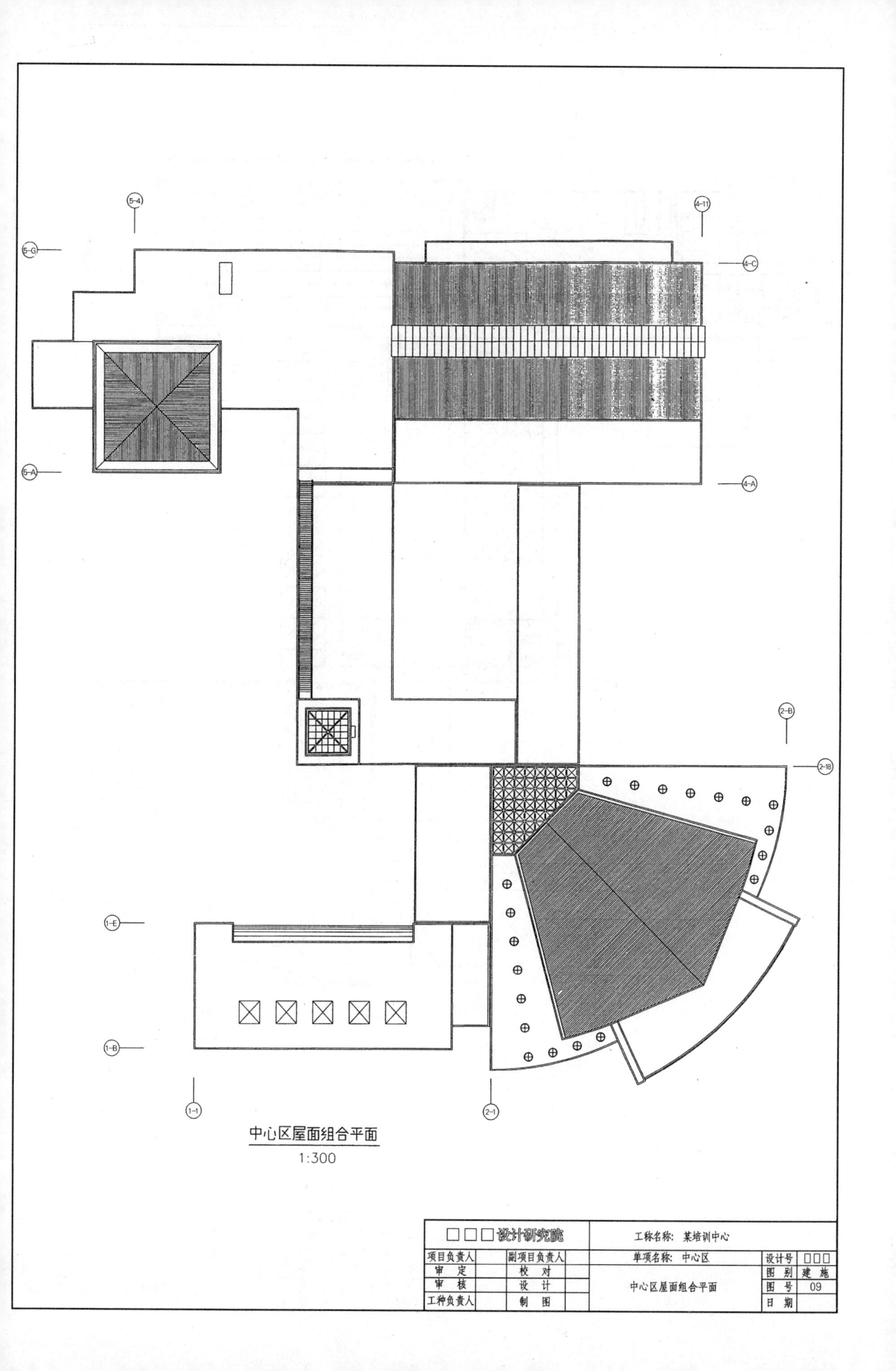

5-4
4-11
5-G
4-C
5-A
4-A
2-B
2-18
1-E
1-B
1-1
2-1
中心区屋面组合平面
1:300
□□□设计研究院
工称名称：某培训中心
项目负责人
副项目负责人
单项名称：中心区
设计号
□□□
审 定
校 对
图 别
建 施
审 核
设 计
中心区屋面组合平面
图 号
09
工种负责人
制 图
日 期

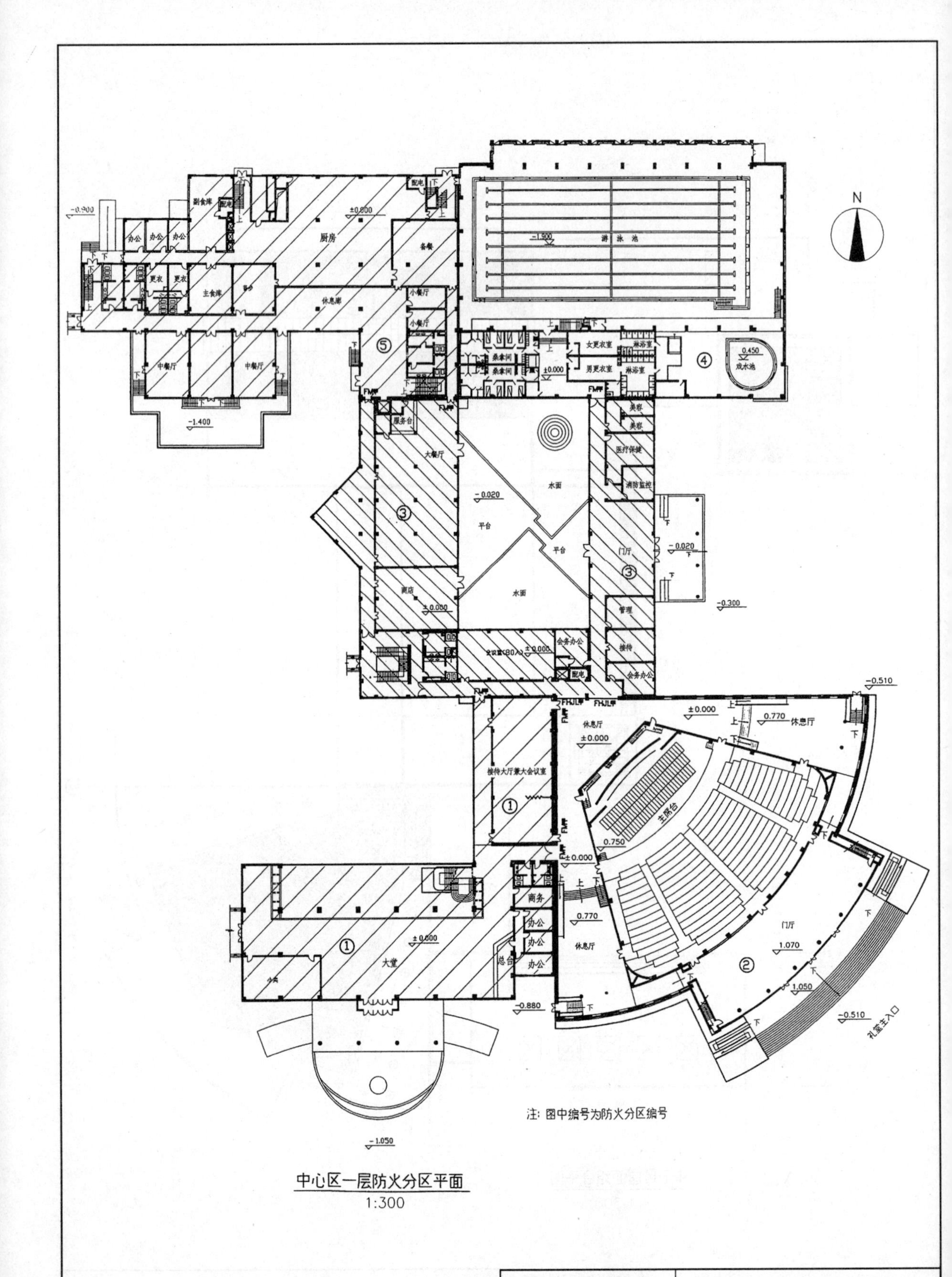

注: 图中编号为防火分区编号

中心区一层防火分区平面

1:300

□□□设计研究院				工称名称: 某培训中心		
项目负责人		副项目负责人		单项名称: 中心区	设计号	□□□
审　定		校　对			图　别	建　施
审　核		设　计		中心区一层防火分区平面	图　号	010
工种负责人		制　图			日　期	

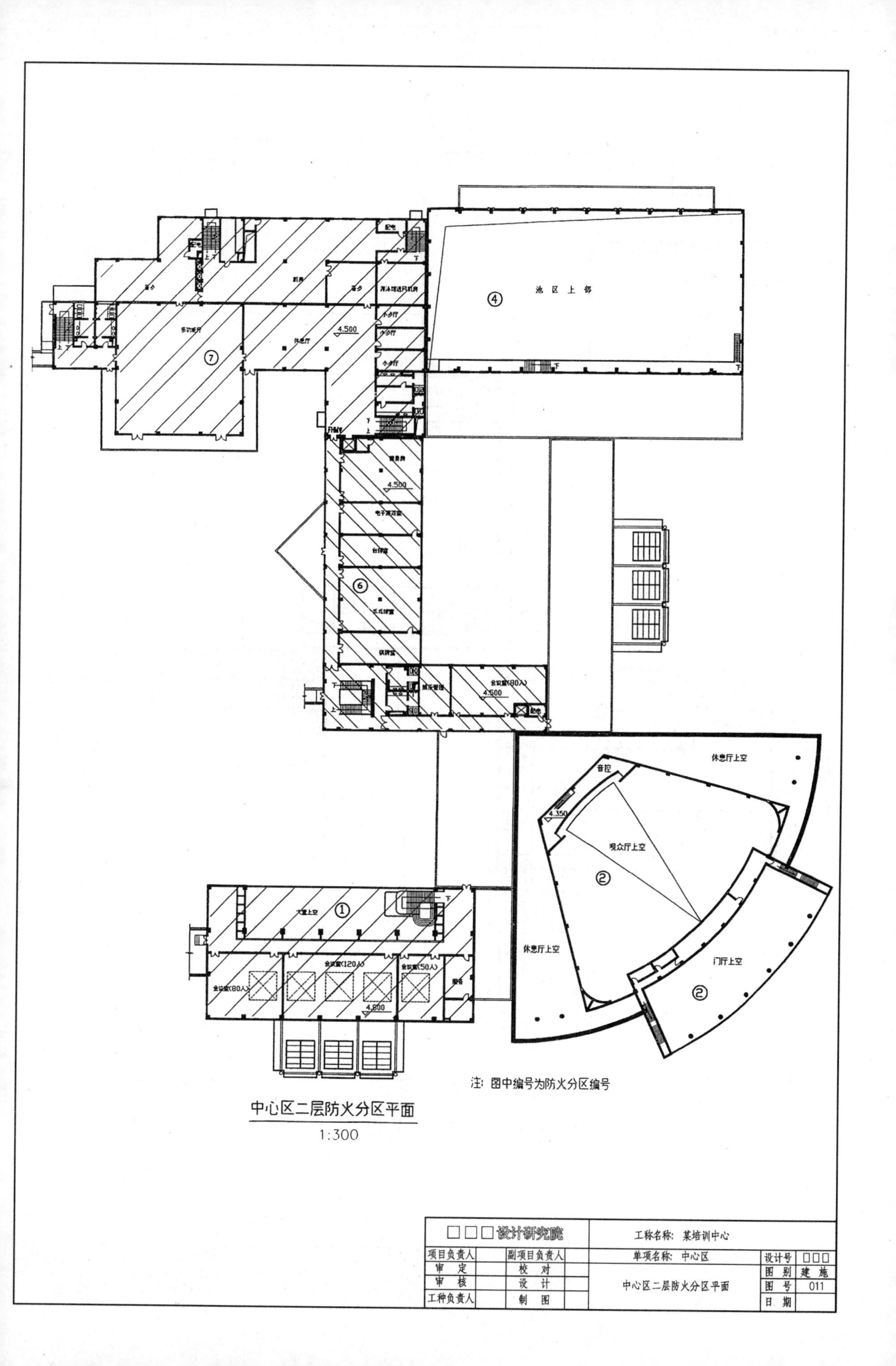
池 区 上 部
多功能厅
休息厅
4.500
4.350
音控
休息厅上空
观众厅上空
门厅上空
大堂上空
会议室(120人)
会议室(80人)
会议室(50人)
4.800
注：图中编号为防火分区编号
中心区二层防火分区平面
1:300
□□□设计研究院
工称名称：某培训中心
项目负责人
副项目负责人
单项名称：中心区
审 定
校 对
审 核
设 计
工种负责人
制 图
中心区二层防火分区平面
设计号 □□□
图 别 建 施
图 号 011
日 期

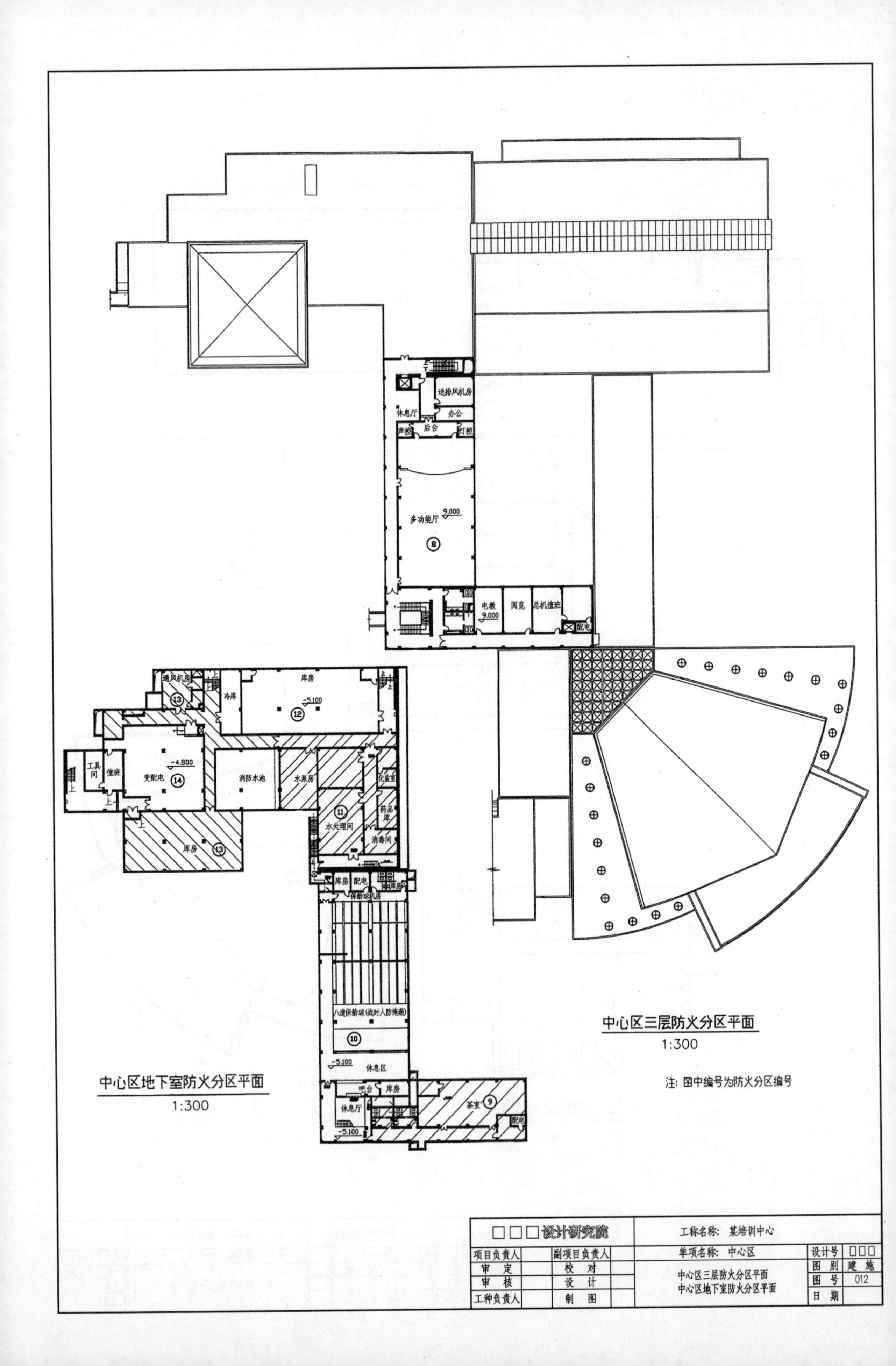
送排风机房
休息厅
办公
声控
后台
灯控
多功能厅
9.000
8
电教
阅览
总机值班
配电
通风机房
13
冷库
库房
-5.100
12
工具间
值班
变配电
-4.800
14
消防水池
水泵房
化验室
11
药品库
水处理间
消毒间
库房
13
库房
配电
保龄球机房
八道保龄球(战时人防掩蔽)
10
-5.100
休息区
吧台
库房
休息厅
茶室
9
配电
-5.100
中心区地下室防火分区平面
1:300
中心区三层防火分区平面
1:300
注: 图中编号为防火分区编号
□□□设计研究院
工程名称: 某培训中心
项目负责人
副项目负责人
单项名称: 中心区
设计号
□□□
审定
校对
图别
建施
审核
设计
中心区三层防火分区平面
中心区地下室防火分区平面
图号
012
工种负责人
制图
日期

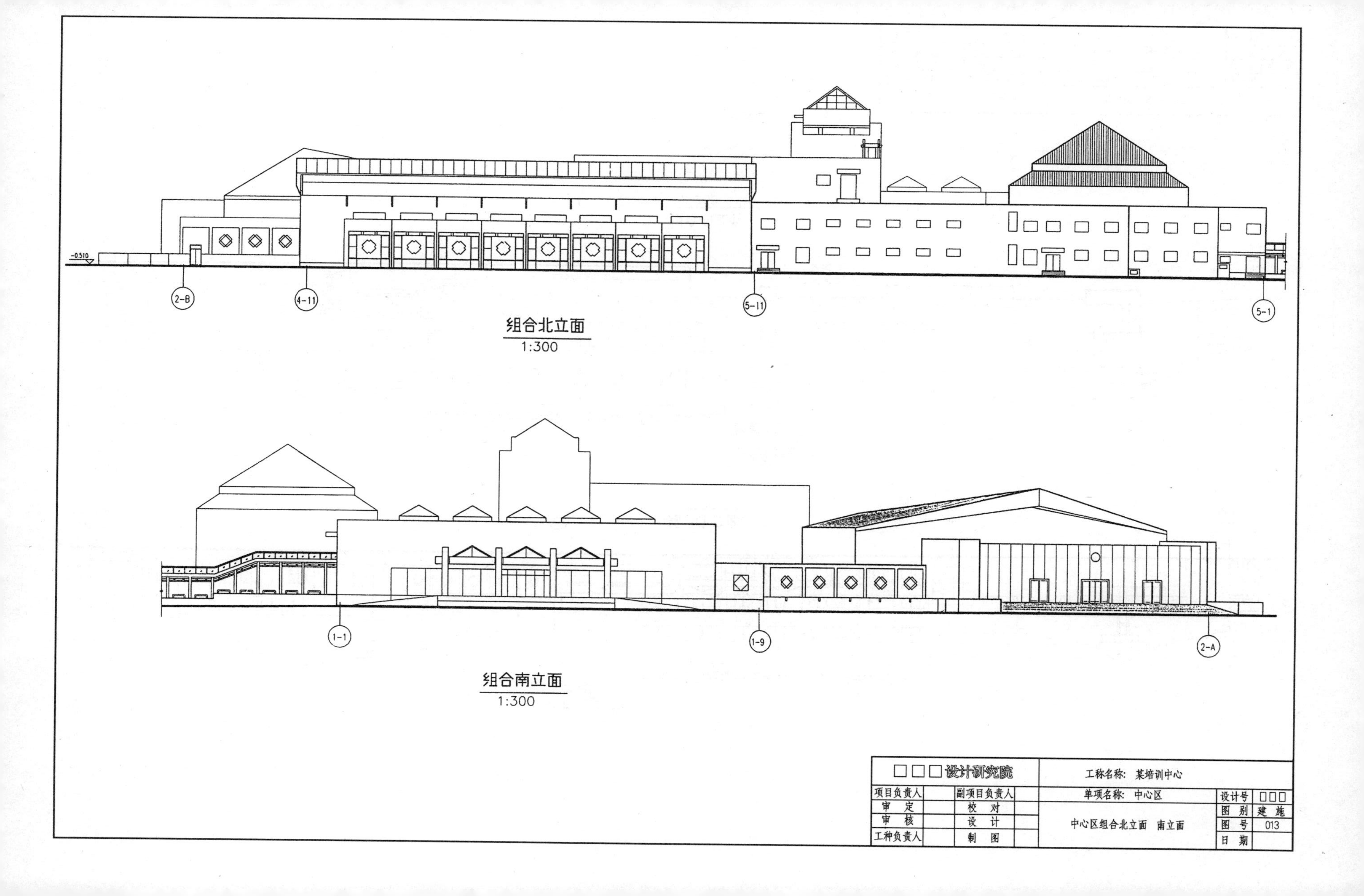
-0.510
2-B
4-11
5-11
5-1
组合北立面
1:300
1-1
1-9
2-A
组合南立面
1:300
□□□设计研究院
工称名称：某培训中心
项目负责人
副项目负责人
审　定
校　对
审　核
设　计
工种负责人
制　图
单项名称：中心区
中心区组合北立面　南立面
设计号 □□□
图别 建施
图号 013
日期

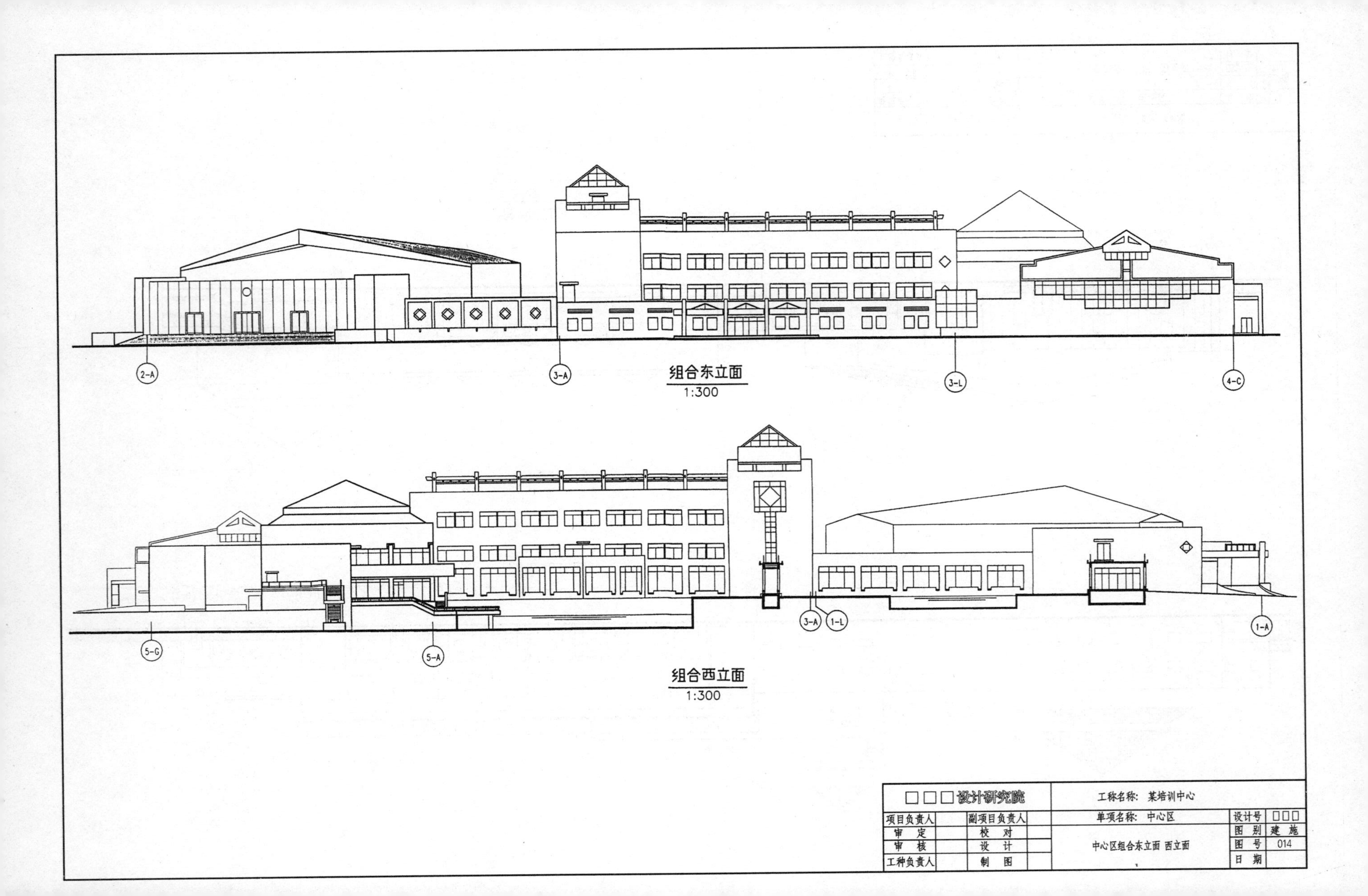
2-A
3-A
3-L
4-C
组合东立面
1:300
5-G
5-A
3-A
1-L
1-A
组合西立面
1:300
□□□设计研究院
工称名称：某培训中心
项目负责人
副项目负责人
审 定
校 对
审 核
设 计
工种负责人
制 图
单项名称：中心区
中心区组合东立面 西立面
设计号 □□□
图 别 建 施
图 号 014
日 期

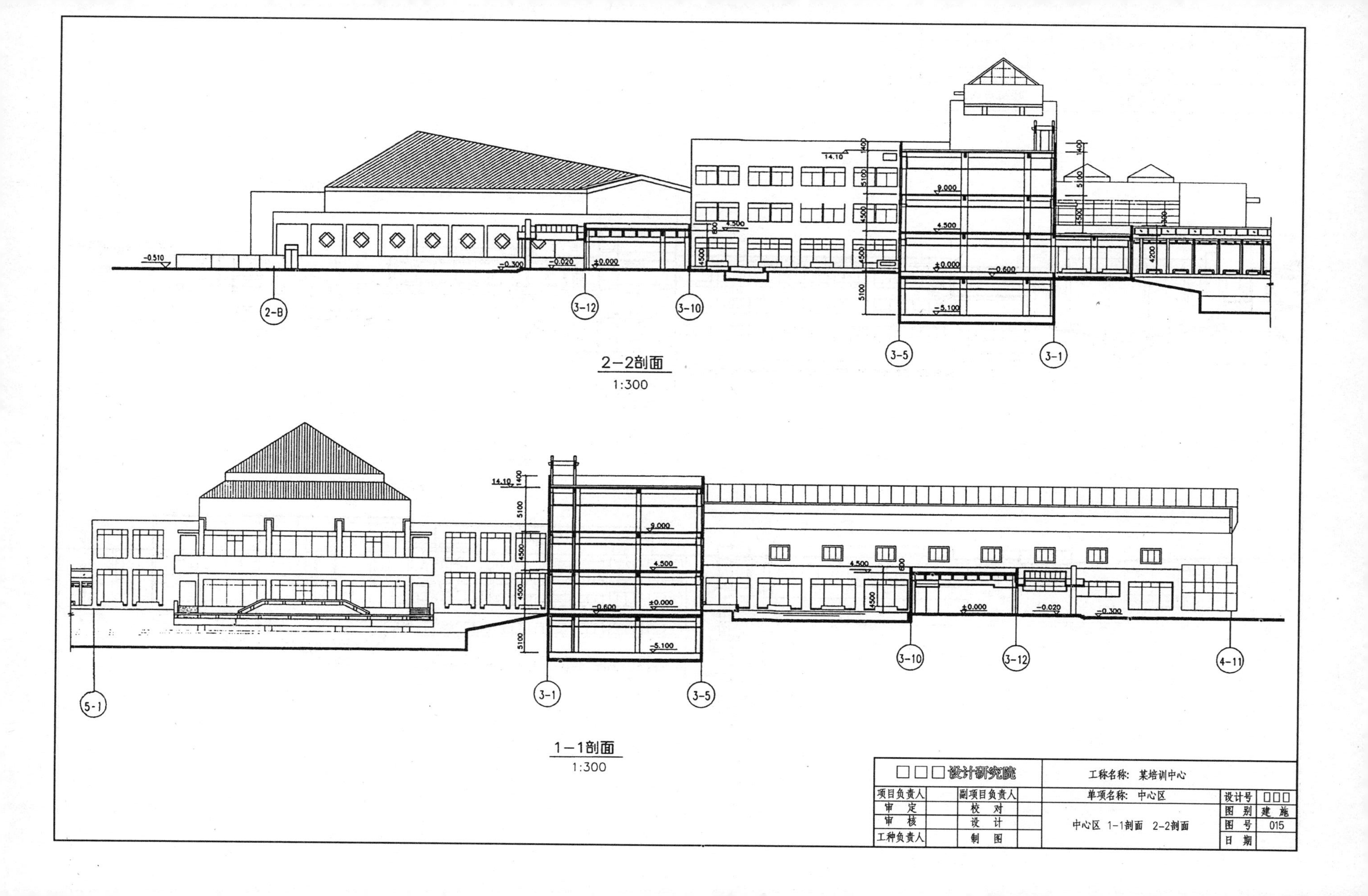

2—2剖面
1:300
1—1剖面
1:300
□□□设计研究院
工称名称：某培训中心
单项名称：中心区
中心区 1-1剖面 2-2剖面
项目负责人
副项目负责人
审 定
校 对
审 核
设 计
工种负责人
制 图
设计号 □□□
图 别 建 施
图 号 015
日 期

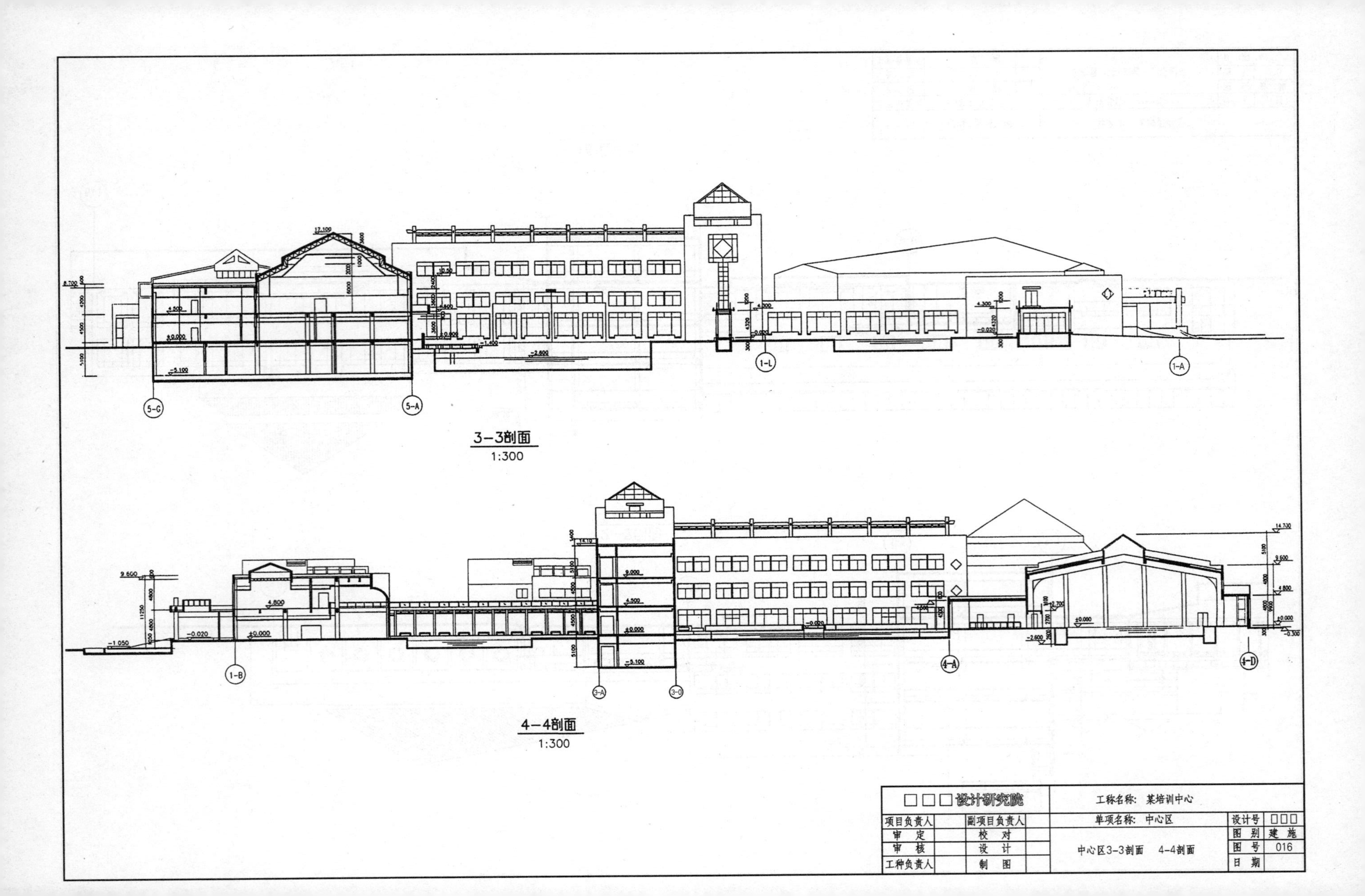
3—3剖面
1:300
4—4剖面
1:300
5-G
5-A
1-L
1-A
1-B
3-A
3-0
4-A
4-D
17.100
8.700
4.500
±0.000
-5.100
-2.800
-1.400
4.300
-0.020
14.730
9.600
4.800
9.000
-1.050
-2.600
2.700
-0.300
□□□设计研究院
项目负责人
副项目负责人
审 定
校 对
审 核
设 计
工种负责人
制 图
工程名称：某培训中心
单项名称：中心区
中心区3-3剖面 4-4剖面
设计号 □□□
图 别 建 施
图 号 016
日 期

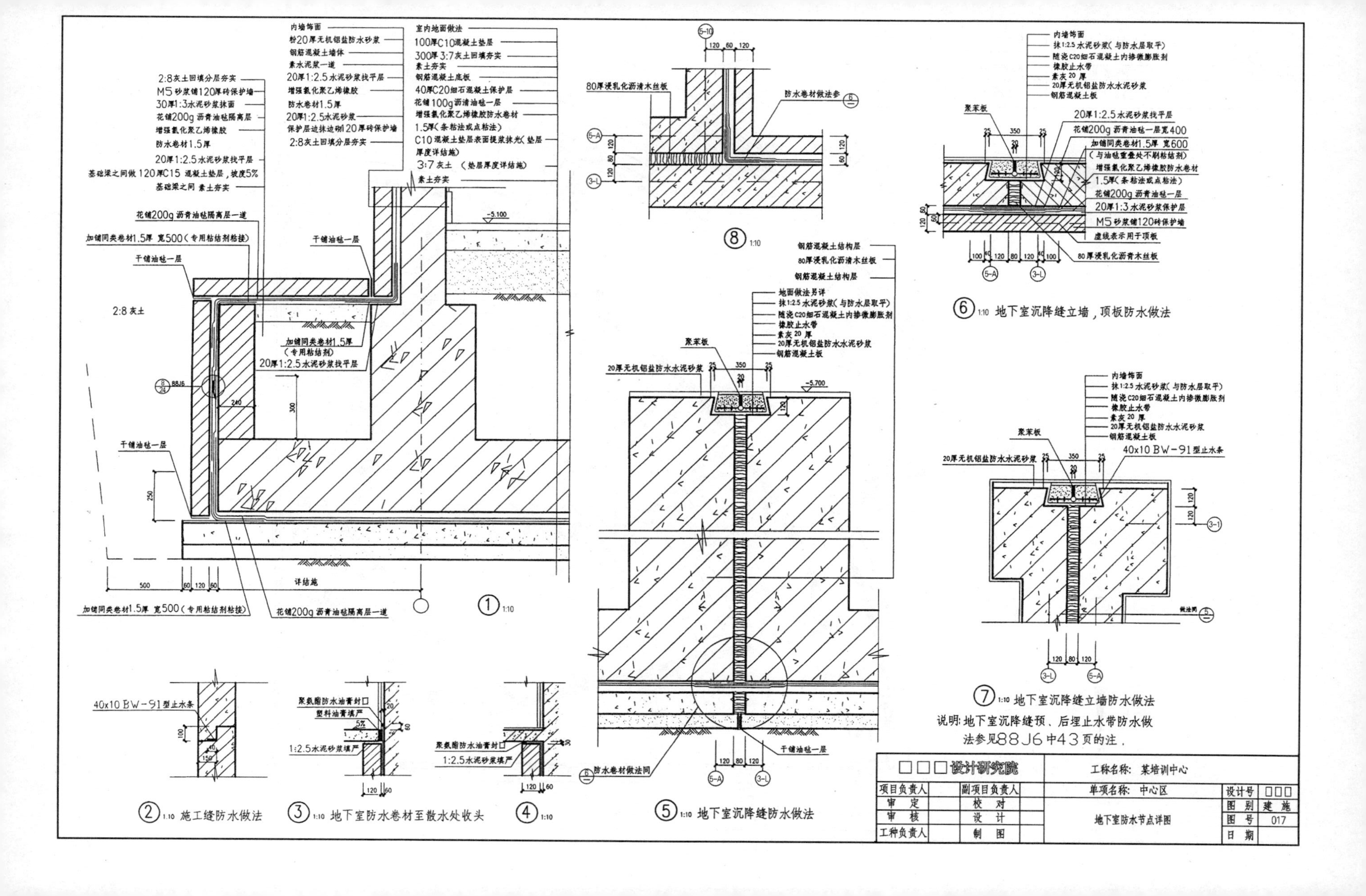

内墙饰面
粉20厚无机铝盐防水砂浆
钢筋混凝土墙体
素水泥浆一道
20厚1:2.5水泥砂浆找平层
增强氯化聚乙烯橡胶
防水卷材1.5厚
20厚1:2.5水泥砂浆
保护层边抹边砌120厚砖保护墙
2:8灰土回填分层夯实
室内地面做法
100厚C10混凝土垫层
300厚3:7灰土回填夯实
素土夯实
钢筋混凝土底板
40厚C20细石混凝土保护层
花铺100g沥青油毡一层
增强氯化聚乙烯橡胶防水卷材
1.5厚(条粘法或点粘法)
C10混凝土垫层表面提浆抹光(垫层厚度详结施)
3:7灰土 (垫层厚度详结施)
素土夯实
2:8灰土回填分层夯实
M5砂浆铺120厚砖保护墙
30厚1:3水泥砂浆抹面
花铺200g沥青油毡隔离层
增强氯化聚乙烯橡胶
防水卷材1.5厚
20厚1:2.5水泥砂浆找平层
基础梁之间做120厚C15混凝土垫层,坡度5%
基础梁之间 素土夯实
花铺200g沥青油毡隔离层一道
加铺同类卷材1.5厚 宽500(专用粘结剂粘接)
干铺油毡一层
2:8灰土
加铺同类卷材1.5厚
(专用粘结剂)
20厚1:2.5水泥砂浆找平层
-5.100
干铺油毡一层
详结施
加铺同类卷材1.5厚 宽500(专用粘结剂粘接)
花铺200g沥青油毡隔离层一道
① 1:10
80厚浸乳化沥清木丝板
防水卷材做法参
⑧ 1:10
钢筋混凝土结构层
80厚浸乳化沥清木丝板
钢筋混凝土结构层
地面做法另详
抹1:2.5水泥砂浆(与防水层取平)
随浇C20细石混凝土内掺微膨胀剂
橡胶止水带
素灰20厚
20厚无机铝盐防水水泥砂浆
钢筋混凝土板
聚苯板
20厚无机铝盐防水水泥砂浆
-5.700
干铺油毡一层
防水卷材做法同
内墙饰面
抹1:2.5水泥砂浆(与防水层取平)
随浇C20细石混凝土内掺微膨胀剂
橡胶止水带
素灰20厚
20厚无机铝盐防水水泥砂浆
钢筋混凝土板
聚苯板
20厚1:2.5水泥砂浆找平层
花铺200g沥青油毡一层宽400
加铺同类卷材1.5厚 宽600
(与油毡重叠处不刷粘结剂)
增强氯化聚乙烯橡胶防水卷材
1.5厚(条粘法或点粘法)
花铺200g沥青油毡一层
20厚1:3水泥砂浆保护层
M5砂浆铺120砖保护墙
虚线表示用于顶板
80厚浸乳化沥青木丝板
⑥ 1:10 地下室沉降缝立墙,顶板防水做法
内墙饰面
抹1:2.5水泥砂浆(与防水层取平)
随浇C20细石混凝土内掺微膨胀剂
橡胶止水带
素灰20厚
20厚无机铝盐防水水泥砂浆
钢筋混凝土板
聚苯板
20厚无机铝盐防水水泥砂浆
40x10 BW-91型止水条
做法同
⑦ 1:10 地下室沉降缝立墙防水做法
40x10 BW-91型止水条
聚氨酯防水油膏封口
塑料油膏填严
1:2.5水泥砂浆填严
聚氨酯防水油膏封口
1:2.5水泥砂浆填严
② 1:10 施工缝防水做法
③ 1:10 地下室防水卷材至散水处收头
④ 1:10
⑤ 1:10 地下室沉降缝防水做法
说明:地下室沉降缝预、后埋止水带防水做法参见88J6中43页的注.
□□□设计研究院
工程名称: 某培训中心
项目负责人
副项目负责人
审定
校对
审核
设计
工种负责人
制图
单项名称: 中心区
地下室防水节点详图
设计号 □□□
图别 建施
图号 017
日期

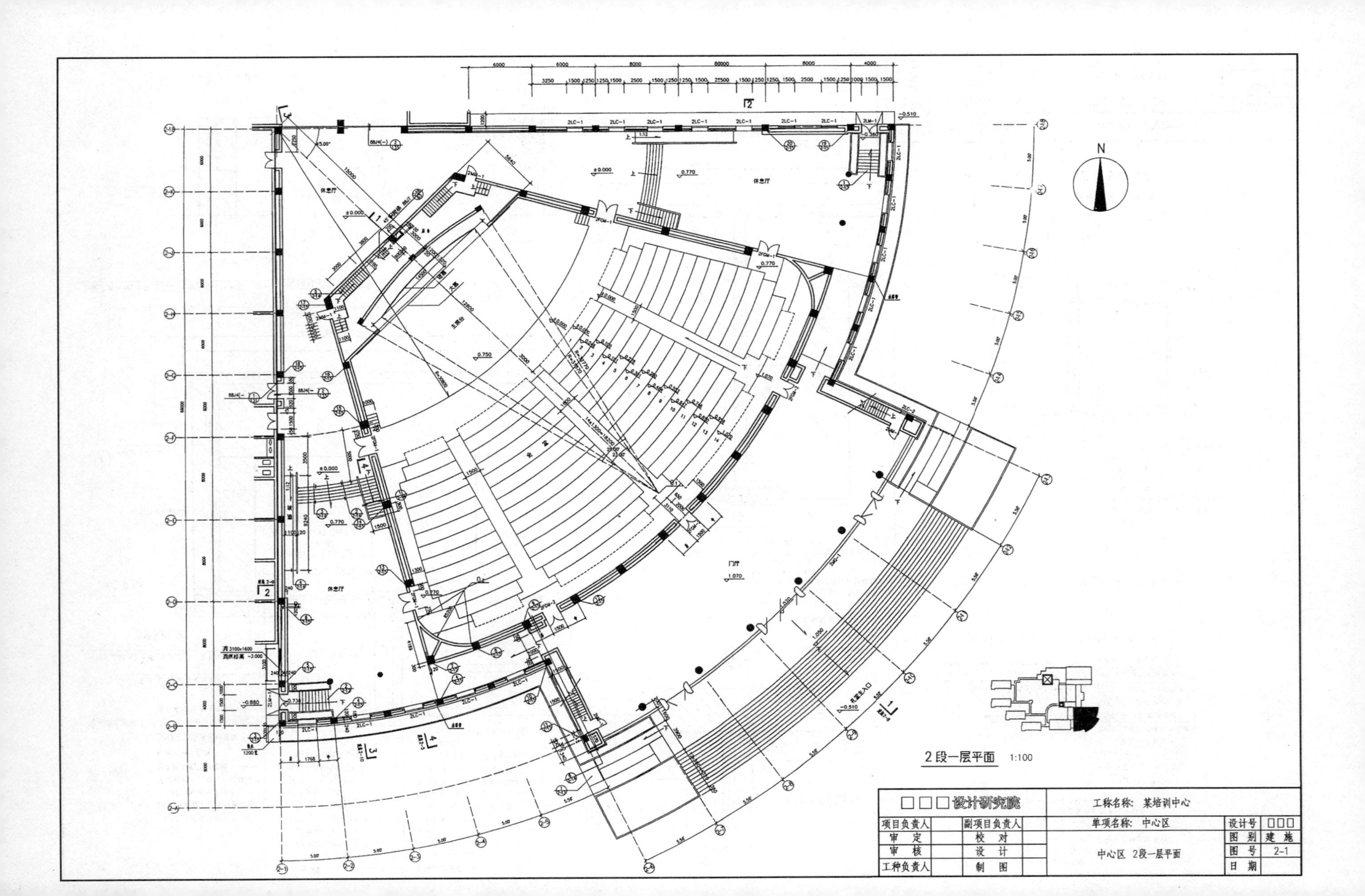
休息厅
门厅
2段一层平面 1:100
□□□设计研究院
工称名称：某培训中心
单项名称：中心区
中心区 2段一层平面
项目负责人
副项目负责人
审 定
校 对
审 核
设 计
工种负责人
制 图
设计号 □□□
图 别 建 施
图 号 2-1
日 期

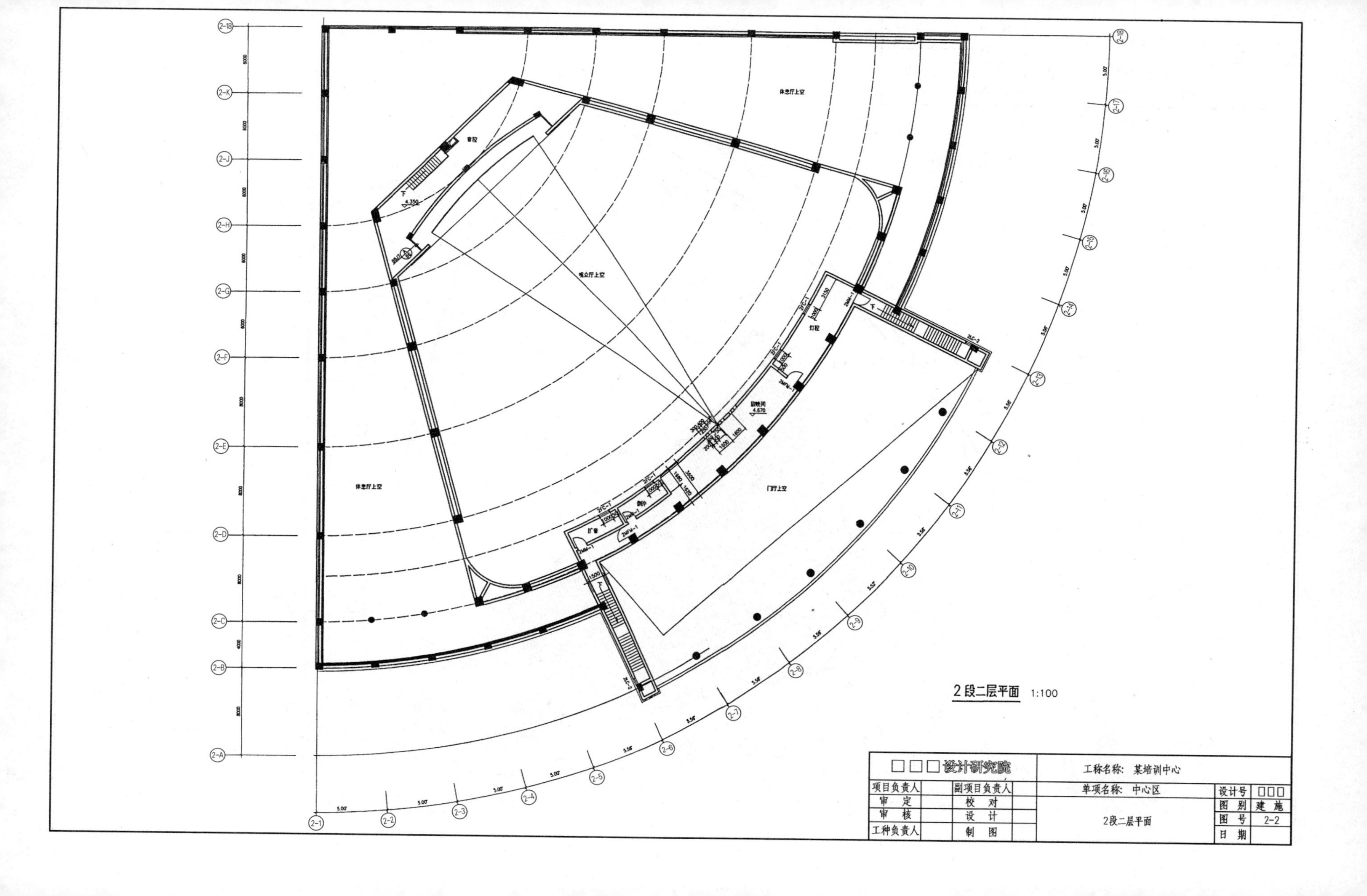

2段二层平面 1:100
休息厅上空
观众厅上空
门厅上空
休息厅上空
音控
灯控
放映间
4.670
4.350
□□□设计研究院
工程名称: 某培训中心
单项名称: 中心区
项目负责人
副项目负责人
审 定
校 对
审 核
设 计
工种负责人
制 图
2段二层平面
设计号 □□□
图 别 建 施
图 号 2-2
日 期

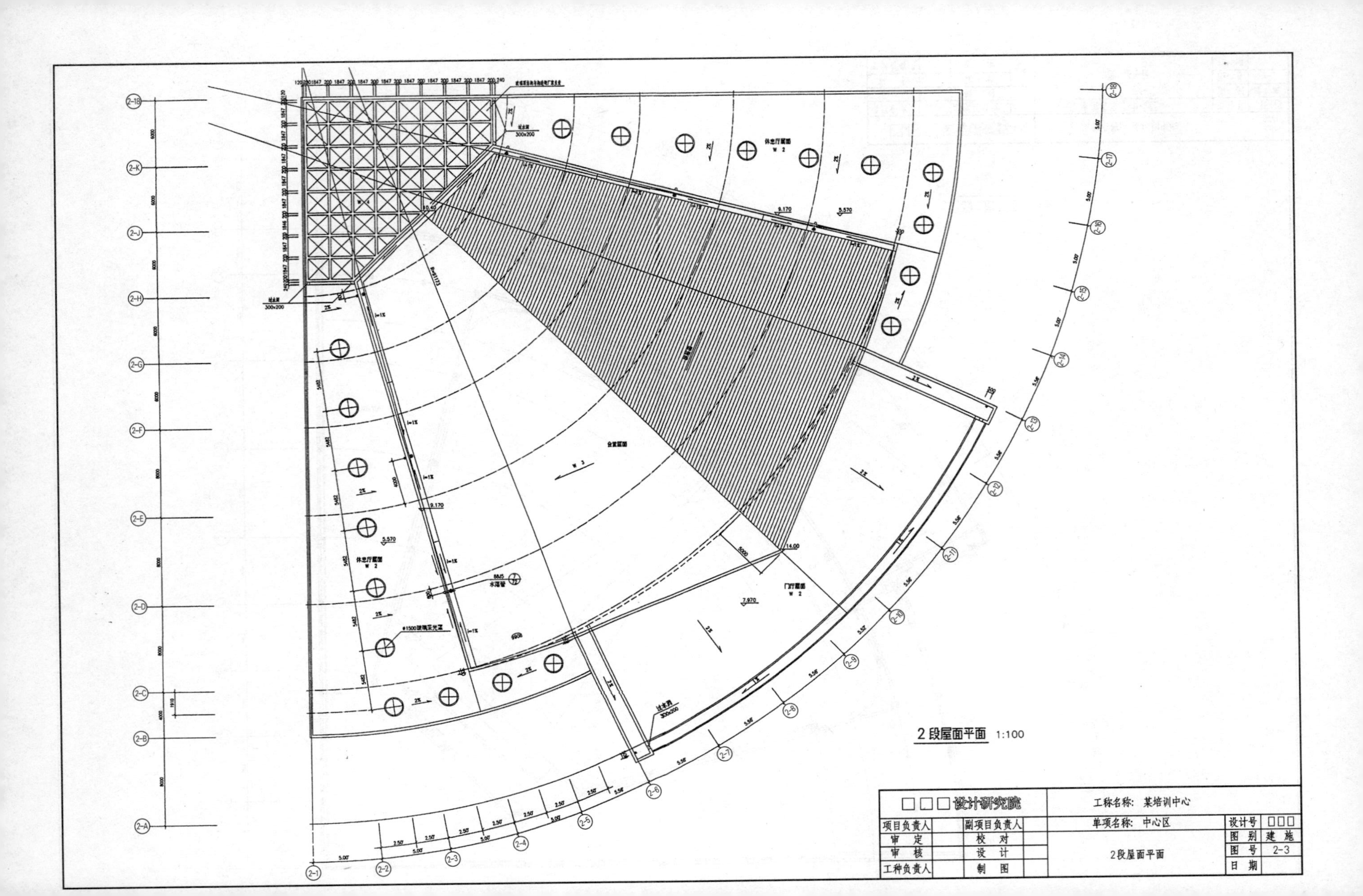

2段屋面平面 1:100
休息厅屋面 W 2
会堂屋面
W 3
门厅屋面 W 2
Φ1500玻璃采光罩
水落管
过水洞 300x200
9.170
5.570
7.970
14.00
2-1
2-2
2-3
2-4
2-5
2-6
2-7
2-8
2-9
2-10
2-11
2-12
2-13
2-14
2-15
2-16
2-17
2-18
2-A
2-B
2-C
2-D
2-E
2-F
2-G
2-H
2-J
2-K
2-1B
□□□设计研究院
项目负责人
副项目负责人
审 定
校 对
审 核
设 计
工种负责人
制 图
工称名称: 某培训中心
单项名称: 中心区
2段屋面平面
设计号 □□□
图 别 建 施
图 号 2-3
日 期

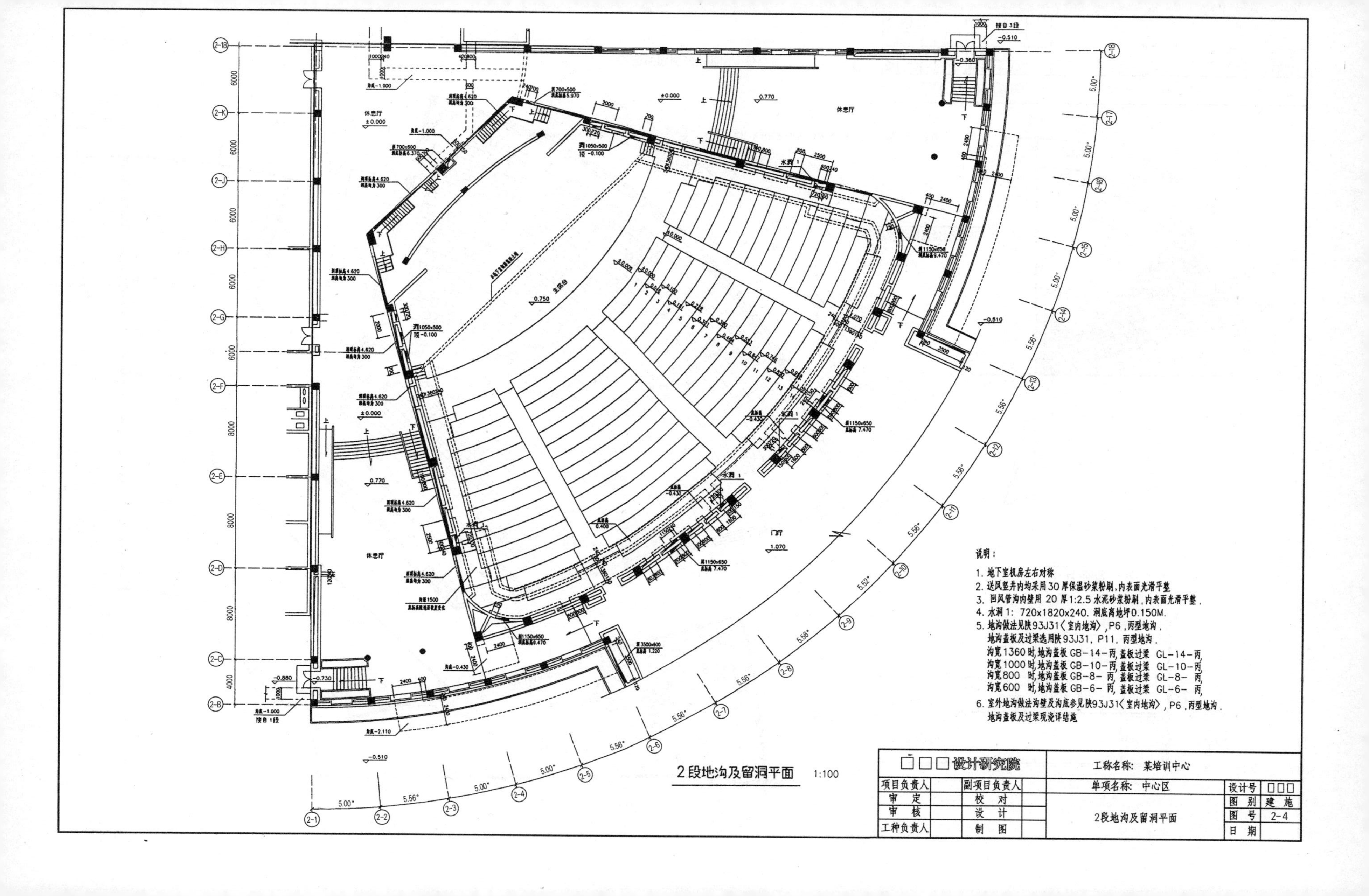

说明：
1. 地下室机房左右对称
2. 送风竖井内均采用30厚保温砂浆粉刷，内表面光滑平整
3. 回风管沟内壁用 20 厚1:2.5 水泥砂浆粉刷，内表面光滑平整.
4. 水洞 1: 720x1820x240. 洞底离地坪0.150M.
5. 地沟做法见陕93J31〈室内地沟〉，P6，丙型地沟.
地沟盖板及过梁选用陕93J31，P11，丙型地沟.
沟宽1360 时,地沟盖板 GB-14-丙，盖板过梁 GL-14-丙，
沟宽1000 时,地沟盖板 GB-10-丙，盖板过梁 GL-10-丙，
沟宽800 时,地沟盖板 GB-8- 丙，盖板过梁 GL-8- 丙，
沟宽600 时,地沟盖板 GB-6- 丙，盖板过梁 GL-6- 丙，
6. 室外地沟做法沟壁及沟底参见陕93J31〈室内地沟〉，P6，丙型地沟.
地沟盖板及过梁现浇详结施
2段地沟及留洞平面 1:100
□□□设计研究院
工程名称: 某培训中心
单项名称: 中心区
2段地沟及留洞平面
项目负责人
副项目负责人
审 定
校 对
审 核
设 计
工种负责人
制 图
设计号 □□□
图 别 建 施
图 号 2-4
日 期
休息厅
门厅
主舞台

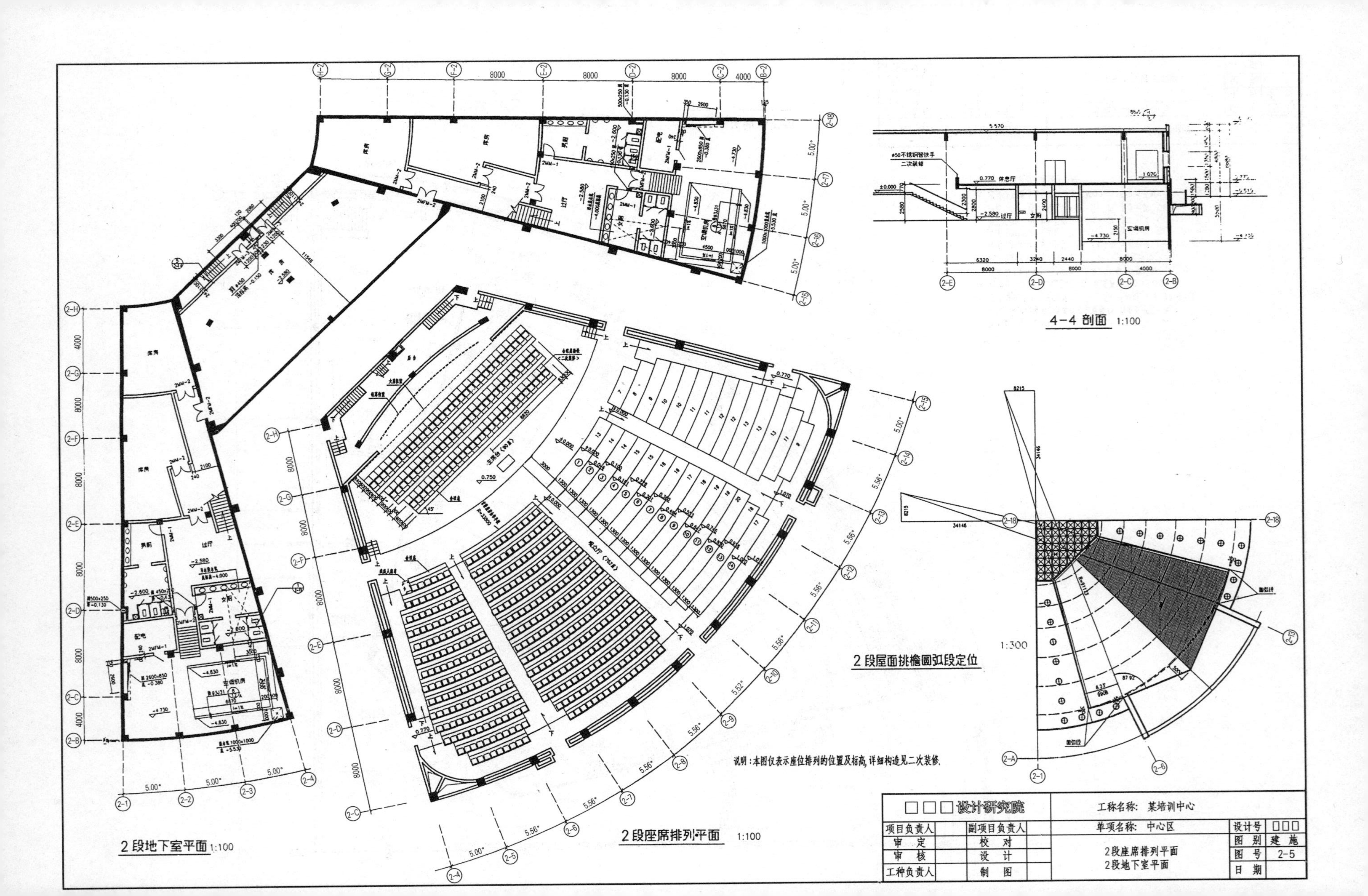

4-4 剖面 1:100
2段屋面挑檐圆弧段定位
1:300
说明：本图仅表示座位排列的位置及标高，详细构造见二次装修。
2段地下室平面 1:100
2段座席排列平面 1:100
□□□设计研究院
工称名称：某培训中心
单项名称：中心区
项目负责人
副项目负责人
审 定
校 对
审 核
设 计
工种负责人
制 图
2段座席排列平面
2段地下室平面
设计号 □□□
图 别 建 施
图 号 2-5
日 期

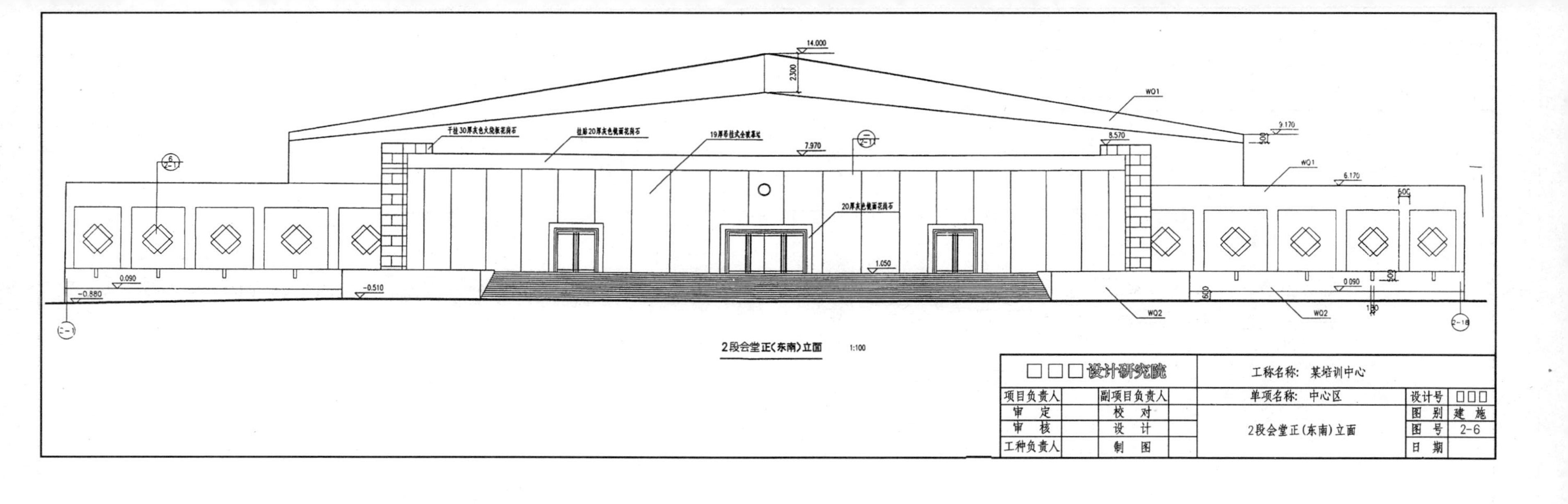
14.000
2300
WQ1
9.170
干挂30厚灰色火烧板花岗石
挂贴20厚灰色镜面花岗石
19厚带挂式金属幕墙
7.970
8.570
6.170
20厚灰色镜面花岗石
1.050
0.090
-0.880
-0.510
WQ2
2段会堂正(东南)立面 1:100
□□□设计研究院
工称名称: 某培训中心
项目负责人
副项目负责人
单项名称: 中心区
设计号 □□□
审 定
校 对
图 别 建 施
审 核
设 计
2段会堂正(东南)立面
图 号 2-6
工种负责人
制 图
日 期

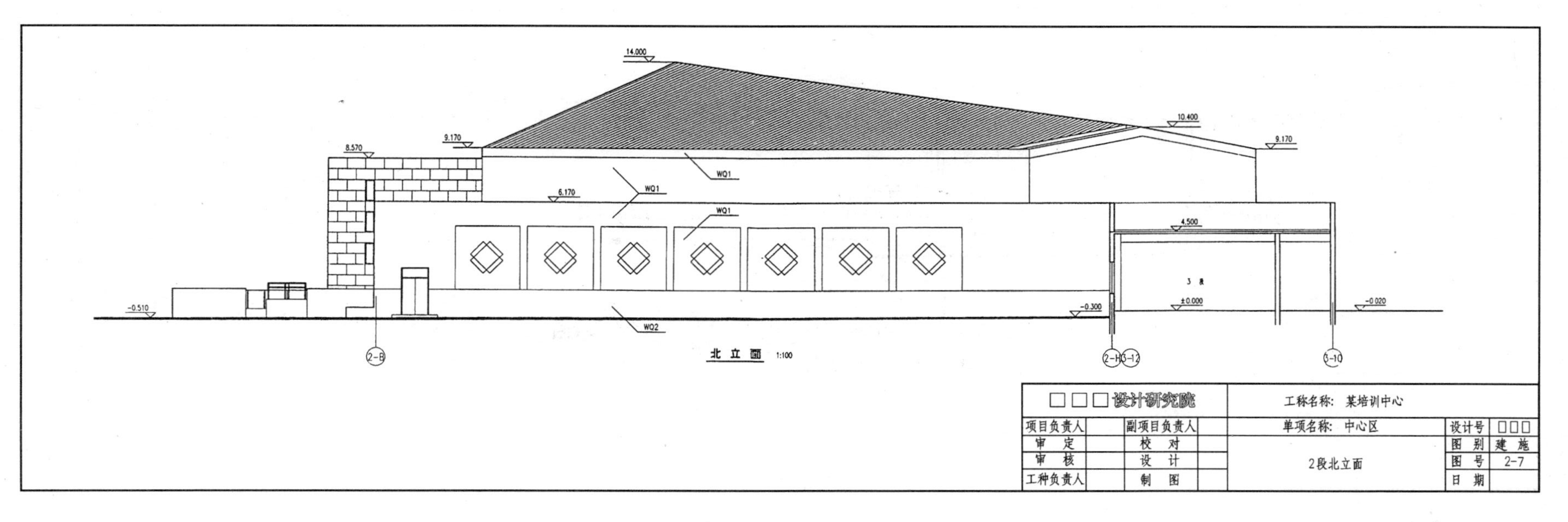
14.000
10.400
9.170
8.570
WQ1
6.170
4.500
±0.000
-0.020
-0.300
-0.510
WQ2
北 立 面 1:100
□□□设计研究院
工称名称: 某培训中心
项目负责人
副项目负责人
单项名称: 中心区
设计号 □□□
审 定
校 对
图 别 建 施
审 核
设 计
2段北立面
图 号 2-7
工种负责人
制 图
日 期

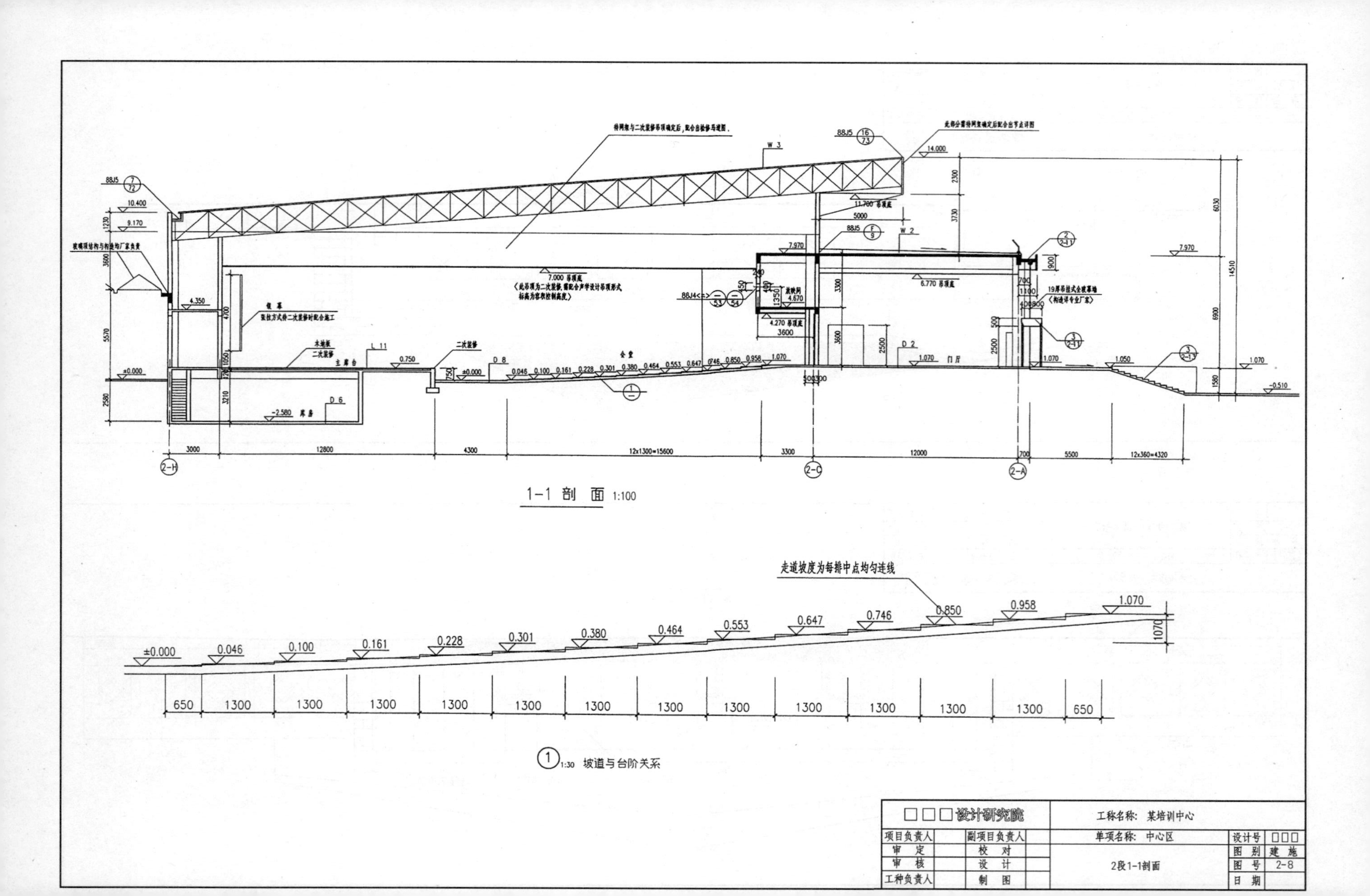

1-1 剖面 1:100

① 1:30 坡道与台阶关系

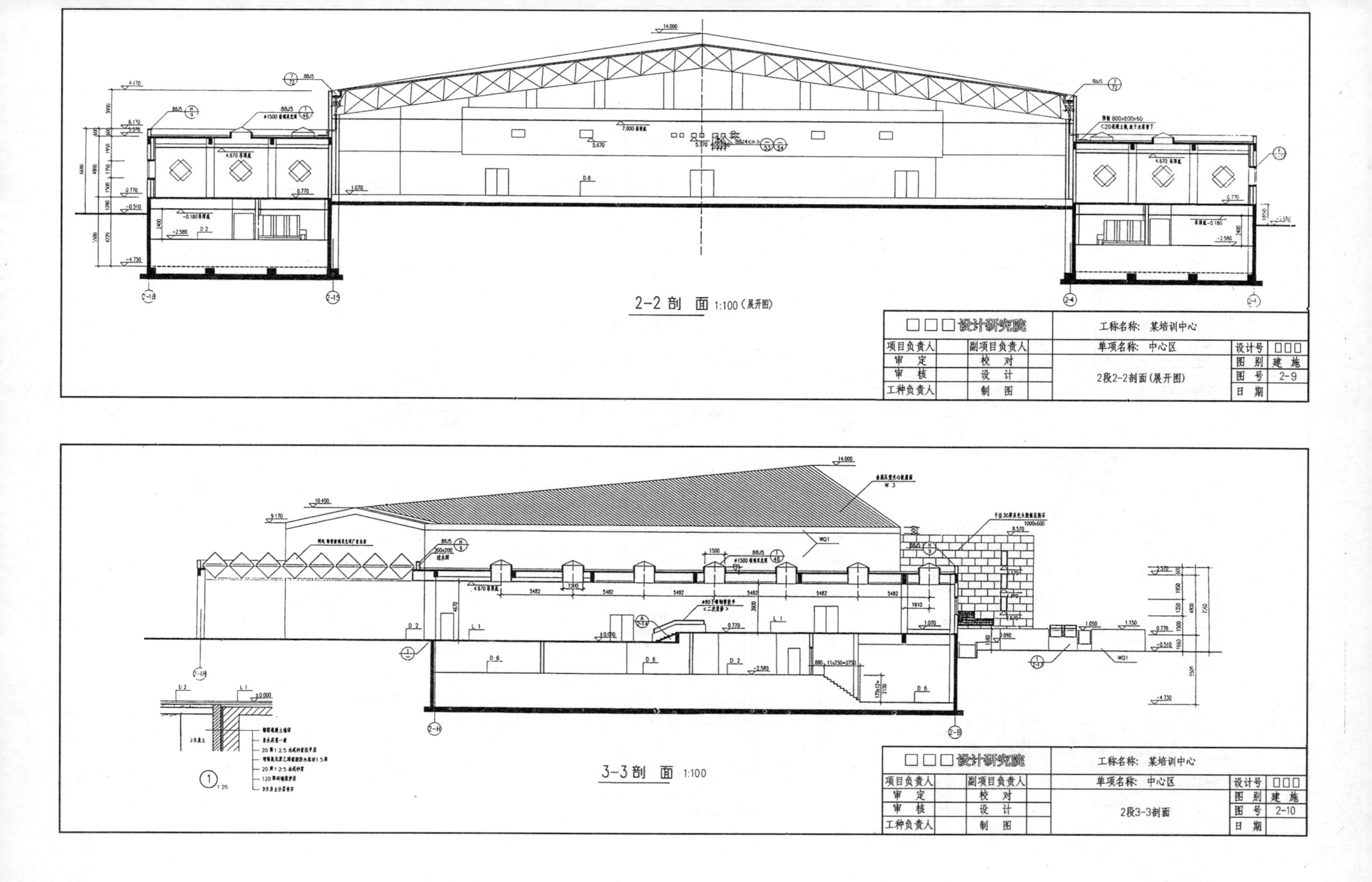
2-2 剖 面 1:100（展开图）
□□□设计研究院
工称名称：某培训中心
单项名称：中心区
项目负责人
副项目负责人
审 定
校 对
审 核
设 计
工种负责人
制 图
2段2-2剖面（展开图）
设计号 □□□
图 别 建 施
图 号 2-9
日 期
3-3剖 面 1:100
□□□设计研究院
工称名称：某培训中心
单项名称：中心区
项目负责人
副项目负责人
审 定
校 对
审 核
设 计
工种负责人
制 图
2段3-3剖面
设计号 □□□
图 别 建 施
图 号 2-10
日 期

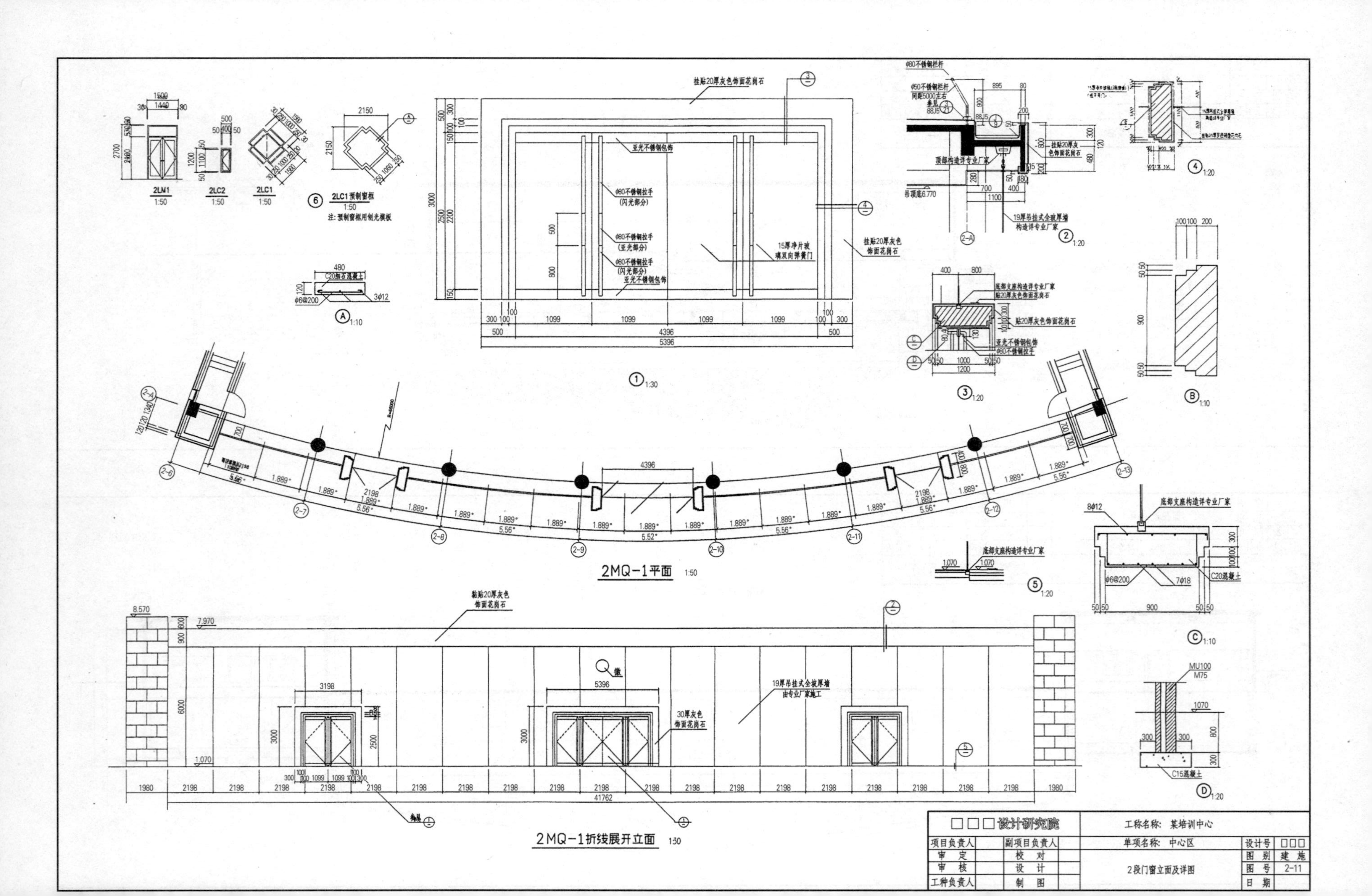
挂贴20厚灰色饰面花岗石
亚光不锈钢包饰
Φ80不锈钢拉手
(闪光部分)
Φ80不锈钢拉手
(亚光部分)
15厚净片玻璃双向弹簧门
① 1:30
2LM1 1:50
2LC2 1:50
2LC1 1:50
⑥ 2LC1预制窗框 1:50
注：预制窗框用刨光横板
C20细石混凝土
3Φ12
Φ6@200
Ⓐ 1:10
Φ80不锈钢栏杆
Φ50不锈钢栏杆 间距5000左右
顶部构造详专业厂家
吊顶底6.770
19厚吊挂式全玻厚墙构造详专业厂家
② 1:20
④ 1:20
底部支座构造详专业厂家
贴20厚灰色饰面花岗石
③ 1:20
Ⓑ 1:10
2MQ-1平面 1:50
底部支座构造详专业厂家
⑤ 1:20
8Φ12
Φ6@200
7Φ18
C20混凝土
Ⓒ 1:10
MU100
M75
C15混凝土
Ⓓ 1:20
粘贴20厚灰色饰面花岗石
30厚灰色饰面花岗石
19厚吊挂式全玻厚墙由专业厂家施工
2MQ-1折线展开立面 1:30
□□□设计研究院
工程名称：某培训中心
单项名称：中心区
2段门窗立面及详图
项目负责人
副项目负责人
审 定
校 对
审 核
设 计
工种负责人
制 图
设计号 □□□
图 别 建 施
图 号 2-11
日 期

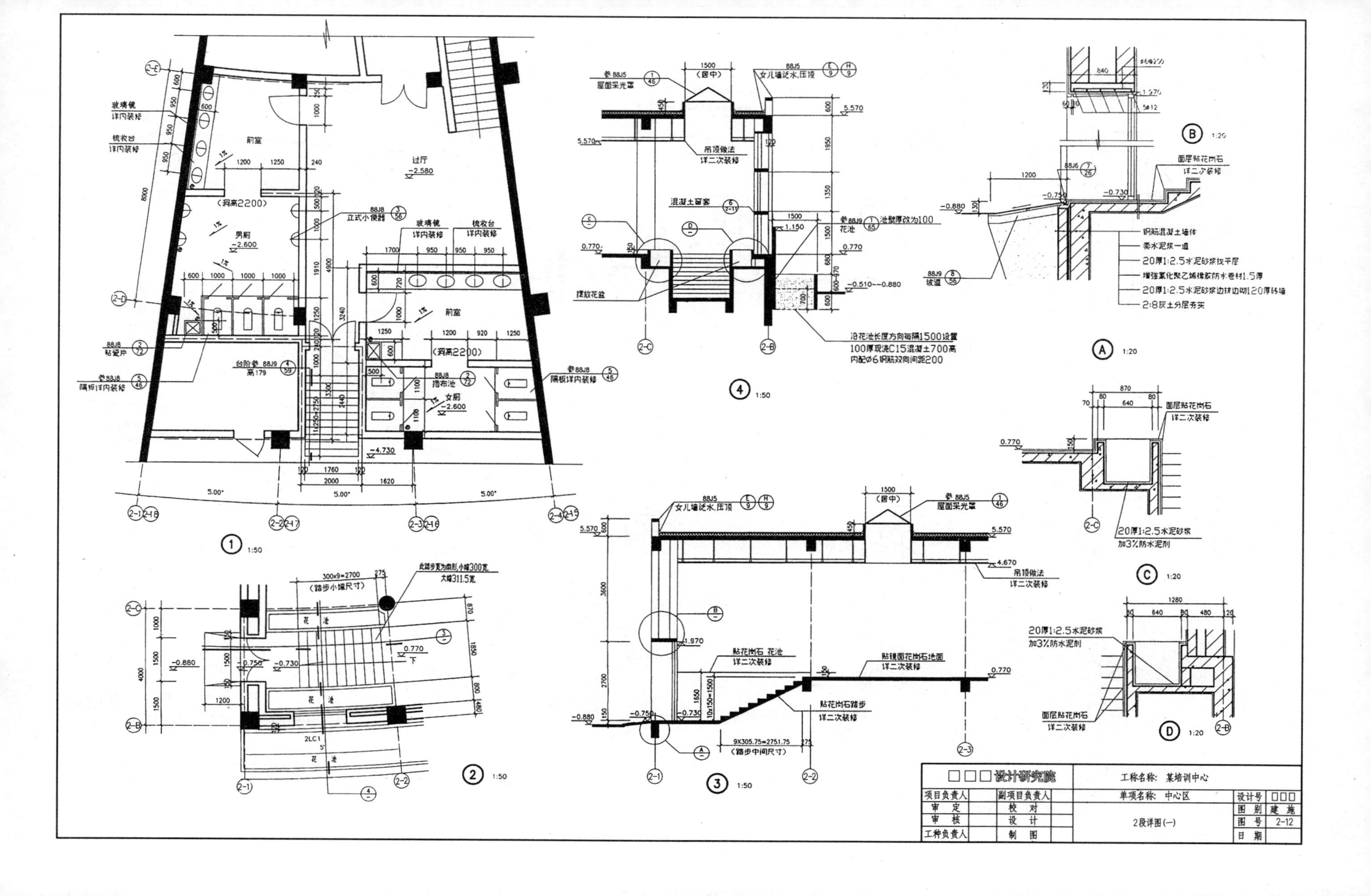

玻璃镜
详内装修
梳妆台
详内装修
前室
过厅
-2.580
（洞高2200）
男厕
-2.600
88J8 立式小便器
88J8 贴瓷片
台阶参 88J9 高179
参88J8 隔板详内装修
前室
（洞高2200）
88J8 拖布池
女厕
-2.600
参88J8 隔板详内装修
-4.730
① 1:50
此踏步宽为扇形,小端300宽
大端311.5宽
300×9=2700
（踏步小端尺寸）
花池
2LC1
② 1:50
参 88J5 屋面采光罩
1500（居中）
88J5 女儿墙泛水,压顶
吊顶做法
详二次装修
混凝土窗套
参88J9 花池
池壁厚改为100
摆放花盆
沿花池长度方向每隔1500设置
100厚现浇C15混凝土700高
内配Ø6钢筋双向间距200
④ 1:50
B 1:20
面层贴花岗石
详二次装修
钢筋混凝土墙体
素水泥浆一道
20厚1:2.5水泥砂浆找平层
增强氯化聚乙烯橡胶防水卷材1.5厚
20厚1:2.5水泥砂浆边抹边砌120厚砖墙
2:8灰土分层夯实
88J9 坡道
A 1:20
面层贴花岗石
详二次装修
20厚1:2.5水泥砂浆
加3%防水泥剂
C 1:20
88J5 女儿墙泛水,压顶
参 88J5 屋面采光罩
1500（居中）
吊顶做法
详二次装修
贴花岗石 花池
详二次装修
贴镜面花岗石地面
详二次装修
贴花岗石踏步
详二次装修
9X305.75=2751.75
（踏步中间尺寸）
③ 1:50
20厚1:2.5水泥砂浆
加3%防水泥剂
面层贴花岗石
详二次装修
D 1:20
□□□设计研究院
项目负责人
副项目负责人
审定
校对
审核
设计
工种负责人
制图
工程名称: 某培训中心
单项名称: 中心区
2段详图(一)
设计号 □□□
图别 建施
图号 2-12
日期

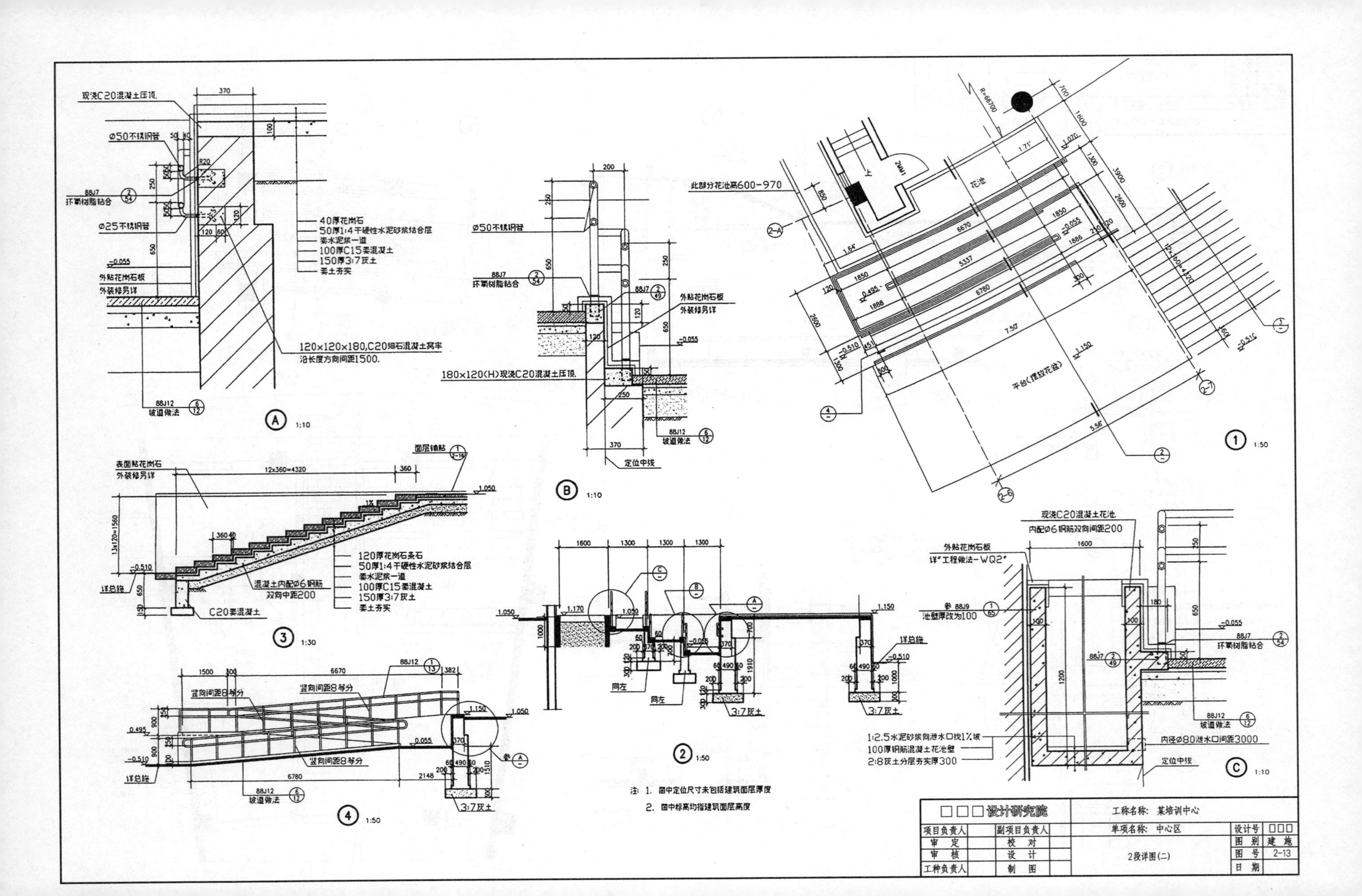

现浇C20混凝土压顶
ø50不锈钢管
88J7 环氧树脂粘合
ø25不锈钢管
40厚花岗石
50厚1:4干硬性水泥砂浆结合层
素水泥浆一道
100厚C15素混凝土
150厚3:7灰土
素土夯实
外贴花岗石板
外装修另详
120×120×180,C20细石混凝土窝牢
沿长度方向间距1500.
88J12 坡道做法
A 1:10
180×120(H)现浇C20混凝土压顶.
定位中线
B 1:10
此部分花池高600-970
花池
平台(摆放花盆)
R=66700
1 1:50
表面贴花岗石
外装修另详
面层铺贴
120厚花岗石条石
50厚1:4干硬性水泥砂浆结合层
混凝土内配ø6钢筋
双向中距200
C20素混凝土
详总施
3 1:30
竖向间距8等分
4 1:50
同左
3:7灰土
2 1:50
现浇C20混凝土花池
内配ø6钢筋双向间距200
外贴花岗石板
详"工程做法-WQ2"
参 88J9
池壁厚改为100
1:2.5水泥砂浆向泄水口找1%坡
100厚钢筋混凝土花池壁
2:8灰土分层夯实厚300
内径ø80泄水口间距3000
C 1:10
注: 1. 图中定位尺寸未包括建筑面层厚度
2. 图中标高均指建筑面层高度
□□□设计研究院
工程名称: 某培训中心
单项名称: 中心区
2段详图(二)
项目负责人
副项目负责人
审定
校对
审核
设计
工种负责人
制图
设计号 □□□
图别 建施
图号 2-13
日期

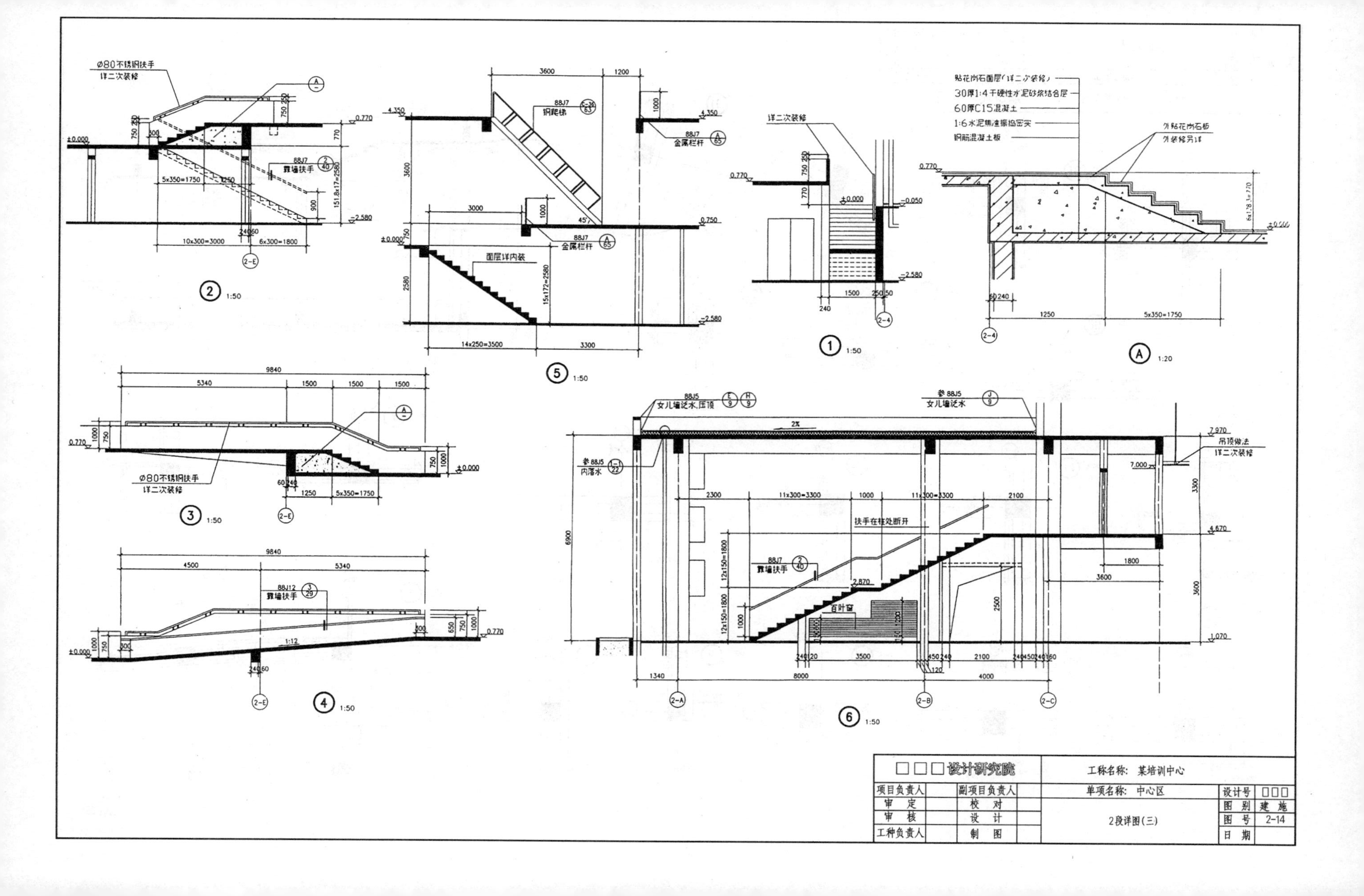
Ø80不锈钢扶手
详二次装修
88J7
靠墙扶手
② 1:50
88J7
钢爬梯
金属栏杆
面层详内装
⑤ 1:50
详二次装修
① 1:50
贴花岗石面层(详二次装修)
30厚1:4干硬性水泥砂浆结合层
60厚C15混凝土
1:6水泥焦渣振捣密实
钢筋混凝土板
外贴花岗石板
外装修另详
Ⓐ 1:20
Ø80不锈钢扶手
详二次装修
③ 1:50
88J12
靠墙扶手
④ 1:50
88J5
女儿墙泛水,压顶
参 88J5
女儿墙泛水
参 88J5
内落水
吊顶做法
详二次装修
扶手在柱处断开
百叶窗
⑥ 1:50
□□□设计研究院
工程名称: 某培训中心
单项名称: 中心区
2段详图(三)
项目负责人
副项目负责人
审 定
校 对
审 核
设 计
工种负责人
制 图
设计号 □□□
图 别 建 施
图 号 2-14
日 期

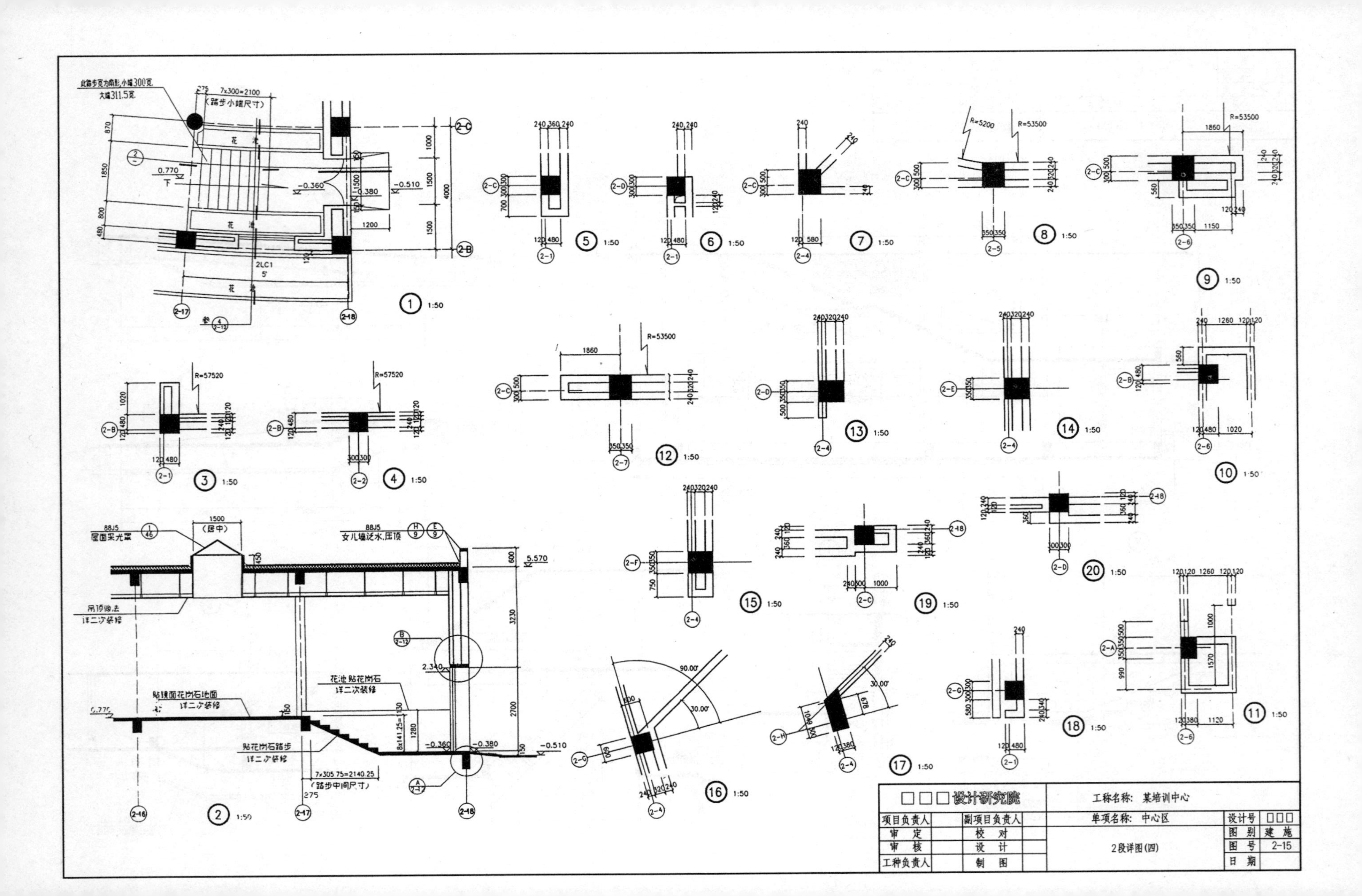
此踏步宽为扇形,小端300宽
大端311.5宽
7x300=2100
(踏步小端尺寸)
花池
2LC1
① 1:50
③ 1:50
④ 1:50
⑤ 1:50
⑥ 1:50
⑦ 1:50
⑧ 1:50
⑨ 1:50
⑩ 1:50
⑪ 1:50
⑫ 1:50
⑬ 1:50
⑭ 1:50
⑮ 1:50
⑯ 1:50
⑰ 1:50
⑱ 1:50
⑲ 1:50
⑳ 1:50
88J5
屋面采光罩
(居中)
88J5
女儿墙泛水,压顶
吊顶做法
详二次装修
花池贴花岗石
详二次装修
贴镜面花岗石地面
详二次装修
贴花岗石踏步
详二次装修
7x305.75=2140.25
(踏步中间尺寸)
② 1:50
□□□设计研究院
工程名称: 某培训中心
单项名称: 中心区
2段详图(四)
项目负责人
副项目负责人
审定
校对
审核
设计
工种负责人
制图
设计号 □□□
图别 建施
图号 2-15
日期

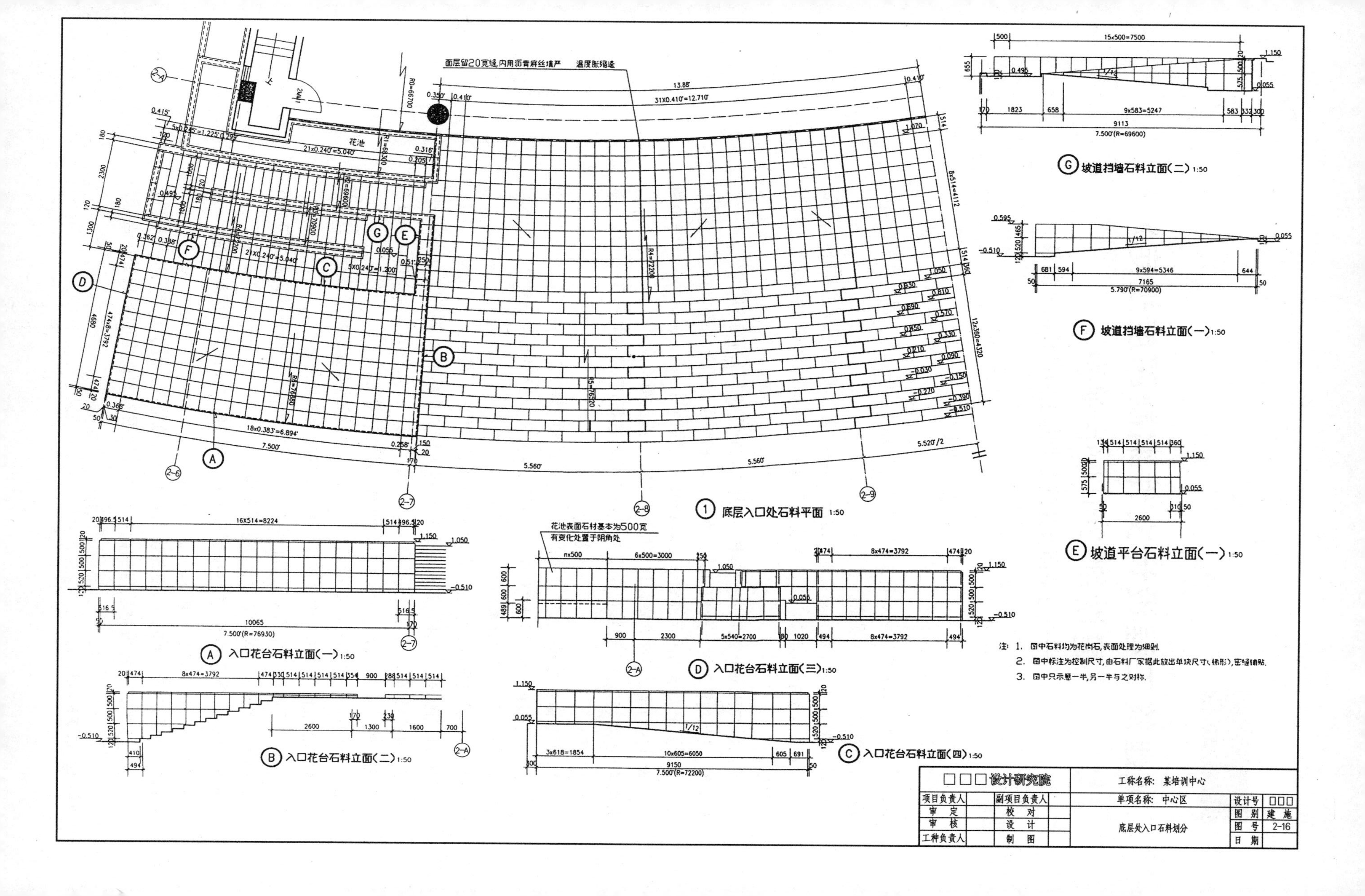

面层留20宽缝,内用沥青麻丝填严
温度胀缩缝
花池
① 底层入口处石料平面 1:50
G 坡道挡墙石料立面(二) 1:50
F 坡道挡墙石料立面(一) 1:50
E 坡道平台石料立面(一) 1:50
花池表面石材基本为500宽
有变化处置于阴角处
A 入口花台石料立面(一) 1:50
D 入口花台石料立面(三) 1:50
B 入口花台石料立面(二) 1:50
C 入口花台石料立面(四) 1:50
注: 1. 图中石料均为花岗石,表面处理为细剁.
2. 图中标注为控制尺寸,由石料厂家据此放出单块尺寸(梯形),密缝铺贴.
3. 图中只示意一半,另一半与之对称.
□□□设计研究院
工程名称: 某培训中心
单项名称: 中心区
底层处入口石料划分
项目负责人
副项目负责人
审 定
校 对
审 核
设 计
工种负责人
制 图
设计号 □□□
图 别 建 施
图 号 2-16
日 期

附录一

《建筑工程设计文件编制深度规定》（建设部2003年颁发）

——总平面及建筑专业施工图设计部分摘录

1 总 则

1.0.1 为加强对建筑工程设计文件编制工作的管理，保证各阶段设计文件的质量和完整性，特制定本规定。

1.0.2 本规定适用于民用建筑工程设计；对于一般工业建筑(房屋部分)工程设计，设计文件编制深度除应满足本规定适用的要求外，尚应符合有关行业标准的规定。

注：工业项目设计文件的编制应根据工程性质执行有关行业标准的规定。

1.0.3 民用建筑工程一般应分为方案设计、初步设计和施工图设计三个阶段；对于技术要求简单的民用建筑工程，经有关主管部门同意，并且合同中有不做初步设计的约定，可在方案设计审批后直接进入施工图设计。

1.0.4 各阶段设计文件编制深度应按以下原则进行(具体应执行第2、3、4章条款)：

1 方案设计文件，应满足编制初步设计文件的需要。

注：对于投标方案，设计文件深度应满足标书要求；若标书无明确要求，设计文件深度可参照本规定的有关条款。

2 初步设计文件，应满足编制施工图设计文件的需要。

3 施工图设计文件，应满足设备材料采购、非标准设备制作和施工的需要。对于将项目分别发包给几个设计单位或实施设计分包的情况，设计文件相互关联处的深度应当满足各承包或分包单位设计的需要。

1.0.5 在设计中宜因地制宜正确选用国家、行业和地方建筑标准设计，并在设计文件的图纸目录或施工图设计说明中注明被应用图集的名称。

重复利用其他工程的图纸时，应详细了解原图利用的条件和内容，并作必要的核算和修改，以满足新设计项目的需要。

1.0.6 当设计合同对设计文件编制深度另有要求时，设计文件编制深度应同时满足本规定和设计合同的要求。

1.0.7 本规定对设计文件编制深度的要求具有通用性。对于具体的工程项目设计，执行本规定时应根据项目的内容和设计范围对本规定的条文进行合理的取舍。

1.0.8 本规定不作为各专业设计分工的依据。本规定某一专业的某项设计内容可由其他专业承担设计，但设计文件的深度应符合本规定要求。

2 方案设计(从略)

3 初步设计(从略)

4 施 工 图 设 计

4.1 一 般 要 求

4.1.1 施工图设计文件

1 合同要求所涉及的所有专业的设计图纸(含图纸目录、说明和必要的设备、材料表，见4.2～4.8节)以及图纸总封面。

2 合同要求的工程预算书。

注：对于方案设计后直接进入施工图设计项目，若合同未要求编制工程预算书，施工图设计文件应包括工程概算书。

4.1.2 总封面应标明以下内容：

1 项目名称；

2 编制单位名称；

3 项目的设计编号；

4 设计阶段；

5 编制单位法定代表人、技术总负责人和项目总负责人的姓名及其签字或授权盖章；

6 编制年月(即出图年、月)。

4.2 总 平 面

4.2.1 在施工图设计阶段，总平面专业设计文件应包括图纸目录、设计说明、设计图纸、计算书。

4.2.2 图纸目录

应先列新绘制的图纸，后列选用的标准图和重复利用图。

4.2.3 设计说明

一般工程分别写在有关图纸上。如重复利用某工程的施工图图纸及其说明时，应详细注明其编制单位、工程名称、设计编号和编制日期；列出主要技术经济指标表(表3.3.2，此表也可列在总平面图上)。

4.2.4 总平面图

1 保留的地形和地物。

2 测量坐标网、坐标值。

3 场地四界的测量坐标(或定位尺寸)，道路红线和建筑红线或用地界线的位置。

4 场地四邻原有及规划道路的位置(主要坐标值或定位尺寸)，以及主要建筑物和构筑物的位置、名称、层数。

5 建筑物、构筑物(人防工程、地下车库、油库、贮水池等隐蔽工程以虚线表示)的名称或编号、层数、定位(坐标或相互关系尺寸)。

6 广场、停车场、运动场地、道路、无障碍设施、排水沟、挡土墙、护坡的定位(坐标或相互关系尺寸)。

7 指北针或风玫瑰图。

8 建筑物、构筑物使用编号时，应列出“建筑物和构筑物名称编号表”。

9 注明施工图设计的依据、尺寸单位、比例、坐标及高程系统(如为场地建筑坐标网时，应注明与测量坐标网的相互关系)、补充图例等。

4.2.5 竖向布置图

1 场地测量坐标网、坐标值。

2 场地四邻的道路、水面、地面的关键性标高。

3 建筑物、构筑物名称或编号、室内外地面设计标高。

4 广场、停车场、运动场地的设计标高。

5 道路、排水沟的起点、变坡点、转折点和终点的设计标高(路面中心和排水沟顶及沟底)、纵坡度、纵坡距、关键性坐标，道路表明双面坡或单面坡，必要时标明道路平曲线及竖曲线要素。

6 挡土墙、护坡或土坎顶部和底部的主要设计标高及护坡坡度。

7 用坡向箭头表明地面坡向，当对场地平整要求严格或地形起伏较大时，可用设计等高线表示。

8 指北针或风玫瑰图。

9 注明尺寸单位、比例、补充图例等。

4.2.6 土方图

1 场地四界的施工坐标。

2 设计的建筑物、构筑物位置(用细虚线表示)。

3 20m×20m或40m×40m方格网及其定位，各方格点的原地面标高、设计标高、填挖高度、填区和挖区的分界线，各方格土方量、总土方量。

4 土方工程平衡表(表4.2.6)。

土方工程平衡表　　表 4.2.6

序号	项　目	土方量(m^3)		说　明
		填　方	挖　方	
1	场地平整			
2	室内地坪填土和地下建筑、构筑物挖土、房屋及构筑物基础			
3	道路、管线地沟、排水沟			包括路堤填土、路堑和路槽挖土
4	土方损益			指土壤经过挖填后的损益数
5	合计			

注：表列项目随工程内容增减。

4.2.7 管道综合图

1 总平面布置。

2 场地四界的施工坐标(或注尺寸)、道路红线及建筑红线或用地界线的位置。

3 各管线的平面布置，注明各管线与建筑物、构筑物的距离和管线间距。

4 场外管线接入点的位置。

5 管线密集的地段宜适当增加断面图，表明管线与建筑物、构筑物、绿化之间及管线之间的距离，并注明主要交叉点上下管线的标高或间距。

6 指北针。

4.2.8 绿化及建筑小品布置图

1 绘出总平面布置。

2 绿地(含水面)、人行步道及硬质铺地的定位。

3 建筑小品的位置(坐标或定位尺寸)、设计标高、详图索引。

4 指北针。

5 注明尺寸单位、比例、图例、施工要求等。

4.2.9 详图

道路横断面、路面结构、挡土墙、护坡、排水沟、池壁、广场、运动场地、活动场地、停车场地面等详图。

4.2.10 设计图纸的增减

1 当工程设计内容简单时，竖向布置图可与总平面图合并。

2 当路网复杂时，可增绘道路平面图。

3 土方图和管线综合图可根据设计需要确定是否出图。

4 当绿化或景观环境另行委托设计时，可根据需要绘制绿化及建筑小品的示意性和控制性布置图。

4.2.11 计算书(供内部使用)

设计依据、简图、计算公式、计算过程及成果资料均作为技术文件归档。

4.3 建 筑

4.3.1 在施工图设计阶段，建筑专业设计文件应包括图纸目录、施工图设计说明、设计图纸、计算书。

4.3.2 图纸目录

先列新绘制图纸，后列选用的标准图或重复利用图。

4.3.3 施工图设计说明

1 本子项工程施工图设计的依据性文件、批文和相关规范。

2 项目概况

内容一般应包括建筑名称、建设地点、建设单位、建筑面积、建筑基底面积、建筑工程等级、设计使用年限、建筑层数和建筑高度、防火设计建筑分类和耐火等级、人防工程防护等级、屋面防水等级、地下室防水等级、抗震设防烈度等，以及能反映建筑规模的主要技术经济指标，如住宅的套型和套数(包括每套的建筑面积、使用面积、阳台建筑面积。房间的使用面积可在平面图中标注)、旅馆的客房间数和床位数、医院的门诊人次和住院部的床位数、车库的停车泊位数等。

3 设计标高

本子项的相对标高与总图绝对标高的关系。

4 用料说明和室内外装修

1) 墙体、墙身防潮层、地下室防水、屋面、外墙面、勒脚、散水、台阶、坡道、油漆、涂料等的材料和做法，可用文字说明或部分文字说明，部分直接在图上引注或加注索引号；

2) 室内装修部分除用文字说明以外亦可用表格形式表达(见表 4.3.3-1)，在表上填写相应的做法或代号；较复杂或较高级的民用建筑应另行委托室内装修设计；凡属二次装修的部分，可不列装修做法表和进行室内施工图设计，但对原建筑设计、结构和设备设计有较大改动时，应征得原设计单位和设计人员的同意。

室内装修做法表 **表 4.3.3-1**

部位 名称	楼、地面	踢脚板	墙 裙	内墙面	顶 棚	备 注
门 厅						
走 廊						

注：表列项目可增减。

5 对采用新技术、新材料的作法说明及对特殊建筑造型和必要的建筑构造的说明。

6 门窗表(见表 4.3.3-2)及门窗性能(防火、隔声、防护、抗风压、保温、空气渗透、雨水渗透等)、用料、颜色、玻璃、五金件等的设计要求。

7 幕墙工程(包括玻璃、金属、石材等)及特殊的屋面工程(包括金属、玻璃、膜结构等)的性能及制作要求，平面图、预埋件安装图等以及防火、安全、隔声构造。

8 电梯(自动扶梯)选择及性能说明(功能、载重量、速度、停站数、提升高度等)。

9 墙体及楼板预留孔洞需封堵时的封堵方式说明。

10 其他需要说明的问题。

门　窗　表　　　　**表 4.3.3-2**

类别	设计编号	洞口尺寸(mm)		樘数	采用标准图集及编号		备　注
		宽	高		图集代号	编　号	
门							
窗							

注：采用非标准图集的门窗应绘制门窗立面图及开启方式。

4.3.4 设计图纸

1 平面图

1) 承重墙、柱及其定位轴线和轴线编号，内外门窗位置、编号及定位尺寸，门的开启方向，注明房间名称或编号；

2) 轴线总尺寸(或外包总尺寸)、轴线间尺寸(柱距、跨度)、门窗洞口尺寸、分段尺寸；

3) 墙身厚度(包括承重墙和非承重墙)，柱与壁柱宽、深尺寸(必要时)，及其与轴线关系尺寸；

4) 变形缝位置、尺寸及做法索引；

5) 主要建筑设备和固定家具的位置及相关做法索引，如卫生器具、雨水管、水池、台、橱、柜、隔断等；

6) 电梯、自动扶梯及步道(注明规格)、楼梯(爬梯)位置和楼梯上下方向示意和编号索引；

7) 主要结构和建筑构造部件的位置、尺寸和做法索引，如中庭、天窗、地沟、地坑、重要设备或设备机座的位置尺寸、各种平台、夹层、人孔、阳台、雨篷、台阶、坡道、散水、明沟等；

8) 楼地面预留孔洞和通气管道、管线竖井、烟囱、垃圾道等位置、尺寸和做法索引，以及墙体(主要为填充墙，承重砌体墙)预留洞的位置、尺寸与标高或高度等；

9）车库的停车位和通行路线；

10）特殊工艺要求的土建配合尺寸；

11）室外地面标高、底层地面标高、各楼层标高、地下室各层标高；

12）剖切线位置及编号(一般只注在底层平面或需要剖切的平面位置)；

13）有关平面节点详图或详图索引号；

14）指北针(画在底层平面)；

15）每层建筑平面中防火分区面积和防火分区分隔位置示意(宜单独成图，如为一个防火分区，可不注防火分区面积)；

16）屋面平面应有女儿墙、檐口、天沟、坡度、坡向、雨水口、屋脊(分水线)、变形缝、楼梯间、水箱间、电梯间、天窗及挡风板、屋面上人孔、检修梯、室外消防楼梯及其他构筑物，必要的详图索引号、标高等；表述内容单一的屋面可缩小比例绘制；

17）根据工程性质及复杂程度，必要时可选择绘制局部放大平面图；

18）可自由分隔的大开间建筑平面宜绘制平面分隔示例系列，其分隔方案应符合有关标准及规定(分隔示例平面可缩小比例绘制)；

19）建筑平面较长较大时，可分区绘制，但须在各分区平面图适当位置上绘出分区组合示意图，并明显表示本分区部位编号；

20）图纸名称、比例；

21）图纸的省略：如系对称平面，对称部分的内部尺寸可省略，对称轴部位用对称符号表示，但轴线号不得省略；楼层平面除轴线间等主要尺寸及轴线编号外，与底层相同的尺寸可省略；楼层标准层可共用同一平面，但需注明层次范围及各层的标高。

2 立面图

1）两端轴线编号，立面转折较复杂时可用展开立面表示，但应准确注明转角处的轴线编号；

2）立面外轮廓及主要结构和建筑构造部件的位置，如女儿墙顶、檐口、柱、变形缝、室外楼梯和垂直爬梯、室外空调机搁板、阳台、栏杆、台阶、坡道、花台、雨篷、烟囱、勒脚、门窗、幕墙、洞口、门头、雨水管，以及其他装饰构件、线脚和粉刷分格线等，以及关键控制标高的标注，如屋面或女儿墙标高等；外墙的留洞应注尺寸与标高或高度尺寸(宽×高×深及定位关系尺寸)；

3）平、剖面未能表示出来的屋顶、檐口、女儿墙、窗台以及其他装饰构件、线脚等的标高或高度；

4）在平面图上表达不清的窗编号；

5）各部分装饰用料名称或代号，构造节点详图索引；

6）图纸名称、比例；

7）各个方向的立面应绘齐全，但差异小、左右对称的立面或部分不难推定的立面可简略；内部院落或看不到的局部立面，可在相关剖面图上表示，若剖面图未能表示完全时，则需单独绘出。

3 剖面图

1）剖视位置应选在层高不同、层数不同、内外部空间比较复杂，具有代表性的部位；建筑空间局部不同处以及平面、立面均表达不清的部位，可绘制局部剖面；

2）墙、柱、轴线和轴线编号；

3）剖切到或可见的主要结构和建筑构造部件，如室外地面、底层地(楼)面、地坑、地沟、各层楼板、夹层、平台、吊顶、屋架、屋顶、出屋顶烟囱、天窗、挡风板、檐口、女儿墙、爬梯、门、窗、楼梯、台阶、坡道、散水、平台、阳台、雨篷、洞口及其他装修等可见的内容；

4）高度尺寸

外部尺寸：门、窗、洞口高度、层间高度、室内外高差、女儿墙高度、总高度；

内部尺寸：地坑(沟)深度、隔断、内窗、洞口、平台、吊顶等；

5）标高

主要结构和建筑构造部件的标高，如地面、楼面(含地下室)、平台、吊顶、屋面板、屋面檐口、女儿墙顶、高出屋面的建筑物、构筑物及其他屋面特殊构件等的标高，室外地面标高；

6）节点构造详图索引号；

7）图纸名称、比例。

4 详图

1）内外墙节点、楼梯、电梯、厨房、卫生间等局部平面放大和构造详图；

2）室内外装饰方面的构造、线脚、图案等；

3）特殊的或非标准门、窗、幕墙等应有构造详图。如属另行委托设计加工者，要绘制立面分格图，对开启面积大小和开启方式，与主体结构的连接方式、预埋件、用料材质、颜色等作出规定；

4）其他凡在平、立、剖面文字说明中无法交代或交待不清的建筑构配件和建筑构造；

5）对紧邻的原有建筑，应绘出其局部的平、立、剖面，并索引新建筑与原有建筑结合处的详图号。

4.3.5 计算书(供内部使用)

根据工程性质特点进行热工、视线、防护、防火、安全疏散等方面的计算。计算书作为技术文件归档。

附录二

《房屋建筑制图统一标准》GB/T 50001—2001 摘录

1 总　　则

1.0.1 为了统一房屋建筑制图规则，保证制图质量，提高制图效率，做到图面清晰、简明，符合设计、施工、存档的要求，适应工程建设的需要，制定本标准。

1.0.2 本标准是房屋建筑制图的基本规定，适用于总图、建筑、结构、给水排水、暖通空调、电气等各专业制图。

1.0.3 本标准适用于下列制图方式绘制的图样：

1 手工制图；

2 计算机制图。

1.0.4 本标准适用于各专业下列工程制图：

1 新建、改建、扩建工程的各阶段设计图、竣工图；

2 原有建筑物、构筑物和总平面的实测图；

3 通用设计图、标准设计图。

1.0.5 房屋建筑制图，除应符合本标准外，还应符合国家现行有关强制性标准的规定以及各有关专业的制图标准。

2 图纸幅面规格与图纸编排顺序

2.1 图　纸　幅　面

2.1.1 图纸幅面及图框尺寸，应符合表 2.1.1 的规定及图 2.1.1-1～图 2.1.1-3 的格式。

幅面及图框尺寸(mm)　　**表 2.1.1**

尺寸代号 \ 幅面代号	A0	A1	A2	A3	A4
$b\times l$	841×1189	594×841	420×594	297×420	210×297
c	10			5	
a	25				

2.1.2 需要微缩复制的图纸，其一个边上应附有一段准确米制尺度，四个边上均附有对中标志，米制尺度的总长应为 100mm，分格应为 10mm。对中标志应画在图纸各边长的中点处，线宽应为 0.35mm，伸入框内应为 5mm。

2.1.3 图纸的短边一般不应加长，长边可加长，但应符合表 2.1.3 的规定。

图纸长边加长尺寸(mm) **表 2.1.3**

幅面尺寸	长边尺寸	长边加长后尺寸						
A0	1189	1486	1635	1783	1932	2080	2230	2378
A1	841	1051	1261	1471	1682	1892	2102	
A2	594	743	891	1041	1189	1338	1486	1635
A2	594	1783	1932	2080				
A3	420	630	841	1051	1261	1471	1682	1892

注：有特殊需要的图纸，可采用 $b \times l$ 为 841mm×891mm 与 1189mm×1261mm 的幅面。

2.1.4 图纸以短边作为垂直边称为横式，以短边作为水平边称为立式。一般 A0～A3 图纸宜横式使用；必要时，也可立式使用。

2.1.5 一个工程设计中，每个专业所使用的图纸，一般不宜多于两种幅面，不含目录及表格所采用的 A4 幅面。

2.2 标题栏与会签栏

2.2.1 图纸的标题栏、会签栏及装订边的位置，应符合下列规定：

1 横式使用的图纸，应按图 2.1.1-1 的形式布置。

2 立式使用的图纸，应按图 2.1.1-2、图 2.1.1-3 的形式布置。

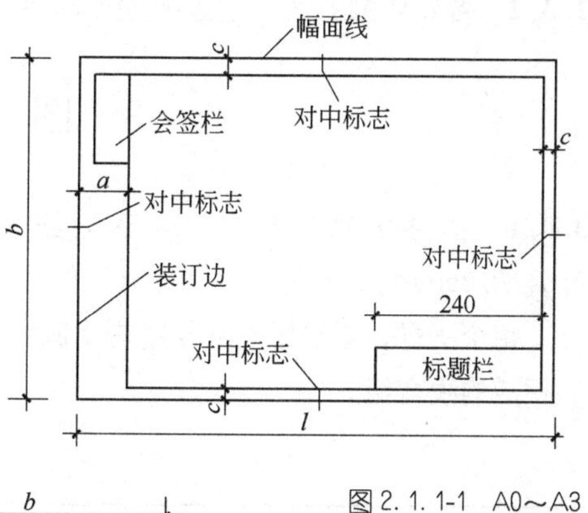

图 2.1.1-1 A0～A3 横式幅面

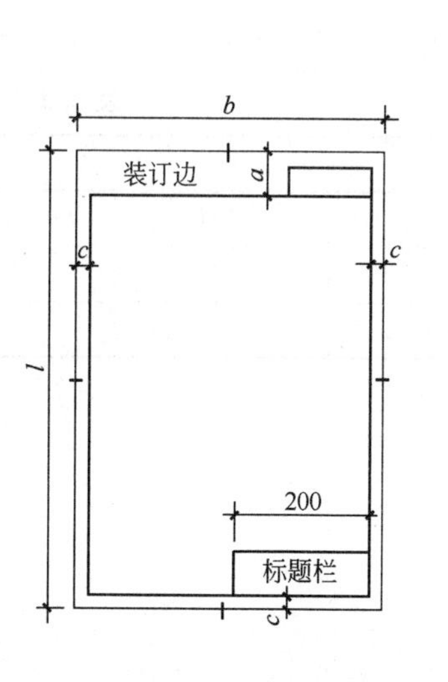

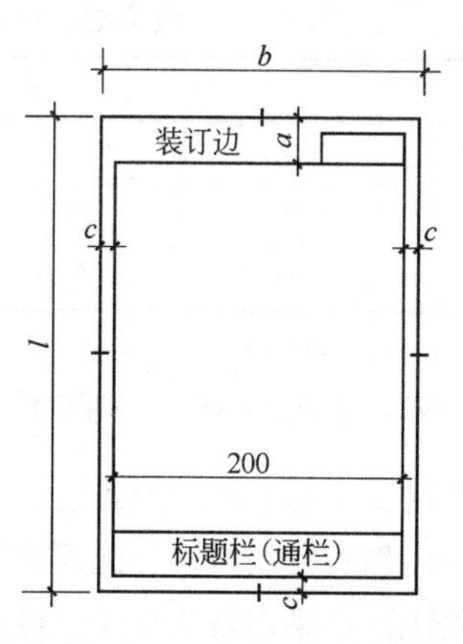

图 2.1.1-2 A0～A3 立式幅面(左)

图 2.1.1-3 A4 立式幅面(右)

2.2.2 标题栏应按图 2.2.2 所示，根据工程需要选择确定其尺寸、格式及分区。签字区应包含实名列和签名列。涉外工程的标题栏内，各项主要内容的中文下方应附有译文，设计单位的上方或左方，应加“中华人民共和国”字样。

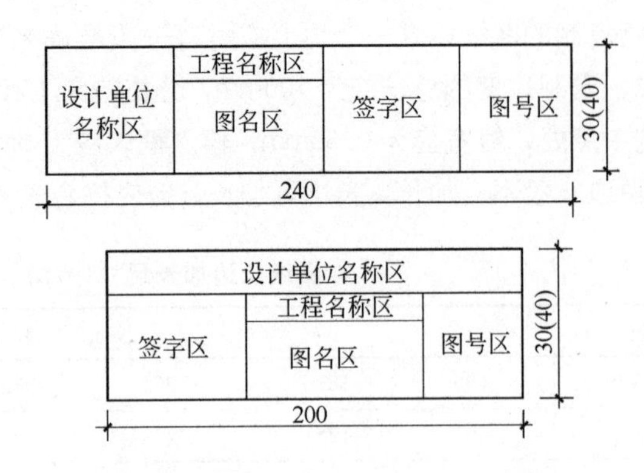

图 2.2.2 标题栏

2.2.3 会签栏应按图 2.2.3 的格式绘制，其尺寸应为 100mm×20mm，栏内应填写会签人员所代表的专业、姓名、日期(年、月、日)；一个会签栏不够时，可另加一个，两个会签栏应并列；不需会签的图纸可不设会签栏。

(专业)	(实名)	(签名)	(日期)

图 2.2.3 会签栏

2.3 图纸编排顺序

2.3.1 工程图纸应按专业顺序编排。一般应为图纸目录、总图、建筑图、结构图、给水排水图、暖通空调图、电气图……等。

2.3.2 各专业的图纸，应该按图纸内容的主次关系、逻辑关系，有序排列。

3 图 线

3.0.1 图线的宽度 *b*，宜从下列线宽系列中选取：2.0、1.4、1.0、0.7、0.5、0.35mm。

每个图样，应根据复杂程度与比例大小，先选定基本线宽 *b*，再选用表 3.0.1 中相应的线宽组。

线宽组(mm) **表 3.0.1**

线宽比	线宽组					
b	2.0	1.4	1.0	0.7	0.5	0.35
0.5*b*	1.0	0.7	0.5	0.35	0.25	0.18
0.25*b*	0.5	0.35	0.25	0.18	—	—

注：1 需要微缩的图纸，不宜采用 0.18mm 及更细的线宽。
2 同一张图纸内，各不同线宽中的细线，可统一采用较细的线宽组的细线。

3.0.2 工程建设制图，应选用表 3.0.2 所示的图线。

3.0.3 同一张图纸内，相同比例的各图样，应选用相同的线宽组。

3.0.4 图纸的图框和标题栏线，可采用表 3.0.4 的线宽。

图　　线　　表 3.0.2

名称		线型	线宽	一般用途
实线	粗	————	b	主要可见轮廓线
	中	————	$0.5b$	可见轮廓线
	细	————	$0.25b$	可见轮廓线、图例线
虚线	粗	- - - - - -	b	见各有关专业制图标准
	中	- - - - - -	$0.5b$	不可见轮廓线
	细	- - - - - -	$0.25b$	不可见轮廓线、图例线
单点长画线	粗	—·—·—	b	见各有关专业制图标准
	中	—·—·—	$0.5b$	见各有关专业制图标准
	细	—·—·—	$0.25b$	中心线、对称线等
双点长画线	粗	—··—··—	b	见各有关专业制图标准
	中	—··—··—	$0.5b$	见各有关专业制图标准
	细	—··—··—	$0.25b$	假想轮廓线、成型前原始轮廓线
折断线		——\/——	$0.25b$	断开界线
波浪线		～～～	$0.25b$	断开界线

图框线、标题栏线的宽度(mm)　　表 3.0.4

幅面代号	图框线	标题栏外框线	标题栏分格线、会签栏线
A0、A1	1.4	0.7	0.35
A2、A3、A4	1.0	0.7	0.35

3.0.5 相互平行的图线，其间隙不宜小于其中的粗线宽度，且不宜小于 0.7mm。

3.0.6 虚线、单点长画线或双点长画线的线段长度和间隔，宜各自相等。

3.0.7 单点长画线或双点长画线，当在较小图形中绘制有困难时，可用实线代替。

3.0.8 单点长画线或双点长画线的两端，不应是点。点画线与点画线交接或点画线与其他图线交接时，应是线段交接。

3.0.9 虚线与虚线交接或虚线与其他图线交接时，应是线段交接。虚线为实线的延长线时，不得与实线连接。

3.0.10 图线不得与文字、数字或符号重叠、混淆，不可避免时，应首先保证文字等的清晰。

4　字　　体

4.0.1 图纸上所需书写的文字、数字或符号等，均应笔画清晰、字体端正、排列整齐；标点符号应清楚正确。

4.0.2 文字的字高，应从如下系列中选用：3.5、5、7、10、14、20mm。

如需书写更大的字，其高度应按$\sqrt{2}$的比值递增。

4.0.3 图样及说明中的汉字，宜采用长仿宋体，宽度与高度的关系应符合表4.0.3的规定。大标题、图册封面、地形图等的汉字，也可书写成其他字体，但应易于辨认。

长仿宋体字高宽关系(mm) **表4.0.3**

字　高	20	14	10	7	5	3.5
字　宽	14	10	7	5	3.5	2.5

4.0.4 汉字的简化字书写，必须符合国务院公布的《汉字简化方案》和有关规定。

4.0.5 拉丁字母、阿拉伯数字与罗马数字的书写与排列，应符合表4.0.5的规定。

拉丁字母、阿拉伯数字与罗马数字书写规则 **表4.0.5**

书 写 格 式	一 般 字 体	窄 字 体
大写字母高度	h	h
小写字母高度(上下均无延伸)	$7/10h$	$10/14h$
小写字母伸出的头部或尾部	$3/10h$	$4/14h$
笔画宽度	$1/10h$	$1/14h$
字母间距	$2/10h$	$2/14h$
上下行基准线最小间距	$15/10h$	$21/14h$
词间距	$6/10h$	$6/14h$

4.0.6 拉丁字母、阿拉伯数字与罗马数字，如需写成斜体字，其斜度应是从字的底线逆时针向上倾斜75°。斜体字的高度与宽度应与相应的直体字相等。

4.0.7 拉丁字母、阿拉伯数字与罗马数字的字高，应不小于2.5mm。

4.0.8 数量的数值注写，应采用正体阿拉伯数字。各种计量单位凡前面有量值的，均应采用国家颁布的单位符号注写。单位符号应采用正体字母。

4.0.9 分数、百分数和比例数的注写，应采用阿拉伯数字和数学符号，例如：四分之三、百分之二十五和一比二十应分别写成3/4、25%和1：20。

4.0.10 当注写的数字小于1时，必须写出个位的“0”，小数点应采用圆点，齐基准线书写，例如0.01。

4.0.11 长仿宋汉字、拉丁字母、阿拉伯数字与罗马数字示例见《技术制图——字体》(GB/T 14691—93)。

5 比　例

5.0.1 图样的比例，应为图形与实物相对应的线性尺寸之比。比例的大小，是指其比值的大小，如 1∶50 大于 1∶100。

5.0.2 比例的符号为“∶”，比例应以阿拉伯数字表示，如 1∶1、1∶2、1∶100 等。

5.0.3 比例宜注写在图名的右侧，字的基准线应取平；比例的字高宜比图名的字高小一号或二号(图 5.0.3)。

平面图 1:100　　⑥ 1:20

图 5.0.3 比例的注写

5.0.4 绘图所用的比例，应根据图样的用途与被绘对象的复杂程度，从表 5.0.4 中选用，并优先用表中常用比例。

绘图所用的比例　　**表 5.0.4**

常用比例	1∶1、1∶2、1∶5、1∶10、1∶20、1∶50、1∶100、1∶150、1∶200、1∶500、1∶1000、1∶2000、1∶5000、1∶10000、1∶20000、1∶50000、1∶100000、1∶200000
可用比例	1∶3、1∶4、1∶6、1∶15、1∶25、1∶30、1∶40、1∶60、1∶80、1∶250、1∶300、1∶400、1∶600

5.0.5 一般情况下，一个图样应选用一种比例。根据专业制图需要，同一图样可选用两种比例。

5.0.6 特殊情况下也可自选比例，这时除应注出绘图比例外，还必须在适当位置绘制出相应的比例尺。

6 符　　号

6.1 剖 切 符 号

6.1.1 剖视的剖切符号应符合下列规定：

1 剖视的剖切符号应由剖切位置线及投射方向线组成，均应以粗实线绘制。剖切位置线的长度宜为 6～10mm；投射方向线应垂直于剖切位置线，长度应短于剖切位置线，宜为 4～6mm(图 6.1.1)。绘制时，剖视的剖切符号不应与其他图线相接触。

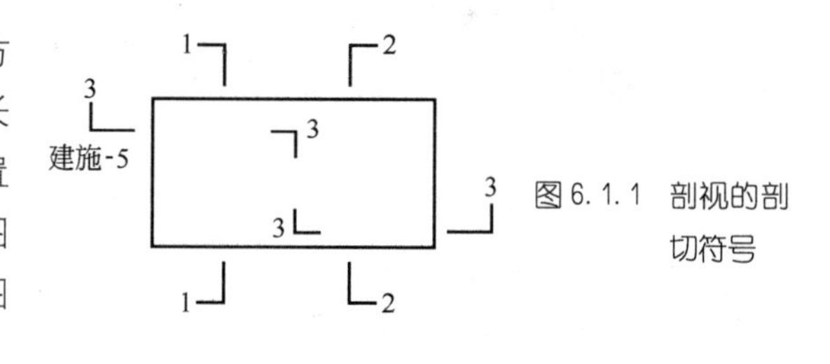

图 6.1.1 剖视的剖切符号

2 剖视剖切符号的编号宜采用阿拉伯数字，按顺序由左至右、由下至上连续编排，并应注写在剖视方向线的端部。

3 需要转折的剖切位置线，应在转角的外侧加注与该符号相同的编号。

4 建(构)筑物剖面图的剖切符号宜注在±0.00 标高的平面图上。

6.1.2 断面的剖切符号应符合下列规定：

1 断面的剖切符号应只用剖切位置线表示，并应以粗实线绘制，长度宜为 6～10mm。

2 断面剖切符号的编号宜采用阿拉伯数字，按顺序连续编排，并应注写在剖切位置线的一侧；编号所在的一侧应为该断面的剖视方向(图 6.1.2)。

6.1.3 剖面图或断面图，如与被剖切图样不在同一张图内，可在剖切位置线的另一侧注明其所在图纸的编号，也可以在图上集中说明。

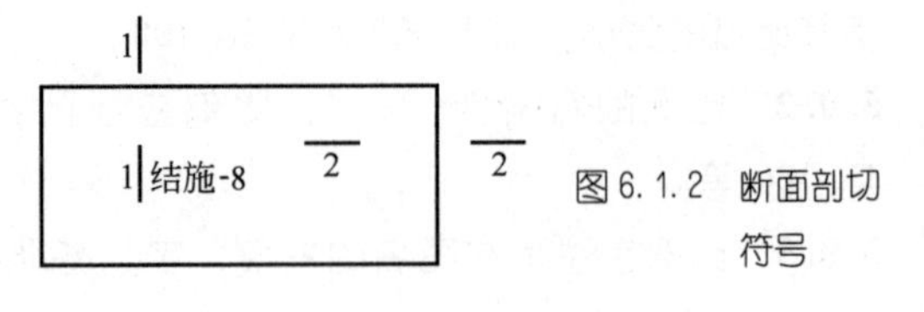

图 6.1.2 断面剖切符号

6.2 索引符号与详图符号

6.2.1 图样中的某一局部或构件，如需另见详图，应以索引符号索引(图 6.2.1*a*)。索引符号是由直径为 10mm 的圆和水平直径组成，圆及水平直径均应以细实线绘制。索引符号应按下列规定编写：

1 索引出的详图，如与被索引的详图同在一张图纸内，应在索引符号的上半圆中用阿拉伯数字注明该详图的编号，并在下半圆中间画一段水平细实线(图 6.2.1*b*)。

2 索引出的详图，如与被索引的详图不在同一张图纸内，应在索引符号的上半圆中用阿拉伯数字注明该详图的编号，在索引符号的下半圆中用阿拉伯数字注明该详图所在图纸的编号(图 6.2.1*c*)。数字较多时，可加文字标注。

3 索引出的详图，如采用标准图，应在索引符号水平直径的延长线上加注该标准图册的编号(图 6.2.1*d*)。

6.2.2 索引符号如用于索引剖视详图，应在被剖切的部位绘制剖切位置线，并以引出线引出索引符号，引出线所在的一侧应为投射方向。索引符号的编写同 6.2.1 条的规定(图 6.2.2*a*、*b*、*c*、*d*)。

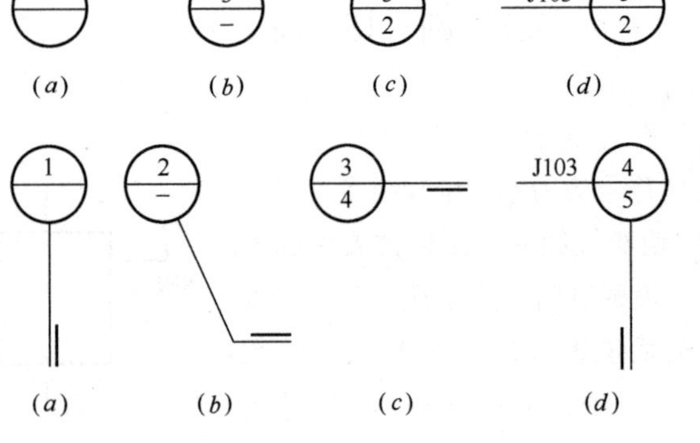

图 6.2.1 索引符号(上)

图 6.2.2 用于索引剖面详图的索引符号(下)

6.2.3 零件、钢筋、杆件、设备等的编号，以直径为 4～6mm(同一图样应保持一致)的细实线圆表示，其编号应用阿拉伯数字按顺序编写(图 6.2.3)。

6.2.4 详图的位置和编号，应以详图符号表示。详图符号的圆应以直径为 14mm 粗实线绘制。详图应按下列规定编号：

1 详图与被索引的图样同在一张图纸内时，应在详图符号内用阿拉伯数字注明详图的编号(图 6.2.4-1)。

2 详图与被索引的图样不在同一张图纸内，应用细实线在详图符号内画一水平直径，在上半圆中注明详图编号，在下半圆中注明被索引的图纸的编号(图 6.2.4-2)。

图6.2.3 零件、钢筋等的编号

图6.2.4-1 与被索引图样同在一张图纸内的详图符号

图6.2.4-2 与被索引图样不在同一张图纸内的详图符号

6.3 引 出 线

6.3.1 引出线应以细实线绘制，宜采用水平方向的直线、与水平方向成30°、45°、60°、90°的直线，或经上述角度再折为水平线。文字说明宜注写在水平线的上方(图6.3.1*a*)，也可注写在水平线的端部(图6.3.1*b*)。索引详图的引出线，应与水平直径线相连接(图6.3.1*c*)。

6.3.2 同时引出几个相同部分的引出线，宜互相平行(图6.3.2*a*)，也可画成集中于一点的放射线(图6.3.2*b*)。

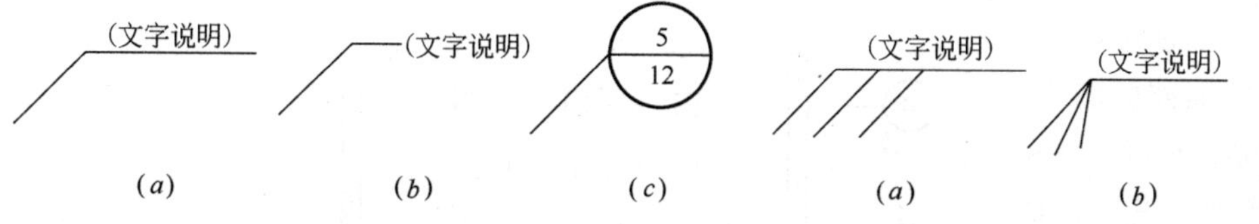

图6.3.1 引出线(左)

图6.3.2 共用引出线(右)

6.3.3 多层构造或多层管道共用引出线，应通过被引出的各层。文字说明宜注写在水平线的上方，或注写在水平线的端部，说明的顺序应由上至下，并应与被说明的层次相互一致；如层次为横向排序，则由上至下的说明顺序应与左至右的层次相互一致(图6.3.3)。

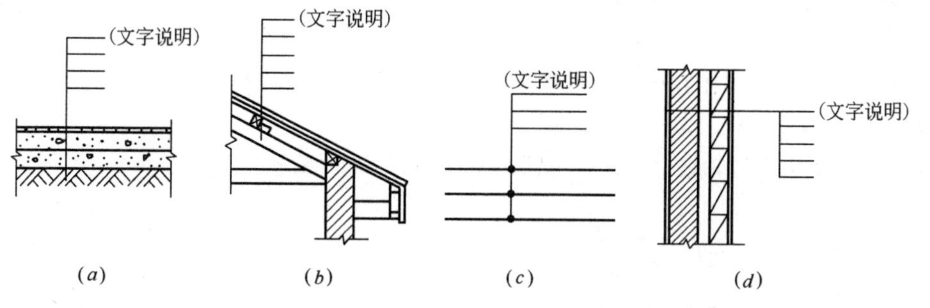

图6.3.3 多层构造引出线

6.4 其 他 符 号

6.4.1 对称符号由对称线和两端的两对平行线组成。对称线用细点画线绘制；平行线用细实线绘制，其长度宜为6～10mm，每对的间距宜为2～3mm；对称线垂直平分于两对平行线，两端超出平行线宜为2～3mm(图6.4.1)。

6.4.2 连接符号应以折断线表示需连接的部位。两部位相距过远时，折断线两端靠图样一侧应标注大写拉丁字母表示连接编号。两个被连接的图样必须用相同的字母编号(图 6.4.2)。

6.4.3 指北针的形状宜如图 6.4.3 所示，其圆的直径宜为 24mm，用细实线绘制；指针尾部的宽度宜为 3mm，指针头部应注“北”或“N”字。需用较大直径绘制指北针时，指针尾部宽度宜为直径的 1/8。

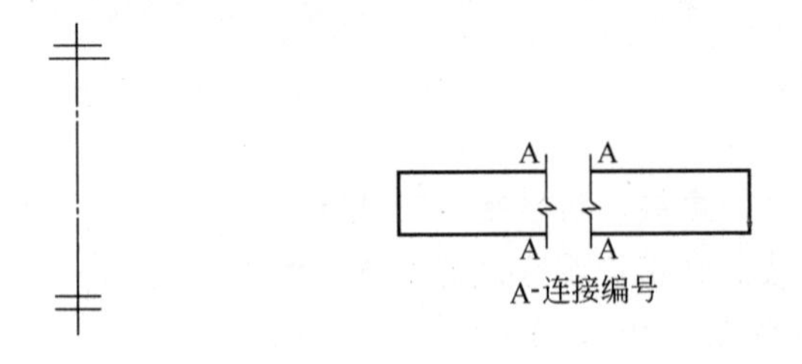

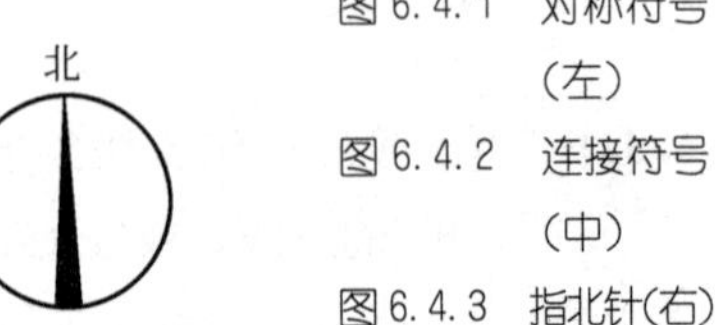

图 6.4.1 对称符号(左)
图 6.4.2 连接符号(中)
图 6.4.3 指北针(右)

7 定 位 轴 线

7.0.1 定位轴线应用细点画线绘制。

7.0.2 定位轴线一般应编号，编号应注写在轴线端部的圆内。圆应用细实线绘制，直径为 8～10mm。定位轴线圆的圆心，应在定位轴线的延长线上或延长线的折线上。

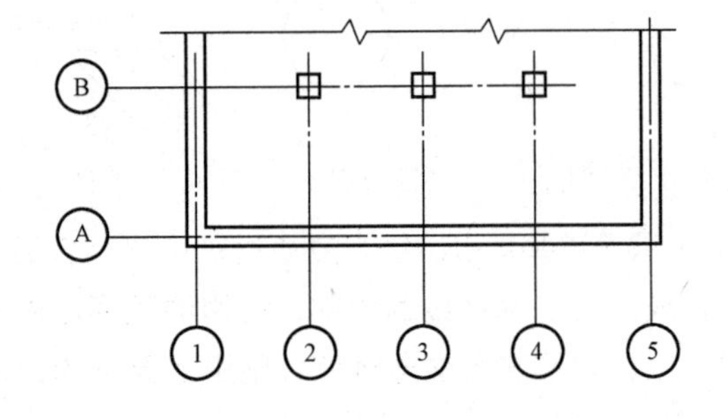

图 7.0.3 定位轴线的编号顺序

7.0.3 平面图上定位轴线的编号，宜标注在图样的下方与左侧。横向编号应用阿拉伯数字，从左至右顺序编写，竖向编号应用大写拉丁字母，从下至上顺序编写(图 7.0.3)。

7.0.4 拉丁字母的 I、O、Z 不得用作轴线编号。如字母数量不够使用，可增用双字母或单字母加数字注脚，如 A_A、B_A…Y_A 或 A_1、B_1…Y_1。

7.0.5 组合较复杂的平面图中定位轴线也可采用分区编号(图 7.0.5)，编号的注写形式应为“分区号——该分区编号”。分区号采用阿拉伯数字或大写拉丁字母表示。

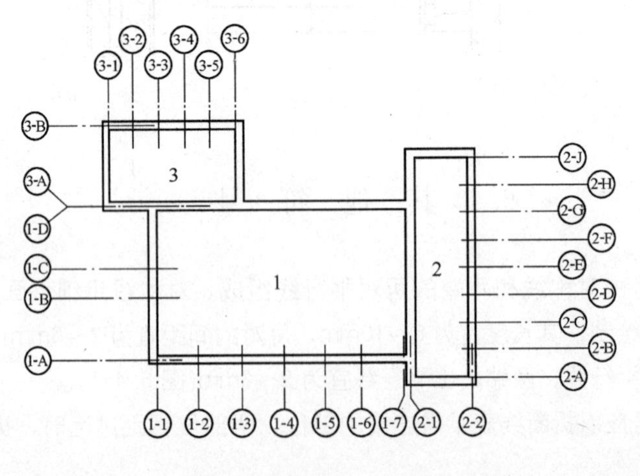

图 7.0.5 定位轴线的分区编号

7.0.6 附加定位轴线的编号，应以分数形式表示，并应按下列规定编写：

1 两根轴线间的附加轴线，应以分母表示前一轴线的编号，分子表示附加轴线的编号，编号宜用阿拉伯数字顺序编写，如：

$\frac{1}{2}$表示 2 号轴线之后附加的第一根轴线；

$\frac{3}{C}$表示 C 号轴线之后附加的第三根轴线。

2 1 号轴线或 A 号轴线之前的附加轴线的分母应以 01 或 0A 表示，如：

$\frac{1}{01}$表示 1 号轴线之前附加的第一根轴线；

$\frac{3}{0A}$表示 A 号轴线之前附加的第三根轴线。

7.0.7 一个详图适用于几根轴线时，应同时注明各有关轴线的编号(图 7.0.7)。

7.0.8 通用详图中的定位轴线，应只画圆，不注写轴线编号。

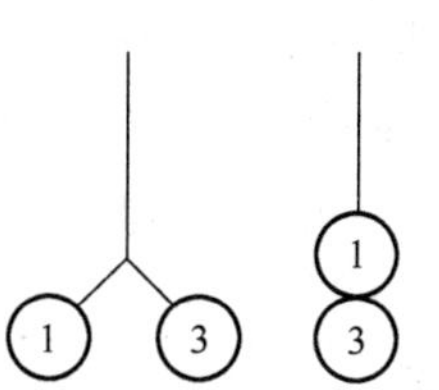

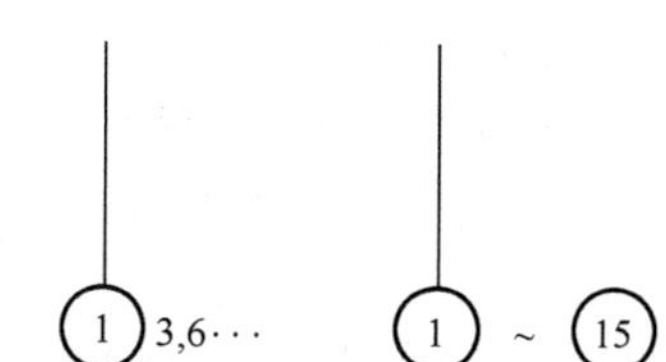

图 7.0.7 详图的轴线编号

7.0.9 圆形平面图中定位轴线的编号，其径向轴线宜用阿拉伯数字表示，从左下角开始，按逆时针顺序编写；其圆周轴线宜用大写拉丁字母表示，从外向内顺序编写(图 7.0.9)。

7.0.10 折线形平面图中定位轴线的编号可按图 7.0.10 的形式编写。

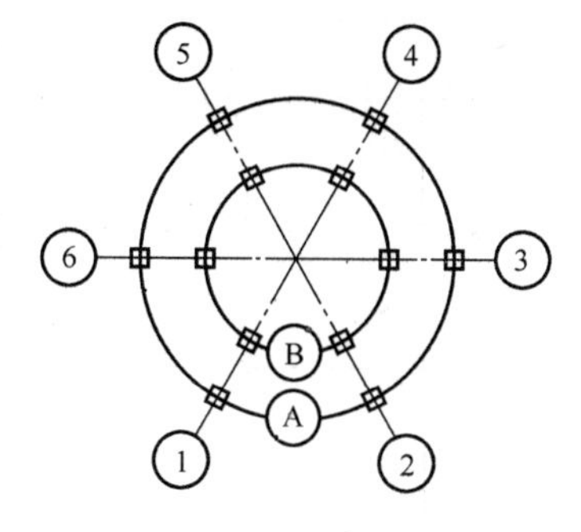

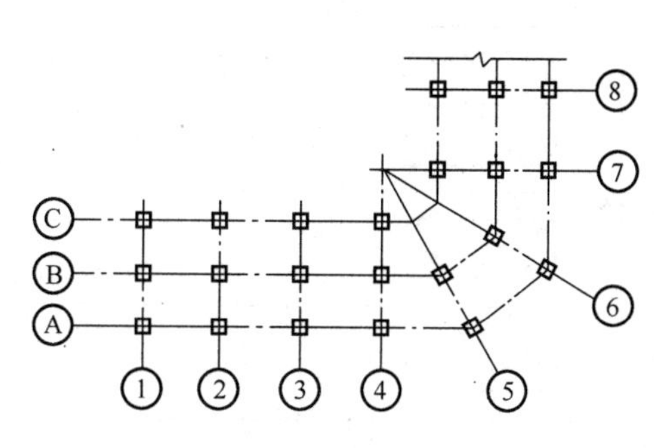

图 7.0.9 圆形平面定位轴线的编号(左)

图 7.0.10 折线形平面定位轴线的编号(右)

8 常用建筑材料图例

8.1 一 般 规 定

8.1.1 本标准只规定常用建筑材料的图例画法，对其尺度比例不作具体规定。使用时，应根据图样大小而定，并应注意下列事项：

1 图例线应间隔均匀，疏密适度，做到图例正确，表示清楚；

2 不同品种的同类材料使用同一图例时(如某些特定部位的石膏板必须注明是防水石膏板时)，应在图上附加必要的说明；

3 两个相同的图例相接时，图例线宜错开或使倾斜方向相反(图 8.1.1-1)；

4 两个相邻的涂黑图例(如混凝土构件、金属件)间，应留有空隙。其宽度不得小于 0.7mm(图 8.1.1-2)。

8.1.2 下列情况可不加图例，但应加文字说明：

1 一张图纸内的图样只用一种图例时；

2 图形较小无法画出建筑材料图例时。

8.1.3 需画出的建筑材料图例面积过大时，可在断面轮廓线内，沿轮廓线作局部表示(图 8.1.3)。

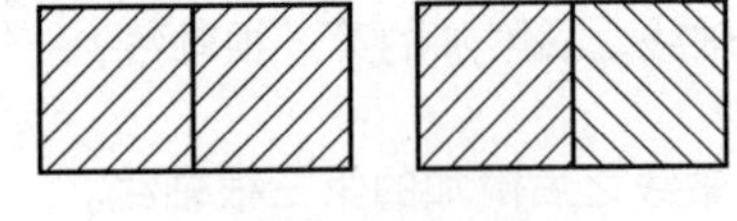

图 8.1.1-1 相同图例相接时的画法(上)

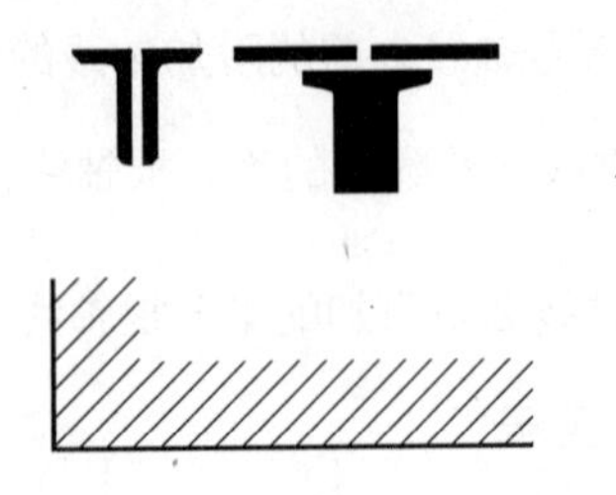

图 8.1.1-2 相邻涂黑图例的画法(中)

图 8.1.3 局部表示图例(下)

8.1.4 当选用本标准中未包括的建筑材料时，可自编图例。但不得与本标准所列的图例重复。绘制时，应在适当位置画出该材料图例，并加以说明。

8.2 常用建筑材料图例

8.2.1 常用建筑材料应按表 8.2.1 所示图例画法绘制。

常用建筑材料图例 **表 8.2.1**

序号	名　称	图　例	备　注
1	自然土壤		包括各种自然土壤
2	夯实土壤		
3	砂、灰土		靠近轮廓线绘较密的点
4	砂砾石、碎砖三合土		
5	石　材		
6	毛　石		
7	普通砖		包括实心砖、多孔砖、砌块等砌体。断面较窄不易绘出图例线时，可涂红
8	耐火砖		包括耐酸砖等砌体
9	空心砖		指非承重砖砌体
10	饰面砖		包括铺地砖、马赛克、陶瓷锦砖、人造大理石等
11	焦渣、矿渣		包括与水泥、石灰等混合而成的材料

续表

序号	名　称	图　例	备　注
12	混凝土		1. 本图例指能承重的混凝土及钢筋混凝土 2. 包括各种强度等级、骨料、添加剂的混凝土 3. 在剖面图上画出钢筋时，不画图例线 4. 断面图形小，不易画出图例线时，可涂黑
13	钢筋混凝土		
14	多孔材料		包括水泥珍珠岩、沥青珍珠岩、泡沫混凝土、非承重加气混凝土、软木、蛭石制品等
15	纤维材料		包括矿棉、岩棉、玻璃棉、麻丝、木丝板、纤维板等
16	泡沫塑料材料		包括聚苯乙烯、聚乙烯、聚氨酯等多孔聚合物类材料
17	木　材		1. 上图为横断面，上左图为垫木、木砖或木龙骨 2. 下图为纵断面
18	胶合板		应注明为×层胶合板
19	石膏板		包括圆孔、方孔石膏板、防水石膏板等
20	金　属		1. 包括各种金属 2. 图形小时，可涂黑
21	网状材料		1. 包括金属、塑料网状材料 2. 应注明具体材料名称
22	液　体		应注明具体液体名称
23	玻　璃		包括平板玻璃、磨砂玻璃、夹丝玻璃、钢化玻璃、中空玻璃、夹层玻璃、镀膜玻璃等
24	橡　胶		
25	塑　料		包括各种软、硬塑料及有机玻璃等
26	防水材料		构造层次多或比例大时，采用上面图例
27	粉　刷		本图例采用较稀的点

注：序号1、2、5、7、8、13、14、16、17、18、22、23图例中的斜线、短斜线、交叉斜线等一律为45°。

9 图 样 画 法

9.1 投 影 法

9.1.1 房屋建筑的视图，应按正投影法并用第一角画法绘制。自前方 A 投影称为正立面图，自上方 B 投影称为平面图，自左方 C 投影称为左侧立面图，自右方 D 投影称为右侧立面图，自下方 E 投影称为底面图，自后方 F 投影称为背立面图(图 9.1.1)。

9.1.2 当视图用第一角画法绘制不易表达时，可用镜像投影法绘制(图 9.1.2*a*)。但应在图名后注写“镜像”二字(图 9.1.2*b*)，或按图 9.1.2*c* 画出镜像投影识别符号。

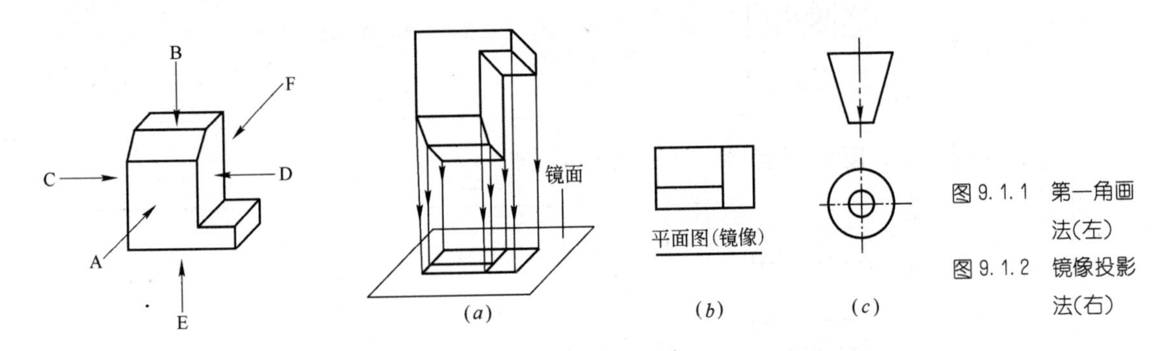

图 9.1.1 第一角画法(左)
图 9.1.2 镜像投影法(右)

9.2 视 图 配 置

9.2.1 如在同一张图纸上绘制若干个视图时，各视图的位置宜按图 9.2.1 的顺序进行配置。

9.2.2 每个视图一般均应标注图名。图名宜标注在视图的下方或一侧，并在图名下用粗实线绘一条横线，其长度应以图名所占长度为准(图 9.2.1)。使用详图符号作图名时，符号下不再画线。

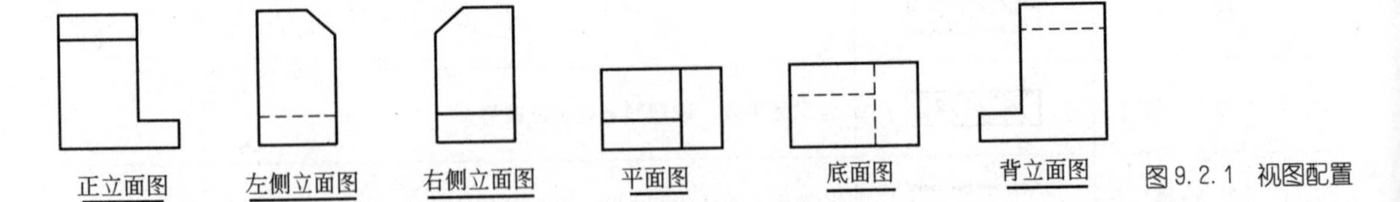

图 9.2.1 视图配置

9.2.3 分区绘制的建筑平面图，应绘制组合示意图，指出该区在建筑平面图中的位置。各分区视图的分区部位及编号均应一致，并应与组合示意图一致(图 9.2.3)。

9.2.4 同一工程不同专业的总平面图，在图纸上的布图方向均应一致；单体建(构)筑物平面图在图纸上的布图方向，必要时可与其在总平面图上的布图方向不一致，但必须标明方位；不同专业的单体建(构)筑物平面图，在图纸上的布图方向均应一致。

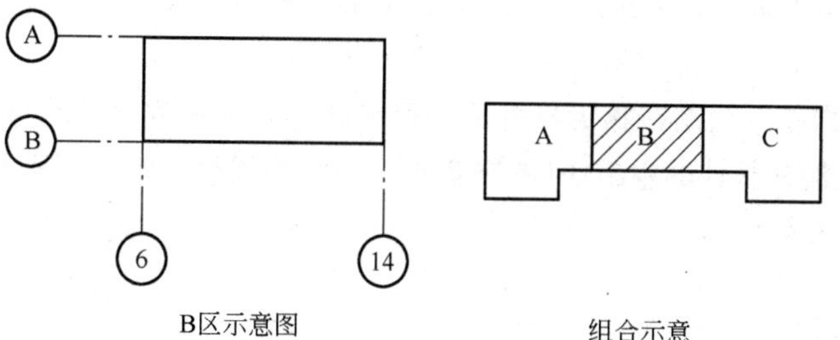

图 9.2.3 分区绘制建筑平面图

9.2.5 建(构)筑物的某些部分，如与投影面不平行(如圆形、折线形、曲线形等)，在画立面图时，可将该部分展至与投影面平行，再以正投影法绘制，并应在图名后注写“展开”字样。

9.3 剖面图和断面图

9.3.1 剖面图除应画出剖切面切到部分的图形外，还应画出沿投射方向看到的部分，被剖切面切到部分的轮廓线用粗实线绘制，剖切面没有切到、但沿投射方向可以看到的部分，用中实线绘制；断面图则只需(用粗实线)画出剖切面切到部分的图形(图 9.3.1)。

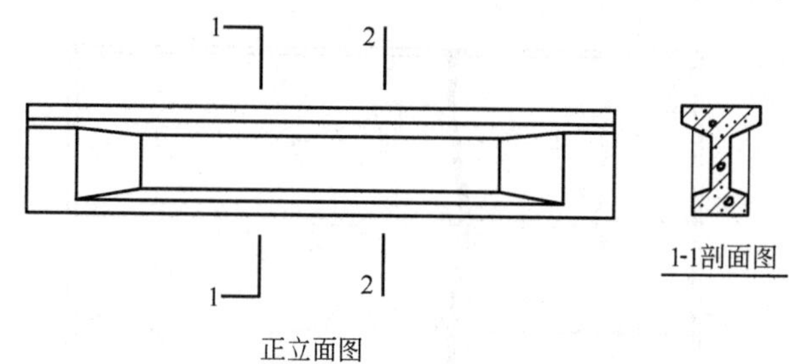

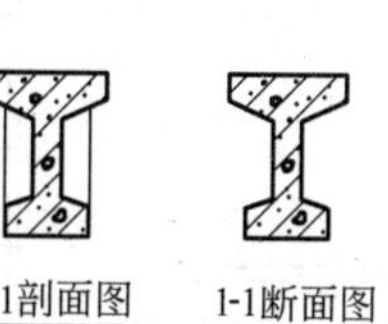

图 9.3.1 剖面图与断面图的区别

9.3.2 剖面图和断面图应按下列方法剖切后绘制：

1 用 1 个剖切面剖切(图 9.3.2-1)；

2 用 2 个或 2 个以上平行的剖切面剖切(图 9.3.2-2)；

3 用 2 个相交的剖切面剖切(图 9.3.2-3)。用此法剖切时，应在图名后注明“展开”字样。

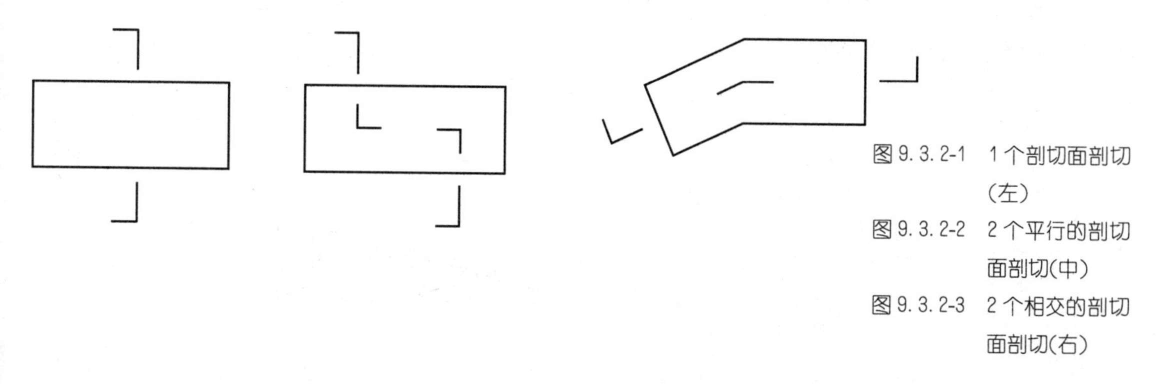

图 9.3.2-1 1 个剖切面剖切(左)

图 9.3.2-2 2 个平行的剖切面剖切(中)

图 9.3.2-3 2 个相交的剖切面剖切(右)

9.3.3 分层剖切的剖面图，应按层次以波浪线将各层隔开，波浪线不应与任何图线重合(图 9.3.3)。

9.3.4 杆件的断面图可绘制在靠近杆件的一侧或端部处并按顺序依次排列(图 9.3.4-1)，也可绘制在杆件的中断处(图 9.3.4-2)；结构梁板的断面图可画在结构布置图上(图 9.3.4-3)。

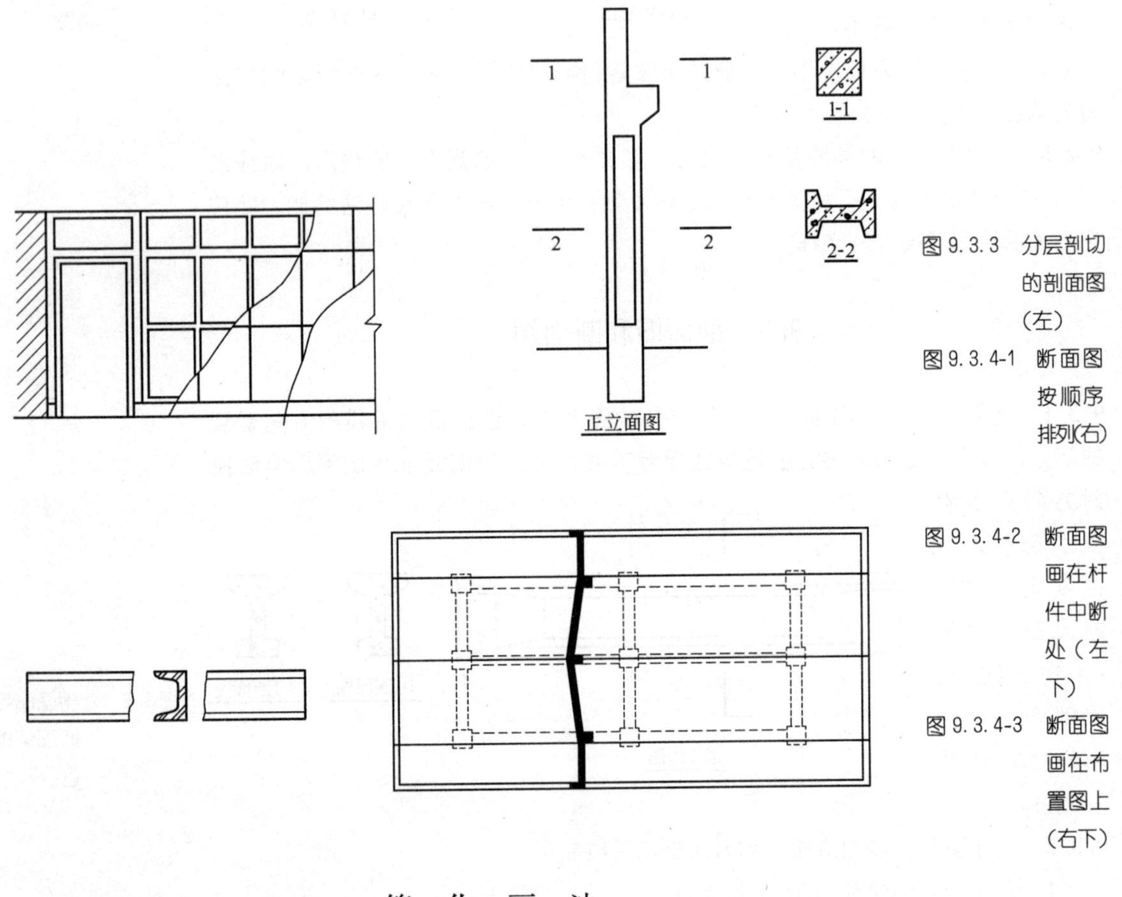

图 9.3.3 分层剖切的剖面图(左)

图 9.3.4-1 断面图按顺序排列(右)

图 9.3.4-2 断面图画在杆件中断处(左下)

图 9.3.4-3 断面图画在布置图上(右下)

9.4 简 化 画 法

9.4.1 构配件的视图有 1 条对称线，可只画该视图的一半；视图有 2 条对称线，可只画该视图的 1/4，并画出对称符号(图 9.4.1-1)。图形也可稍超出其对称线，此时可不画对称符号(图 9.4.1-2)。

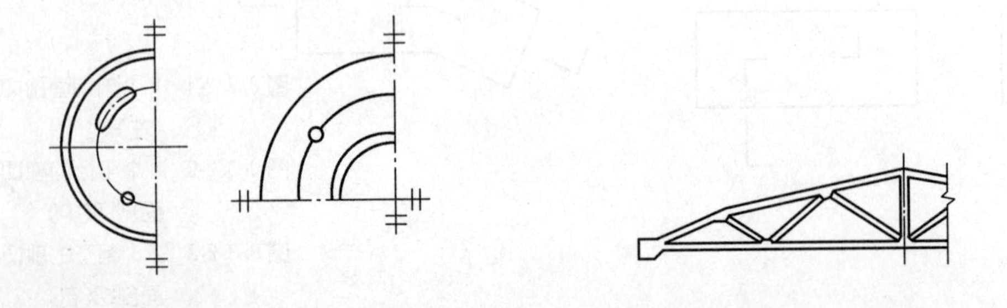

图 9.4.1-1 画出对称符号(左)

图 9.4.1-2 不画对称符号(右)

对称的形体需画剖面图或断面图时，可以对称符号为界，一半画视图(外形图)，一半画剖面图或断面图(图 9.4.1-3)。

9.4.2 构配件内多个完全相同而连续排列的构造要素，可仅在两端或适当位置画出其完整形状，其余部分以中心线或中心线交点表示(图 9.4.2*a*)。

如相同构造要素少于中心线交点，则其余部分应在相同构造要素位置的中心线交点处用小圆点表示(图 9.4.2*b*)。

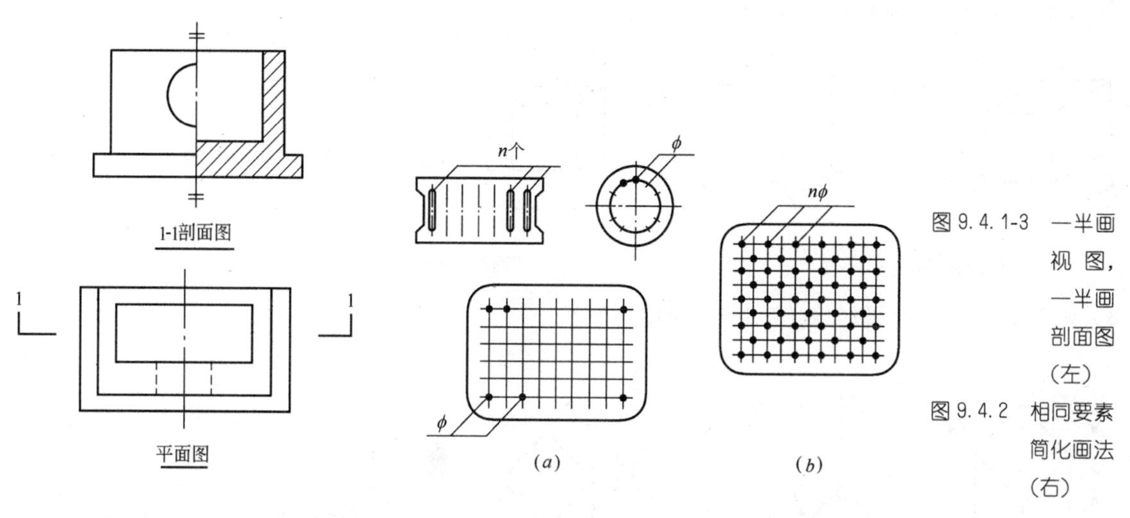

图 9.4.1-3 一半画视图，一半画剖面图(左)

图 9.4.2 相同要素简化画法(右)

9.4.3 较长的构件，如沿长度方向的形状相同或按一定规律变化，可断开省略绘制，断开处应以折断线表示(图 9.4.3)。

9.4.4 一个构配件，如绘制位置不够，可分成几个部分绘制，并应以连接符号表示相连(图 9.4.2)。

9.4.5 一个构配件如与另一构配件仅部分不相同，该构配件可只画不同部分，但应在两个构配件的相同部分与不同部分的分界线处，分别绘制连接符号(图 9.4.5)。

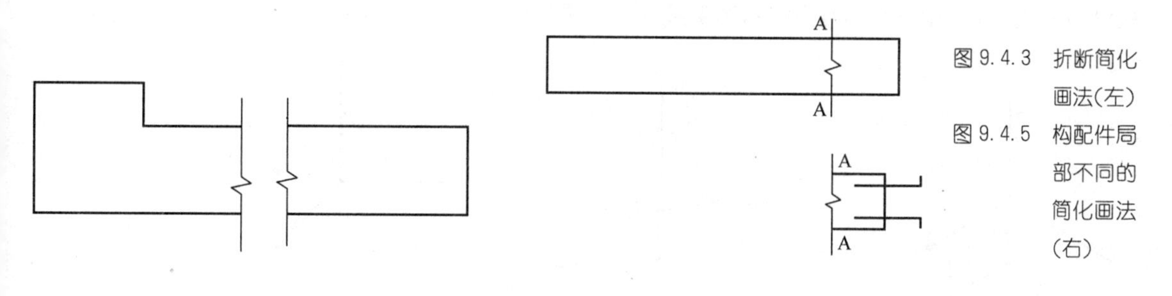

图 9.4.3 折断简化画法(左)

图 9.4.5 构配件局部不同的简化画法(右)

9.5 轴测图

9.5.1 房屋建筑的轴测图，宜采用以下四种轴测投影并用简化的轴向伸缩系数绘制：

1 正等测(图 9.5.1-1)。

2 正二测(图 9.5.1-2)。

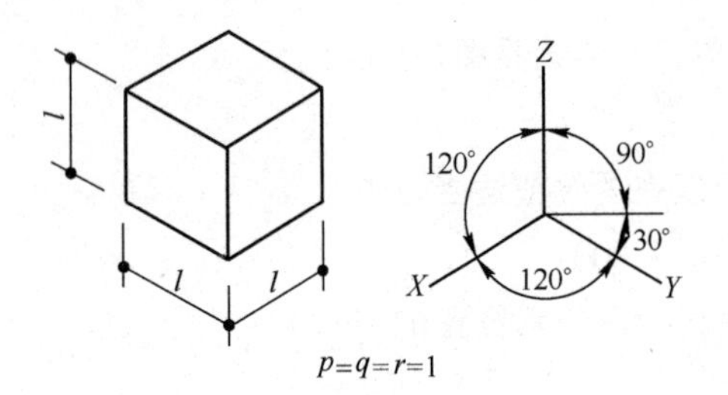

图 9.5.1-1 正等测的画法（左）

图 9.5.1-2 正二测的画法（右）

3 正面斜等测和正面斜二测(图 9.5.1-3)。

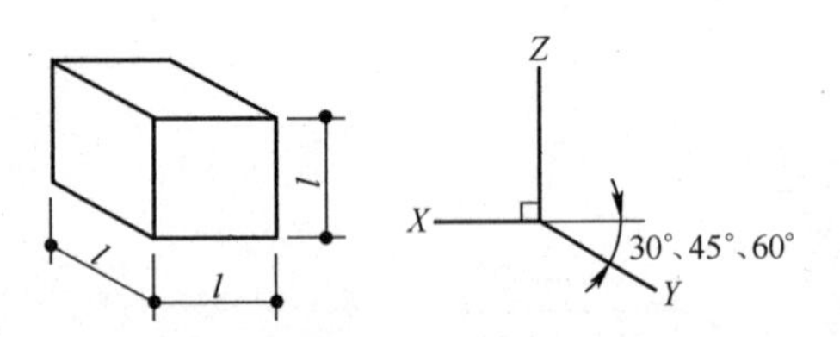

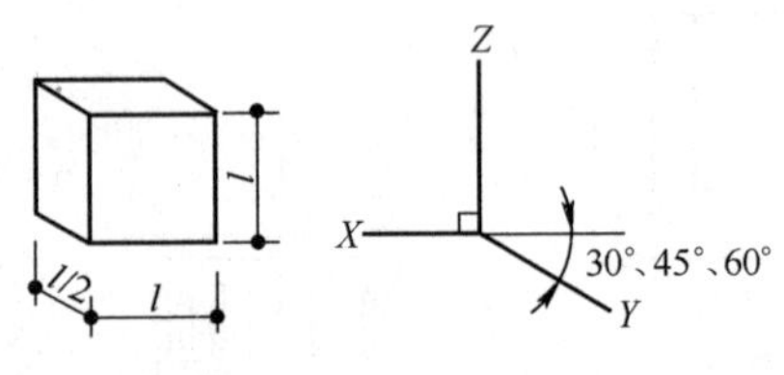

图 9.5.1-3 正面斜轴测投影的画法

4 水平斜等测和水平斜二测(图 9.5.1-4)。

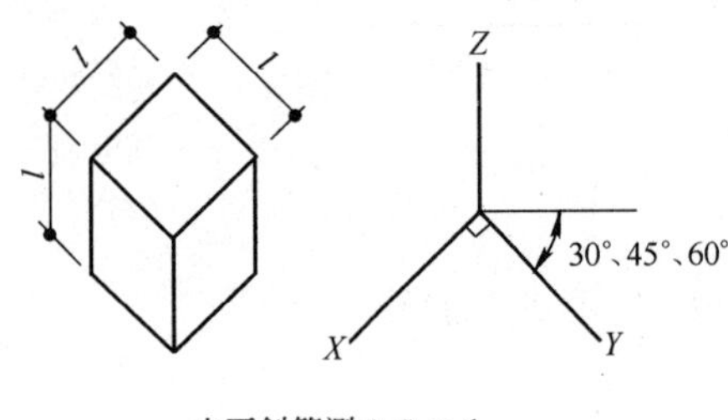

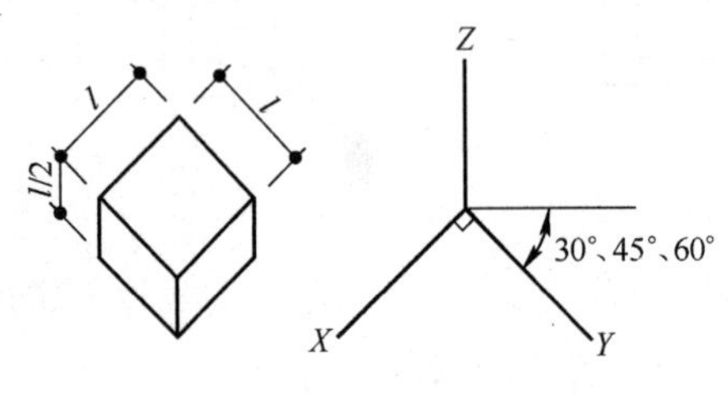

图 9.5.1-4 水平斜轴测投影的画法

9.5.2 轴测图的可见轮廓线宜用中实线绘制，断面轮廓线宜用粗实线绘制。不可见轮廓线一般不绘出，必要时，可用细虚线绘出所需部分。

9.5.3 轴测图的断面上应画出其材料图例线，图例线应按其断面所在坐标面的轴测方向绘制。如以 45°斜线为材料图例线时，应按图 9.5.3 的规定绘制。

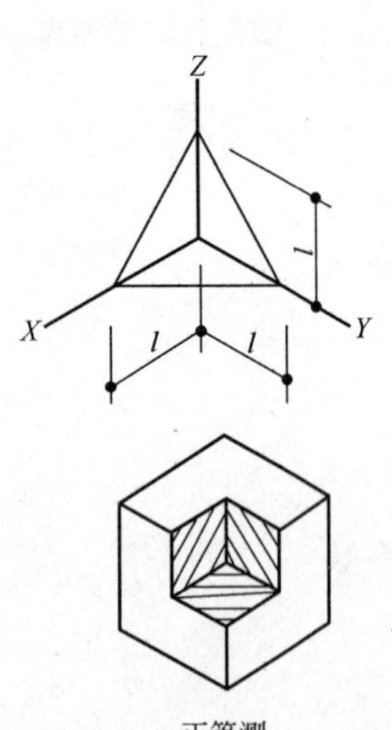

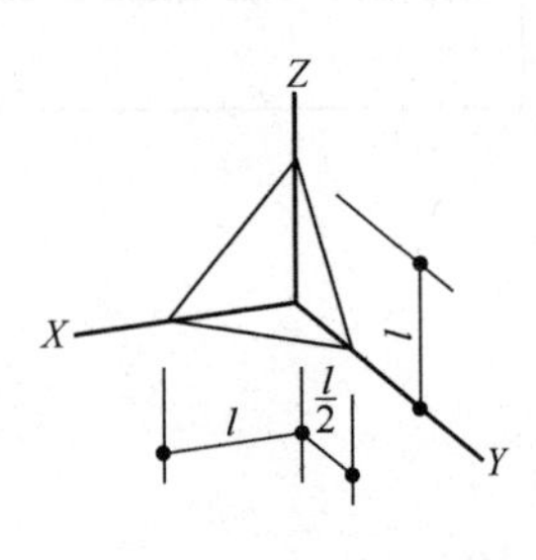

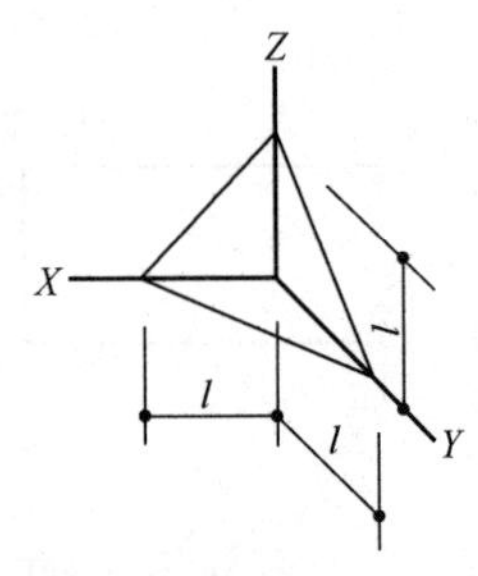

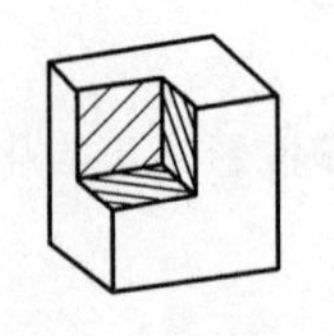

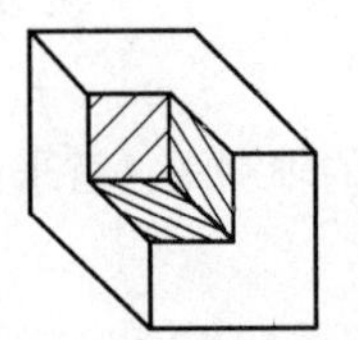

图 9.5.3 轴测图断面图例线画法(一)

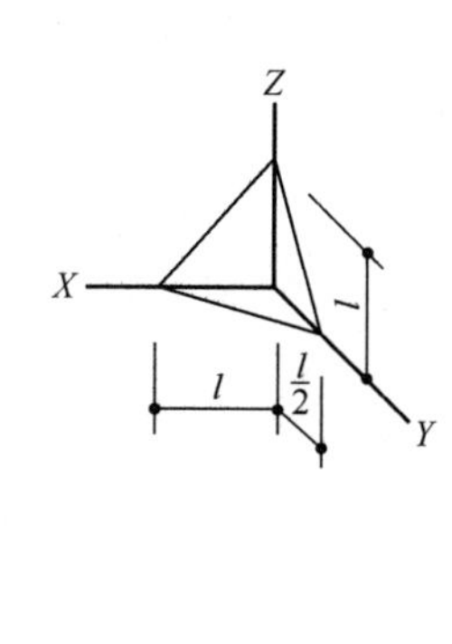

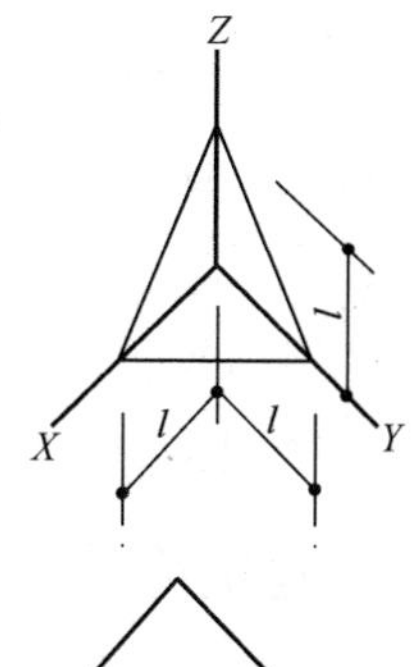

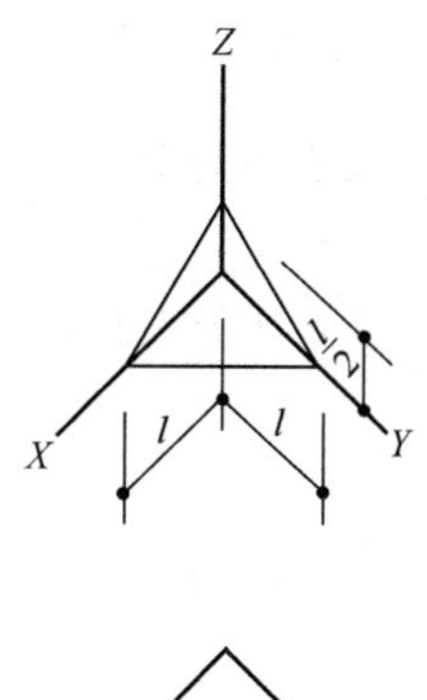

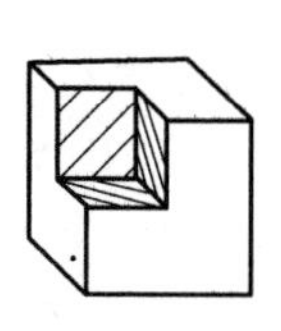

正面斜二测

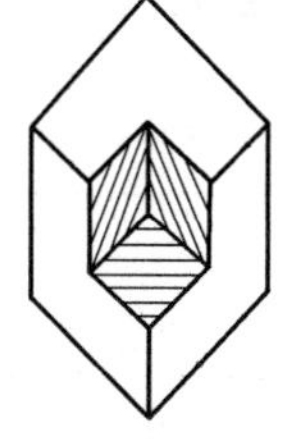

水平斜等测

水平斜二测

图 9.5.3 轴测图断面图例线画法(二)

9.5.4 轴测图线性尺寸，应标注在各自所在的坐标面内，尺寸线应与被注长度平行，尺寸界线应平行于相应的轴测轴，尺寸数字的方向应平行于尺寸线，如出现字头向下倾斜时，应将尺寸线断开，在尺寸线断开处水平方向注写尺寸数字。轴测图的尺寸起止符号宜用小圆点(图 9.5.4)。

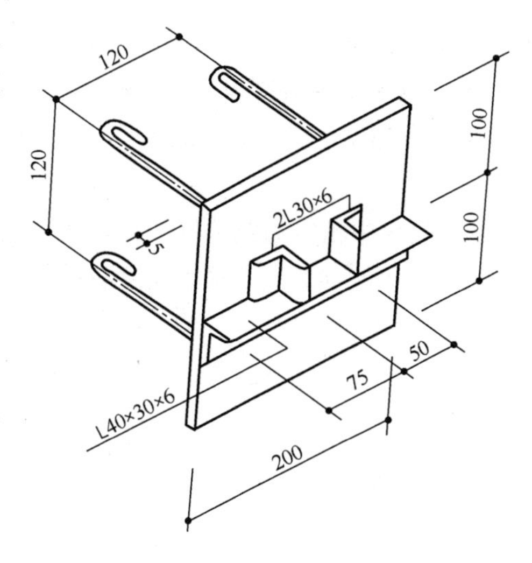

图 9.5.4 轴测图线性尺寸的标注方法

9.5.5 轴测图中的圆径尺寸，应标注在圆所在的坐标面内；尺寸线与尺寸界线应分别平行于各自的轴测轴。圆弧半径和小圆直径尺寸也可引出标注，但尺寸数字应注写在平行于轴测轴的引出线上(图 9.5.5)。

9.5.6 轴测图的角度尺寸，应标注在该角所在的坐标面内，尺寸线应画成相应的椭圆弧或圆弧。尺寸数字应水平方向注写(图 9.5.6)。

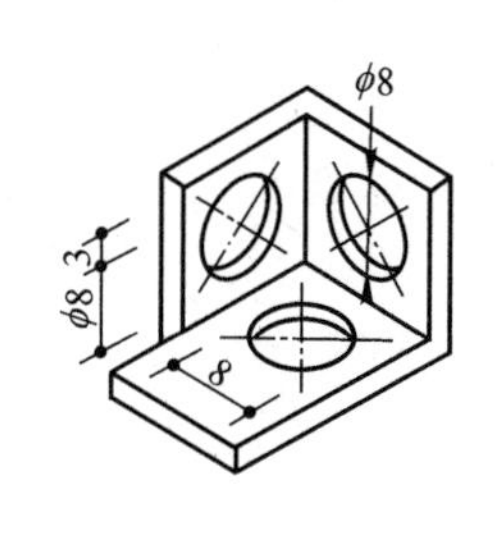

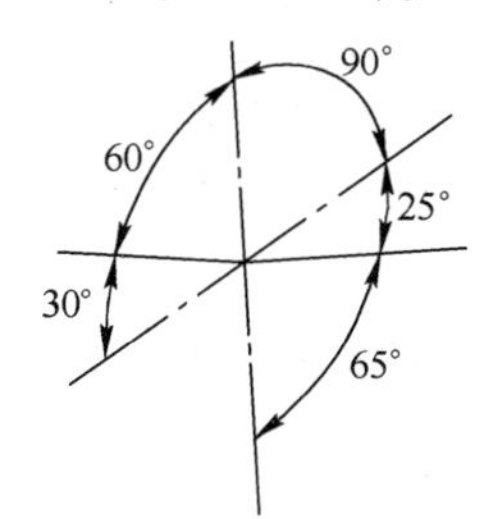

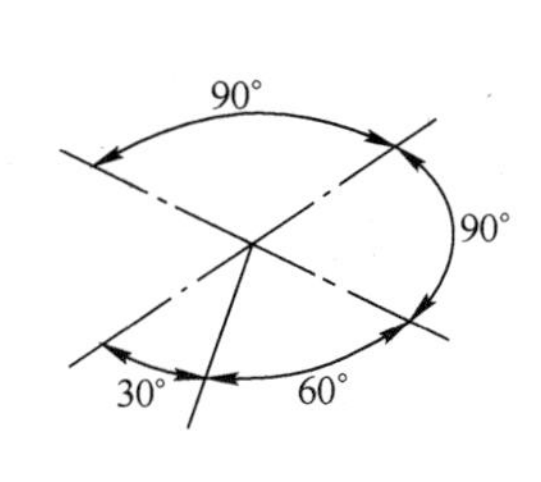

图 9.5.5 轴测图圆直径标注方法(左)
图 9.5.6 轴测图角度的标注方法(右)

9.6 透视图

9.6.1 房屋建筑设计中的效果图，宜采用透视图。

9.6.2 透视图中的可见轮廓线，宜用中实线绘制。不可见轮廓线一般不绘出，必要时，可用细虚线绘出所需部分。

10 尺 寸 标 注

10.1 尺寸界线、尺寸线及尺寸起止符号

10.1.1 图样上的尺寸，包括尺寸界线、尺寸线、尺寸起止符号和尺寸数字(图 10.1.1)。

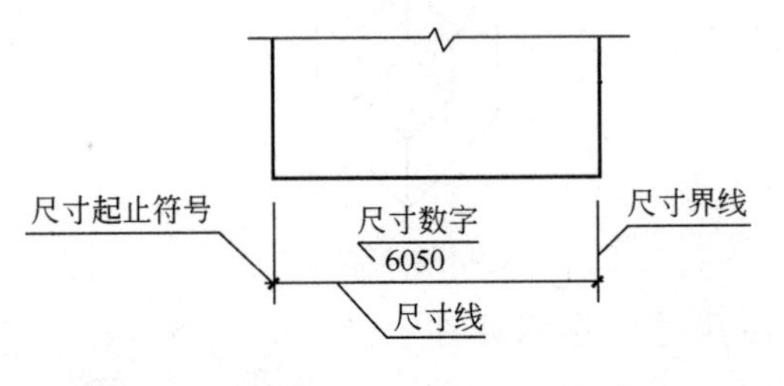

图 10.1.1 尺寸的组成

10.1.2 尺寸界线应用细实线绘制，一般应与被注长度垂直，其一端应离开图样轮廓线不小于 2mm，另一端宜超出尺寸线 2～3mm。图样轮廓线可用作尺寸界线(图 10.1.2)。

10.1.3 尺寸线应用细实线绘制，应与被注长度平行。图样本身的任何图线均不得用作尺寸线。

10.1.4 尺寸起止符号一般用中粗斜短线绘制，其倾斜方向应与尺寸界线成顺时针 45°角，长度宜为 2～3mm。半径、直径、角度与弧长的尺寸起止符号，宜用箭头表示(图 10.1.4)。

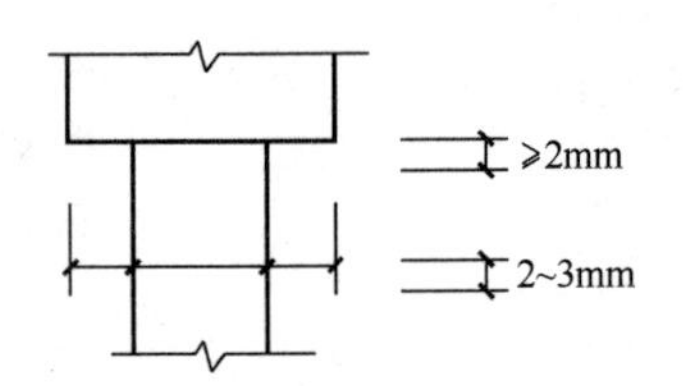

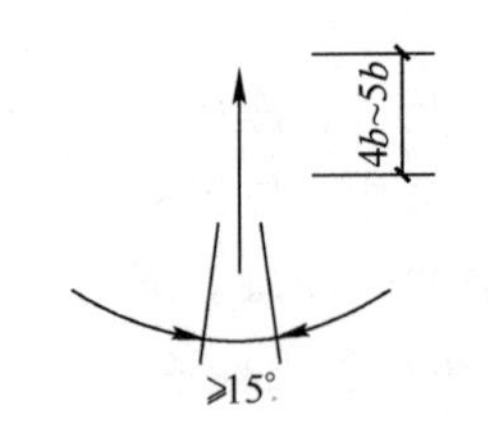

图 10.1.2 尺寸界线（左）
图 10.1.4 箭头尺寸起止符号（右）

10.2 尺 寸 数 字

10.2.1 图样上的尺寸，应以尺寸数字为准，不得从图上直接量取。

10.2.2 图样上的尺寸单位，除标高及总平面以米为单位外，其他必须以毫米为单位。

10.2.3 尺寸数字的方向，应按图 10.2.3*a* 的规定注写。若尺寸数字在 30°斜线区内，宜按图 10.2.3*b* 的形式注写。

10.2.4 尺寸数字一般应依据其方向注写在靠近尺寸线的上方中部。如没有足够的注写位置，最外边的尺寸数字可注写在尺寸界线的外侧，中间相邻的尺寸数字可错开注写(图 10.2.4)。

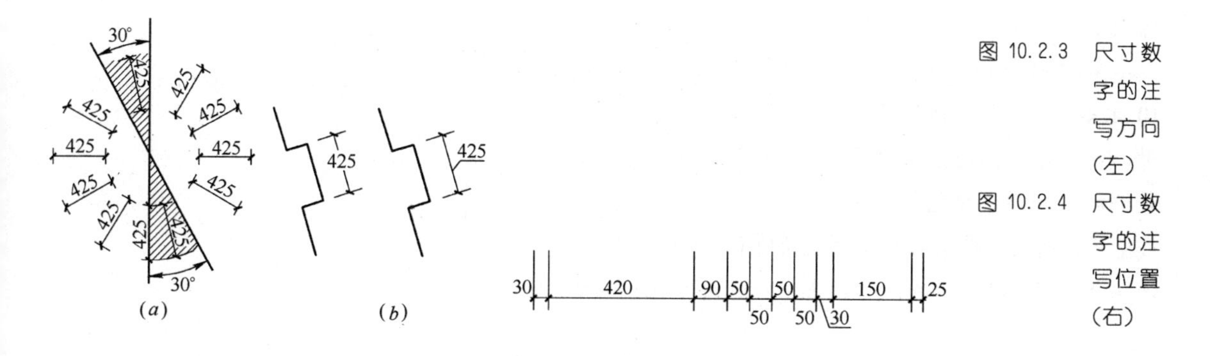

图 10.2.3 尺寸数字的注写方向(左)
图 10.2.4 尺寸数字的注写位置(右)

10.3 尺寸的排列与布置

10.3.1 尺寸宜标注在图样轮廓以外，不宜与图线、文字及符号等相交(图 10.3.1)。

10.3.2 互相平行的尺寸线，应从被注写的图样轮廓线由近向远整齐排列，较小尺寸应离轮廓线较近，较大尺寸应离轮廓线较远(图 10.3.2)。

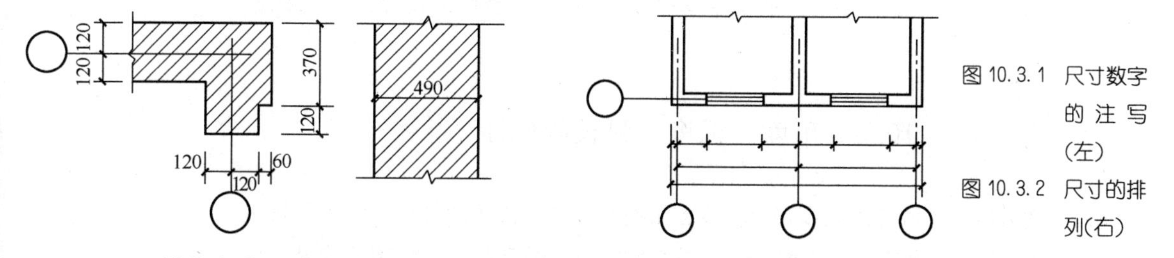

图 10.3.1 尺寸数字的注写(左)
图 10.3.2 尺寸的排列(右)

10.3.3 图样轮廓线以外的尺寸界线，距图样最外轮廓之间的距离，不宜小于10mm。平行排列的尺寸线的间距，宜为 7～10mm，并应保持一致(图 10.3.1)。

10.3.4 总尺寸的尺寸界线应靠近所指部位，中间的分尺寸的尺寸界线可稍短，但其长度应相等(图 10.3.2)。

10.4 半径、直径、球的尺寸标注

10.4.1 半径的尺寸线应一端从圆心开始，另一端画箭头指向圆弧。半径数字前应加注半径符号“*R*”(图 10.4.1)。

10.4.2 较小圆弧的半径，可按图 10.4.2 形式标注。

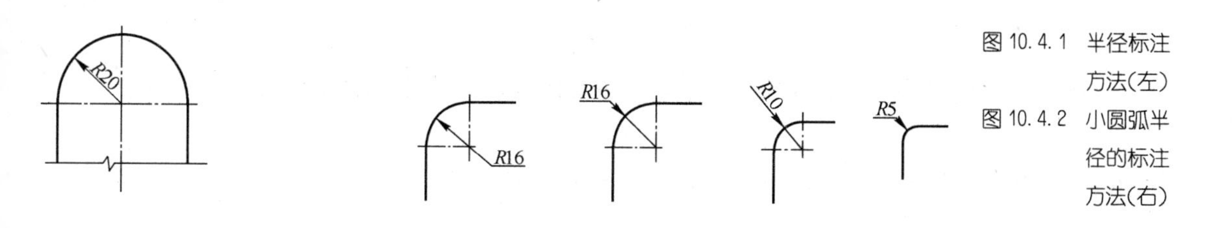

图 10.4.1 半径标注方法(左)
图 10.4.2 小圆弧半径的标注方法(右)

10.4.3 较大圆弧的半径，可按图 10.4.3 形式标注。

图 10.4.3 大圆弧半径的标注方法

10.4.4 标注圆的直径尺寸时，直径数字前应加直径符号“ϕ”。在圆内标注的尺寸线应通过圆心，两端画箭头指至圆弧(图 10.4.4)。

10.4.5 较小圆的直径尺寸，可标注在圆外(图 10.4.5)。

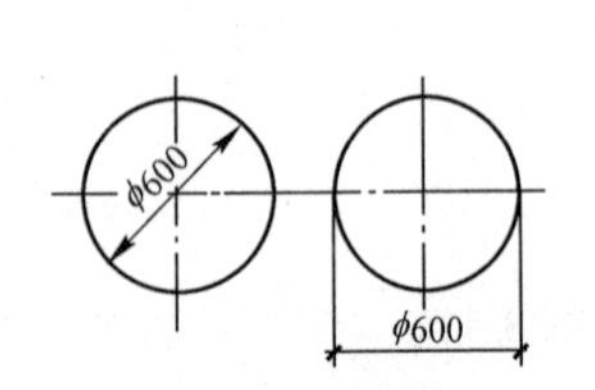

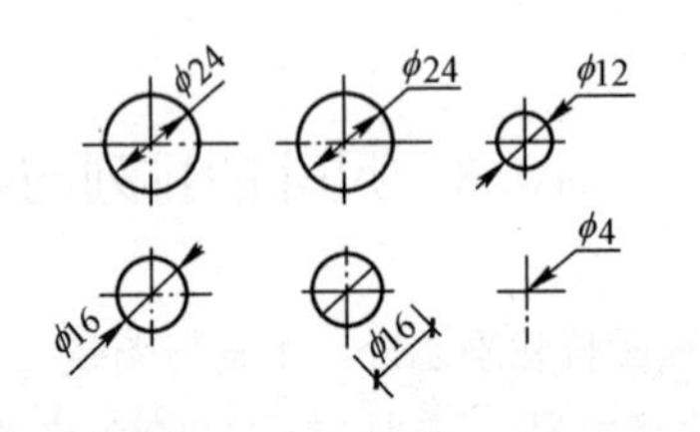

图 10.4.4 圆直径的标注方法(左)

图 10.4.5 小圆直径的标注方法(右)

10.4.6 标注球的半径尺寸时，应在尺寸前加注符号“*SR*”。标注球的直径尺寸时，应在尺寸数字前加注符号“$S\phi$”。注写方法与圆弧半径和圆直径的尺寸标注方法相同。

10.5 角度、弧度、弧长的标注

10.5.1 角度的尺寸线应以圆弧表示。该圆弧的圆心应是该角的顶点，角的两条边为尺寸界线。起止符号应以箭头表示，如没有足够位置画箭头，可用圆点代替，角度数字应按水平方向注写(图 10.5.1)。

10.5.2 标注圆弧的弧长时，尺寸线应以与该圆弧同心的圆弧线表示，尺寸界线应垂直于该圆弧的弦，起止符号用箭头表示，弧长数字上方应加注圆弧符号“⌒”(图 10.5.2)。

10.5.3 标注圆弧的弦长时，尺寸线应以平行于该弦的直线表示，尺寸界线应垂直于该弦，起止符号用中粗斜短线表示(图 10.5.3)。

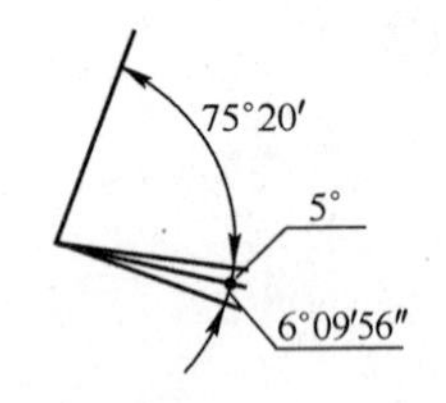

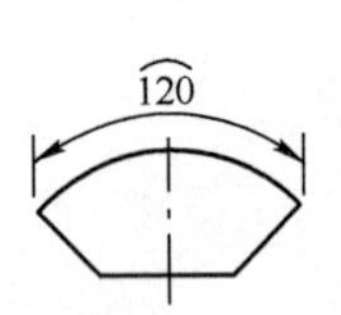

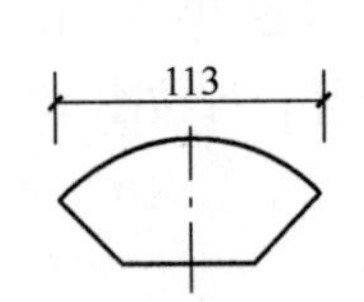

图 10.5.1 角度标注方法(左)

图 10.5.2 弧长标注方法(中)

图 10.5.3 弦长标注方法(右)

10.6 薄板厚度、正方形、坡度、非圆曲线等尺寸标注

10.6.1 在薄板板面标注板厚尺寸时，应在厚度数字前加厚度符号“*t*”(图 10.6.1)。

10.6.2 标注正方形的尺寸，可用“边长×边长”的形式，也可在边长数字前加正方形符号“□”(图 10.6.2)。

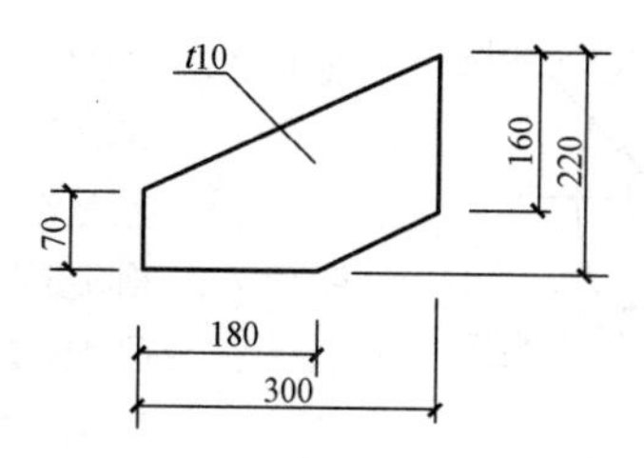

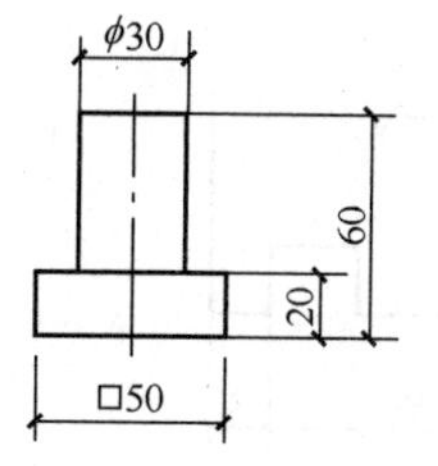

图 10.6.1 薄板厚度标注方法(左)

图 10.6.2 标注正方形尺寸(右)

10.6.3 标注坡度时，应加注坡度符号“←”(图 10.6.3*a*、*b*)，该符号为单面箭头，箭头应指向下坡方向。坡度也可用直角三角形形式标注(图 10.6.3*c*)。

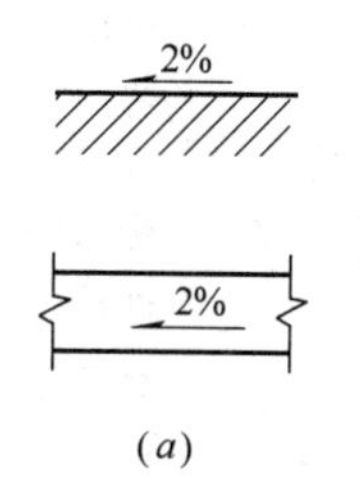

(*a*)

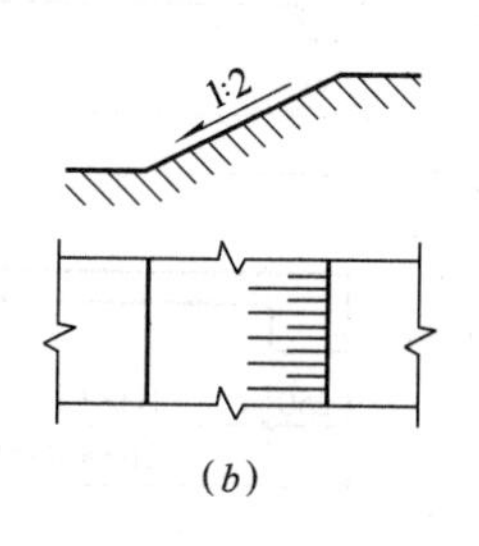

(*b*)

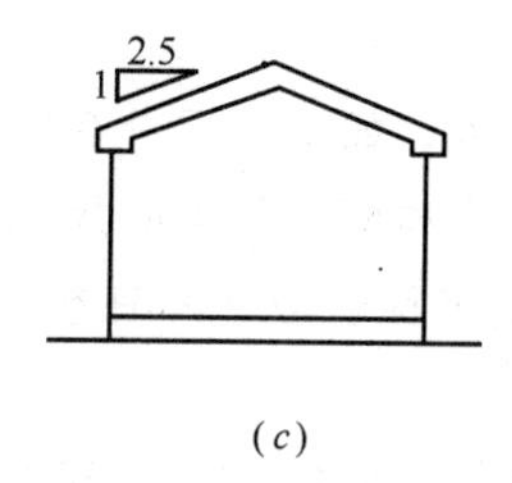

(*c*)

图 10.6.3 坡度标注方法

10.6.4 外形为非圆曲线的构件，可用坐标形式标注尺寸(图 10.6.4)。

10.6.5 复杂的图形，可用网格形式标注尺寸(图 10.6.5)。

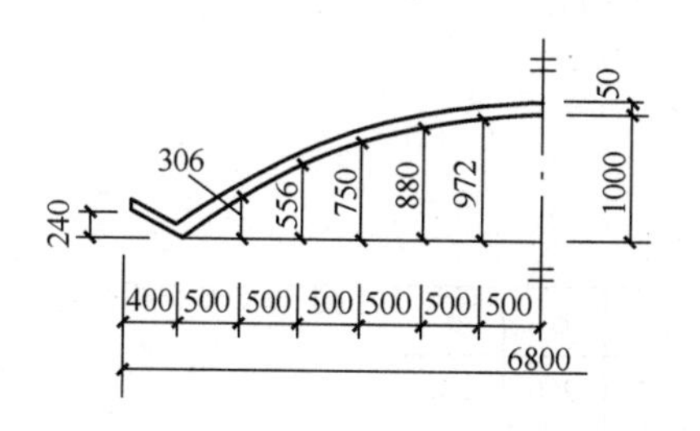

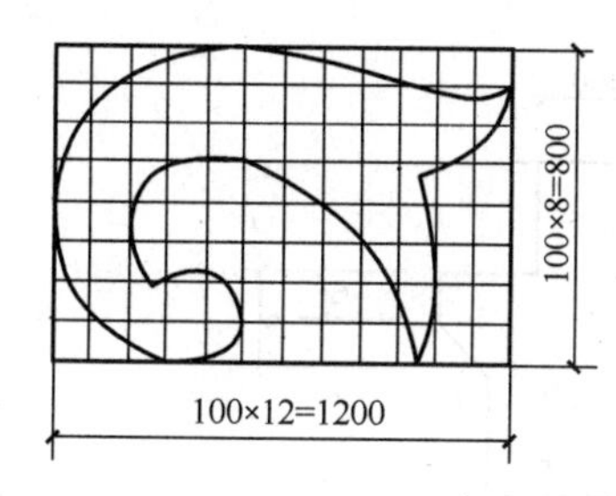

图 10.6.4 坐标法标注曲线尺寸(左)

图 10.6.5 网格法标注曲线尺寸(右)

10.7 尺寸的简化标注

10.7.1 杆件或管线的长度，在单线图(桁架简图、钢筋简图、管线简图)上，可直接将尺寸数字沿杆件或管线的一侧注写(图 10.7.1)。

10.7.2 连续排列的等长尺寸，可用“个数×等长尺寸=总长”的形式标注(图 10.7.2)。

10.7.3 构配件内的构造因素(如孔、槽等)如相同，可仅标注其中一个要素的尺寸(图 10.7.3)。

10.7.4 对称构配件采用对称省略画法时，该对称构配件的尺寸线应略超过

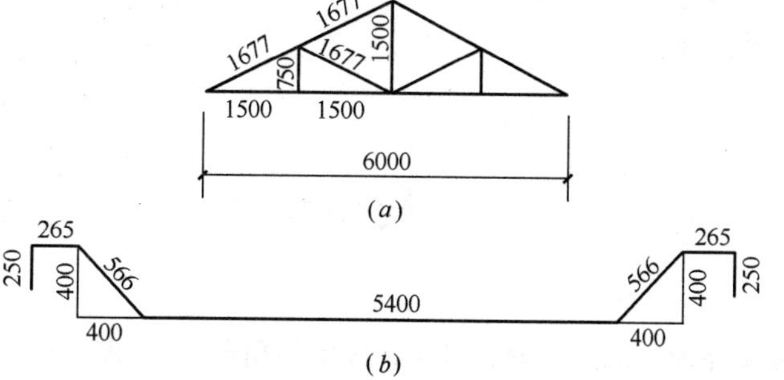

图 10.7.1 单线图尺寸标注方法

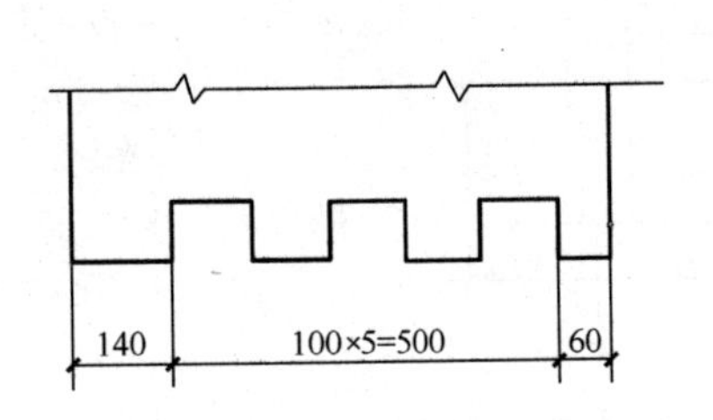

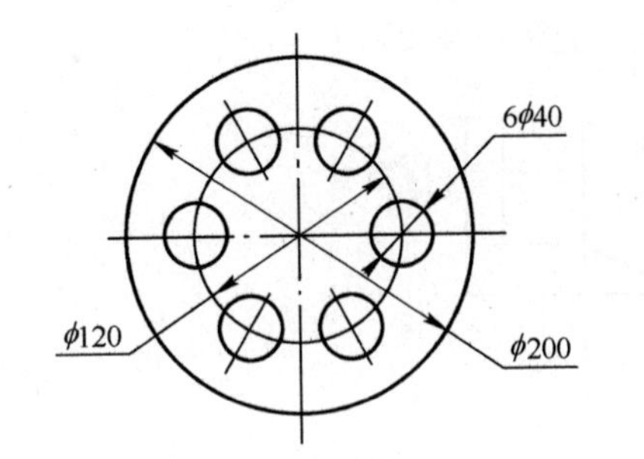

图 10.7.2 等长尺寸简化标注方法(左)

图 10.7.3 相同要素尺寸标注方法(右)

对称符号，仅在尺寸线的一端画尺寸起止符号，尺寸数字应按整体全尺寸注写，其注写位置宜与对称符号对齐(图 10.7.4)。

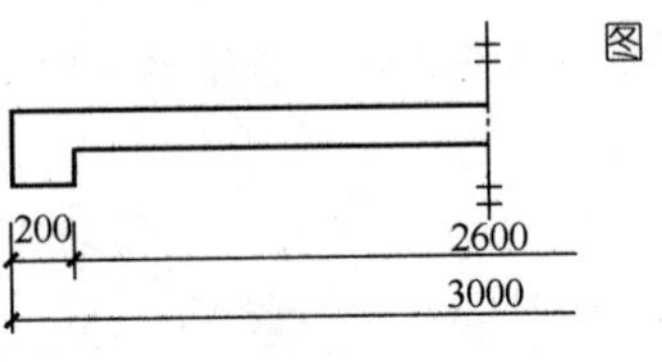

图 10.7.4 对称构件尺寸标注方法

10.7.5 两个构配件，如个别尺寸数字不同，可在同一图样中将其中一个构配件的不同尺寸数字注写在括号内，该构配件的名称也应注写在相应的括号内(图 10.7.5)。

250 | 1600(2500) | 250

2100(3000)

图 10.7.5 相似构件尺寸标注方法

10.7.6 数个构配件，如仅某些尺寸不同，这些有变化的尺寸数字，可用拉丁字母注写在同一图样中，另列表格写明其具体尺寸(图 10.7.6)。

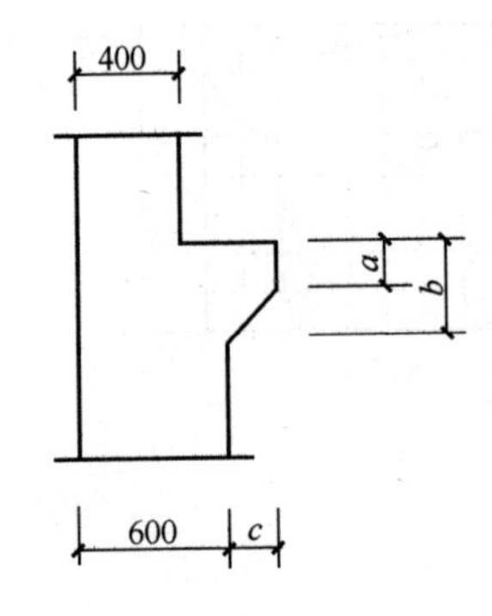

构件编号	a	b	c
Z-1	200	200	200
Z-2	250	450	200
Z-3	200	450	250

图 10.7.6 相似构配件尺寸表格式标注方法

10.8 标　　高

10.8.1 标高符号应以直角等腰三角形表示，按图 10.8.1*a* 所示形式用细实线绘制，如标注位置不够，也可按图 10.8.1*b* 所示形式绘制。标高符号的具体画法如图 10.8.1*c*、*d* 所示。

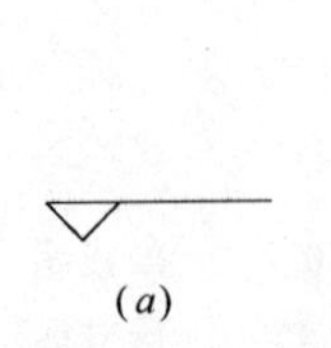
(*a*)

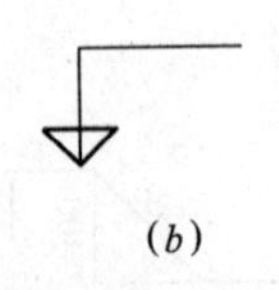
(*b*)

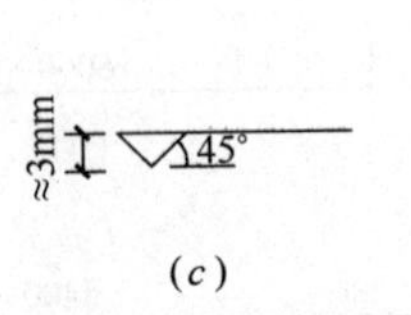

(*c*)

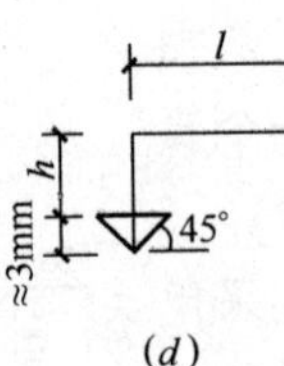

(*d*)

图 10.8.1 标高符号
l——取适当长度注写标高数字；
h——根据需要取适当高度

10.8.2 总平面图室外地坪标高符号，宜用涂黑的三角形表示(图 10.8.2*a*)，具体画法如图 10.8.2b 所示。

10.8.3 标高符号的尖端应指至被注高度的位置。尖端一般应向下，也可向上。标高数字应注写在标高符号的左侧或右侧(图 10.8.3)。

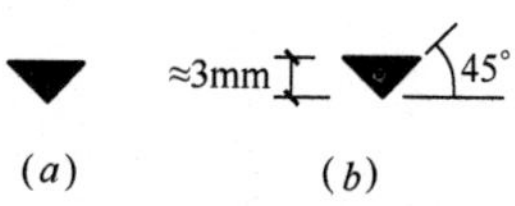

10.8.4 标高数字应以米为单位，注写到小数点以后第三位。在总平面图中，可注写到小数字点以后第二位。

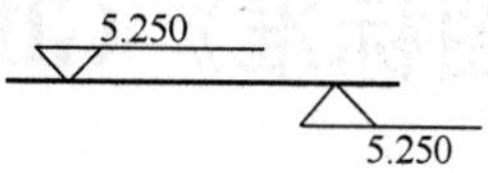

10.8.5 零点标高应注写成±0.000，正数标高不注“+”，负数标高应注“-”，例如 3.000、-0.600。

10.8.6 在图样的同一位置需表示几个不同标高时，标高数字可按图 10.8.6 的形式注写。

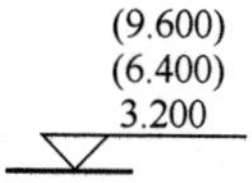

≈3mm 45°

(a) (b)

图 10.8.2 总平面图室外地坪标高符号

5.250

5.250

图 10.8.3 标高的指向

(9.600)
(6.400)
3.200

图 10.8.6 同一位置注写多个标高数字

附录三

《建筑制图标准》GB/T 50104—2001 摘录

1 总　　则

1.0.1 为了使建筑专业、室内设计专业制图规则，保证制图质量，提高制图效率，做到图面清晰、简明，符合设计、施工、存档的要求，适应工程建设的需要，制定本标准。

1.0.2 本标准适用于下列制图方式绘制的图样：

1 手工制图；

2 计算机制图。

1.0.3 本标准适用于建筑专业和室内设计专业下列的工程制图：

1 新建、改建、扩建工程的各阶段设计图、竣工图；

2 原有建筑物、构筑物等的实测图；

3 通用设计图、标准设计图。

1.0.4 建筑专业、室内设计专业制图，除应遵守本标准外，还应符合《房屋建筑制图统一标准》(GB/T 50001—2001)以及国家现行的有关强制性标准、规范的规定。

2 一 般 规 定

2.1 图　　线

2.1.1 图线的宽度b，应根据图样的复杂程度和比例，按《房屋建筑制图统一标准》(GB/T 50001—2001)中(图线)的规定选用(图 2.1.1-1～图 2.1.1-3)。绘制较简单的图样时，可采用两种线宽的线宽组，其线宽比宜为b：0.25b。

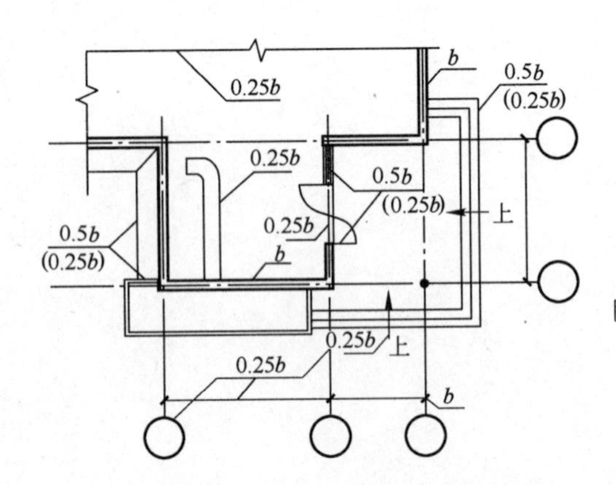

图 2.1.1-1　平面图图线宽度选用示例

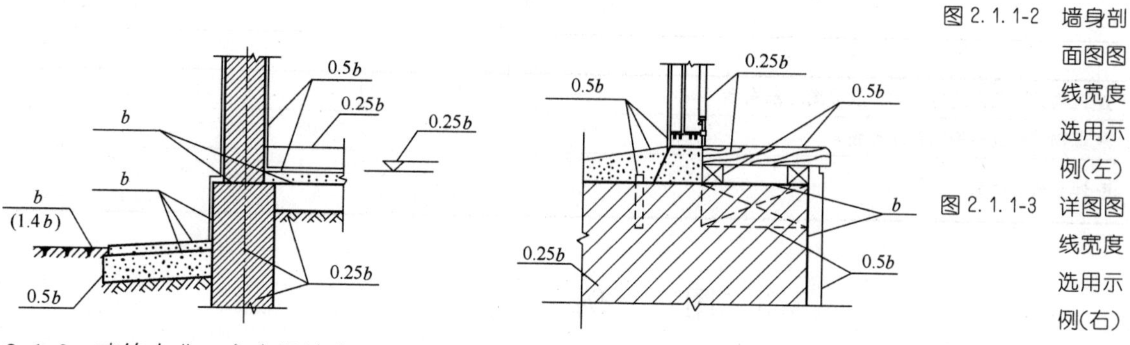

图 2.1.1-2 墙身剖面图图线宽度选用示例(左)
图 2.1.1-3 详图图线宽度选用示例(右)

2.1.2 建筑专业、室内设计专业制图采用的各种图线，应符合表 2.1.2 的规定。

图　　线　　　　**表 2.1.2**

名　称	线　型	线宽	用　　途
粗实线	———	b	1. 平、剖面图中被剖切的主要建筑构造(包括构配件)的轮廓线 2. 建筑立面图或室内立面图的外轮廓线 3. 建筑构造详图中被剖切的主要部分的轮廓线 4. 建筑构配件详图中的外轮廓线 5. 平、立、剖面图的剖切符号
中实线	———	0.5b	1. 平、剖面图中被剖切的次要建筑构造(包括构配件)的轮廓线 2. 建筑平、立、剖面图中建筑构配件的轮廓线 3. 建筑构造详图及建筑构配件详图中的一般轮廓线
细实线	———	0.25b	小于 0.5b 的图形线、尺寸线、尺寸界线、图例线、索引符号、标高符号、详图材料做法引出线等
中虚线	– – – –	0.5b	1. 建筑构造详图及建筑构配件不可见的轮廓线 2. 平面图中的起重机(吊车)轮廓线 3. 拟扩建的建筑物轮廓线
细虚线	– – – –	0.25b	图例线、小于 0.5b 的不可见轮廓线
粗单点长划线	—·—·—	b	起重机(吊车)轨道线
细单点长划线	—·—·—	0.25b	中心线、对称线、定位轴线
折断线	—\/—	0.25b	不需画全的断开界线
波浪线	∼∼∼	0.25b	不需画全的断开界线 构造层次的断开界线

注：地平线的线宽可用 1.4b。

2.2 比　　例

2.2.1 建筑专业、室内设计专业制图选用的比例，宜符合表 2.2.1 的规定。

比　　例　　　　**表 2.2.1**

图　　名	比　　例
建筑物或构筑物的平面图、立面图、剖面图	1∶50、1∶100、1∶150、1∶200、1∶300
建筑物或构筑物的局部放大图	1∶10、1∶20、1∶25、1∶30、1∶50
配件及构造详图	1∶1、1∶2、1∶5、1∶10、1∶15、1∶20、1∶25、1∶30、1∶50

3 图　　例

3.1 构造及配件

3.1.1 构造及配件图例及说明见表 3.1.1。

构造及配件图例　　　　**表 3.1.1**

序　　号	名　　称	图　　例	说　　明
1	墙　　体		应加注文字或填充图例表示墙体材料，在项目设计图纸说明中列材料图例表给予说明
2	隔　　断		1. 包括板条抹灰、木制、石膏板、金属材料等隔断 2. 适用于到顶与不到顶隔断
3	栏　　杆		
4	楼　　梯	上 下 上 下	1. 上图为底层楼梯平面，中图为中间层楼梯平面，下图为顶层楼梯平面 2. 楼梯及栏杆扶手的形式和梯段踏步数应按实际情况绘制
5	坡　　道	下 下 下	上图为长坡道，下图为门口坡道
6	平面高差	××↓	适用于高差小于 100 的两个地面或楼面相接处

续表

序号	名称	图例	说明
7	检查孔	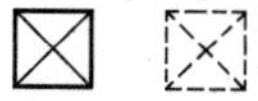	左图为可见检查孔 右图为不可见检查孔
8	孔洞		阴影部分可以涂色代替
9	坑槽	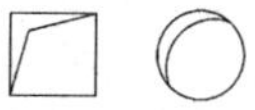	
10	墙预留洞	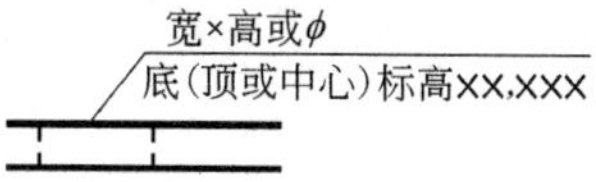 宽×高或ϕ 底(顶或中心)标高xx.xxx	1. 以洞中心或洞边定位 2. 宜以涂色区别墙体和留洞位置
11	墙预留槽	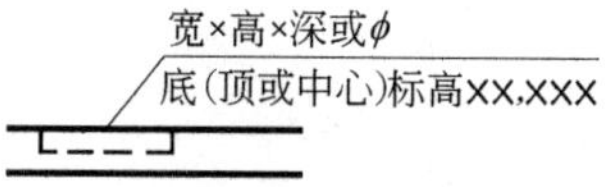 宽×高×深或ϕ 底(顶或中心)标高xx.xxx	
12	烟道	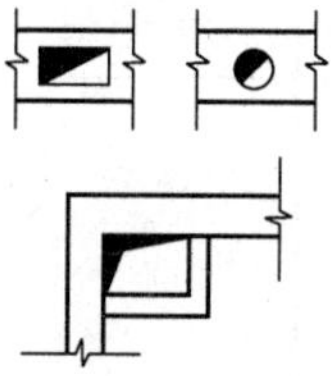	1. 阴影部分可以涂色代替 2. 烟道与墙体为同一材料，其相接处墙身线应断开
13	通风道	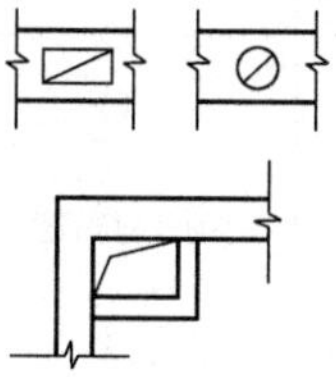	
14	新建的墙和窗	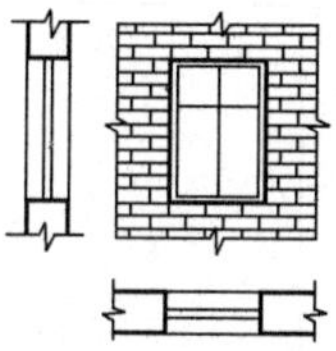	1. 本图以小型砌块为图例，绘图时应按所用材料的图例绘制，不易以图例绘制的，可在墙面上以文字或代号注明 2. 小比例绘图时平、剖面窗线可用单粗实线表示
15	改建时保留的原有墙和窗	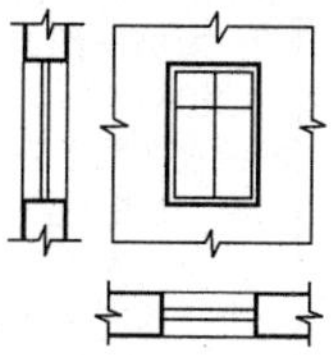	
16	应拆除的墙	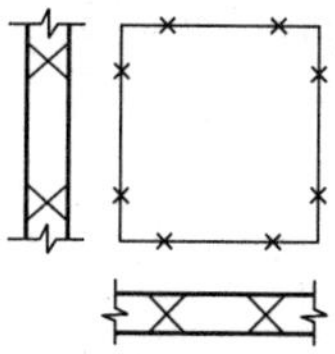	

续表

序号	名称	图例	说明
17	在原有墙或楼板上新开的洞		
18	在原有洞旁扩大的洞		
19	在原有墙或楼板上全部填塞的洞		
20	在原有墙或楼板上局部填塞的洞		
21	空门洞	h=	h为门洞高度
22	单扇门（包括平开或单面弹簧）		1. 门的名称代号用M 2. 图例中剖面图左为外、右为内，平面图下为外、上为内 3. 立面图上开启方向线交角的一侧为安装铰链的一侧，实线为外开，虚线为内开 4. 平面图上门线应90°或45°开启，开启弧线宜绘出 5. 立面图上的开启线在一般设计图中可不表示，在详图及室内设计图上应表示 6. 立面形式应按实际情况绘制
23	双扇门（包括平开或单面弹簧）		
24	对开折叠门		

序号	名称	图例	说明
25	推拉门	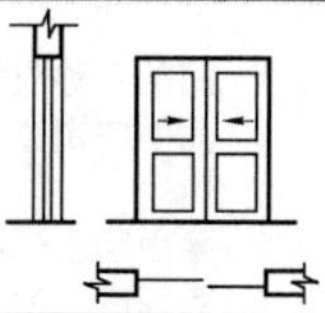	1. 门的名称代号用M 2. 图例中剖面图左为外、右为内，平面图下为外、上为内 3. 立面形式应按实际情况绘制
26	墙外单扇推拉门	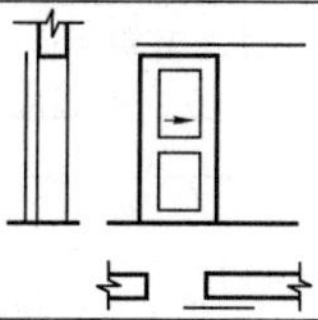	
27	墙外双扇推拉门	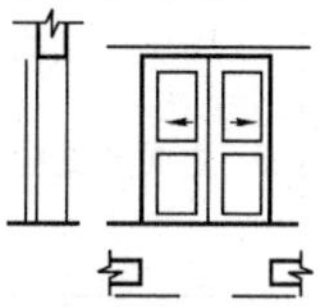	
28	墙中单扇推拉门	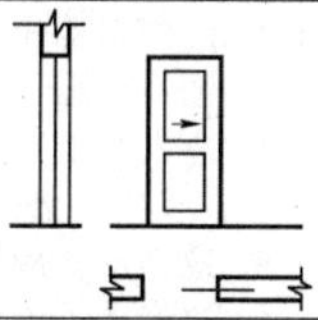	
29	墙中双扇推拉门		
30	单扇双面弹簧门	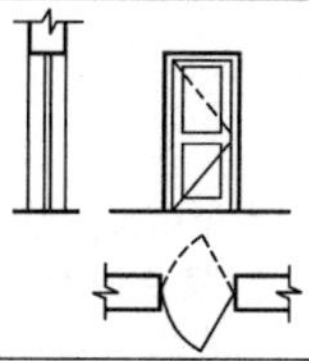	1. 门的名称代号用M 2. 图例中剖面图左为外、右为内，平面图下为外、上为内 3. 立面图上开启方向线交角的一侧为安装铰链的一侧，实线为外开，虚线为内开 4. 平面图上门线应90°或45°开启，开启弧线宜绘出 5. 立面图上的开启线在一般设计图中可不表示，在详图及室内设计图上应表示 6. 立面形式应按实际情况绘制
31	双扇双面弹簧门	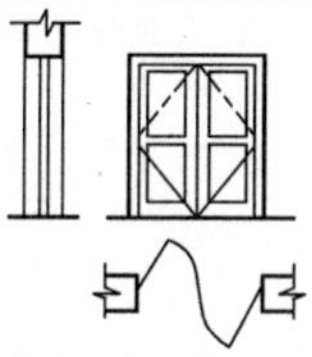	
32	单扇内外开双层门（包括平开或单面弹簧）	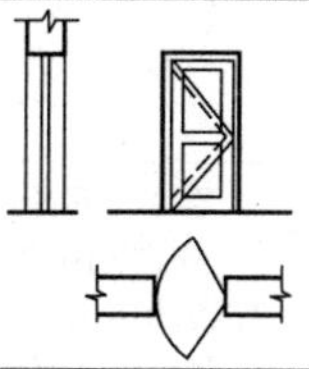	
33	双扇内外开双层门（包括平开或单面弹簧）	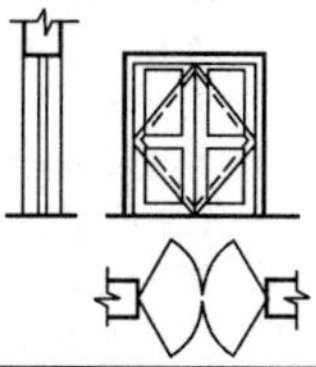	

序　号	名　称	图　例	说　明
34	转　门	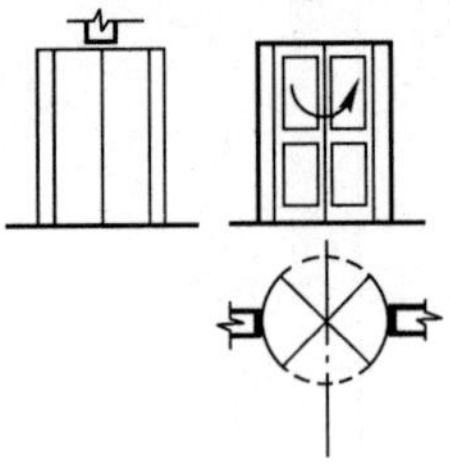	1. 门的名称代号用 M 2. 图例中剖面图左为外、右为内，平面图下为外、上为内 3. 平面图上门线应 90°或 45°开启，开启弧线宜绘出 4. 立面图上的开启线在一般设计图中可不表示，在详图及室内设计图上应表示 5. 立面形式应按实际情况绘制
35	自动门	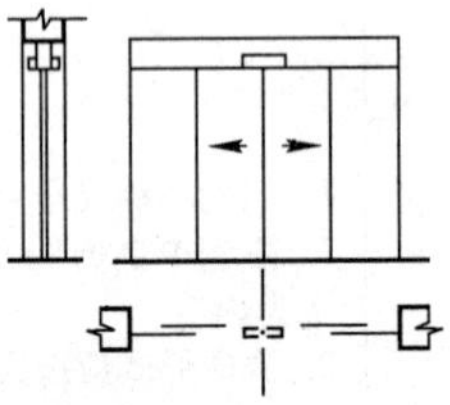	1. 门的名称代号用 M 2. 图例中剖面图左为外、右为内，平面图下为外、上为内 3. 立面形式应按实际情况绘制
36	折叠上翻门	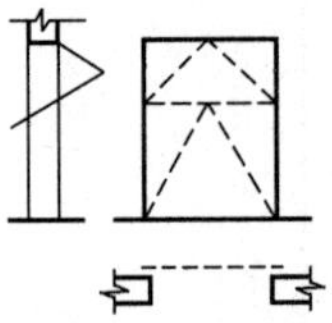	1. 门的名称代号用 M 2. 图例中剖面图左为外、右为内，平面图下为外、上为内 3. 立面图上开启方向线交角的一侧为安装铰链的一侧，实线为外开，虚线为内开 4. 立面形式应按实际情况绘制 5. 立面图上的开启线设计图中应表示
37	竖向卷帘门	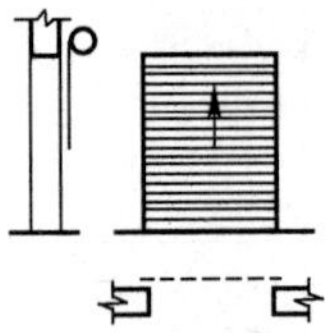	1. 门的名称代号用 M 2. 图例中剖面图左为外、右为内，平面图下为外、上为内 3. 立面形式应按实际情况绘制
38	横向卷帘门	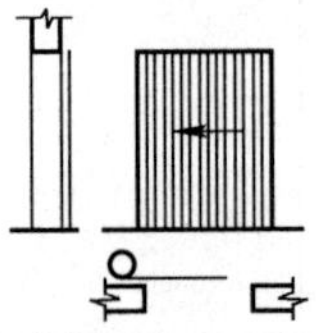	
39	提升门	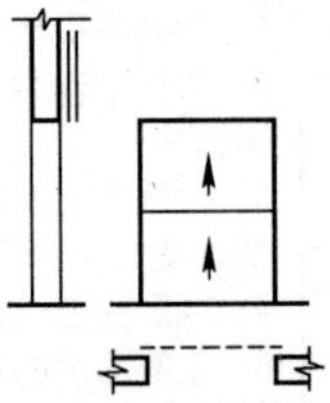	
40	单层固定窗	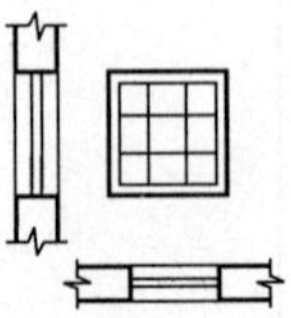	1. 窗的名称代号用 C 表示 2. 立面图中的斜线表示窗的开启方向，实线为外开，虚线为内开；开启方向线交角的一侧为安装铰链的一侧，一般设计图中可不表示 3. 图例中，剖面图所示左为外，右为内，平面图所示下为外，上为内 4. 平面图和剖面图上的虚线仅说明开关方式，在设计图中不需表示 5. 窗的立面形式应按实际绘制 6. 小比例绘图时平、剖面的窗线可用单粗实线表示

续表

序号	名称	图例	说明
41	单层外开上悬窗		1. 窗的名称代号用C表示 2. 立面图中的斜线表示窗的开启方向，实线为外开，虚线为内开；开启方向线交角的一侧为安装铰链的一侧，一般设计图中可不表示 3. 图例中，剖面图所示左为外，右为内，平面图所示下为外，上为内 4. 平面图和剖面图上的虚线仅说明开关方式，在设计图中不需表示 5. 窗的立面形式应按实际绘制 6. 小比例绘图时平、剖面的窗线可用单粗实线表示
42	单层中悬窗		
43	单层内开下悬窗		
44	立转窗		
45	单层外开平开窗		
46	单层内开平开窗		
47	双层内外开平开窗		

续表

序　号	名　称	图　例	说　明
48	推拉窗		1. 窗的名称代号用C表示 2. 图例中，剖面图所示左为外，右为内，平面图所示下为外，上为内 3. 窗的立面形式应按实际绘制 4. 小比例绘图时平、剖面的窗线可用单粗实线表示
49	上推窗		
50	百叶窗		1. 窗的名称代号用C表示 2. 立面图中的斜线表示窗的开启方向，实线为外开，虚线为内开；开启方向线交角的一侧为安装铰链的一侧，一般设计图中可不表示 3. 图例中，剖面图所示左为外，右为内，平面图所示下为外，上为内 4. 平面图和剖面图上的虚线仅说明开关方式，在设计图中不需表示 5. 窗的立面形式应按实际绘制
51	高　窗	*h*=	1. 窗的名称代号用C表示 2. 立面图中的斜线表示窗的开启方向，实线为外开，虚线为内开；开启方向线交角的一侧为安装铰链的一侧，一般设计图中可不表示 3. 图例中，剖面图所示左为外，右为内，平面图所示下为外，上为内 4. 平面图和剖面图上的虚线仅说明开关方式，在设计图中不需表示 5. 窗的立面形式应按实际绘制 6. h为窗底距本层楼地面的高度

3.2　水平及垂直运输装置

3.2.1　水平及垂直运输装置图例及说明见表3.2.1。

水平及垂直运输装置图例　　**表3.2.1**

序　号	名　称	图　例	说　明
1	铁　路		本图例适用于标准轨及窄轨铁路，使用本图例时应注明轨距
2	起重机轨道		

续表

序　　号	名　　称	图　　例	说　　明
3	电动葫芦	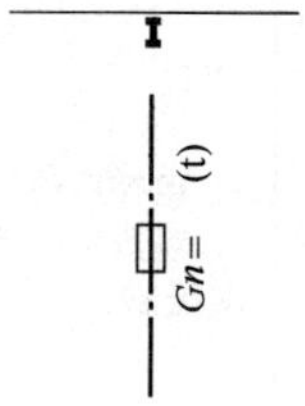 Gn=　(t)	1. 上图表示立面(或剖切面)，下图表示平面 2. 起重机的图例宜按比例绘制 3. 有无操纵室，应按实际情况绘制 4. 需要时，可注明起重机的名称、行驶的轴线范围及工作级别 5. 本图例的符号说明： *Gn* ——起重机起重量，以“t”计算 *S* ——起重机的跨度或臂长，以“m”计算
4	梁式悬挂起重机	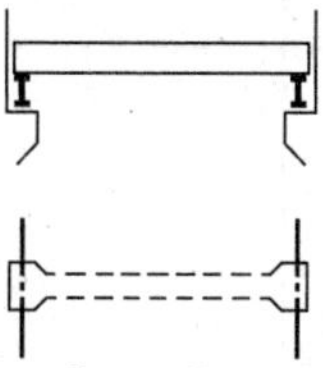 Gn=　(t) S=　(m)	
5	梁式起重机	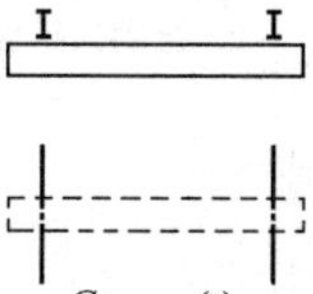 Gn=　(t) S=　(m)	
6	桥式起重机	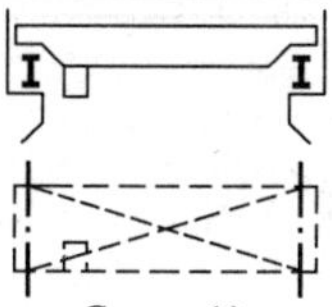 Gn=　(t) S=　(m)	
7	壁行起重机	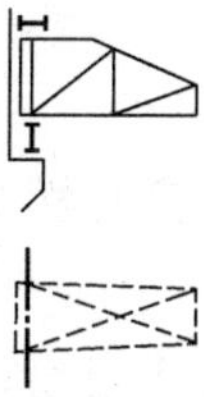 Gn=　(t) S=　(m)	
8	旋臂起重机	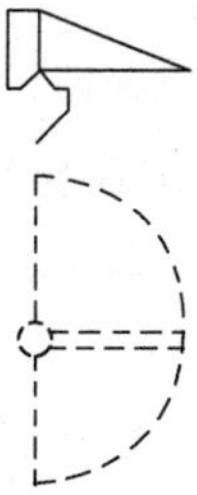 Gn=　(t) S=　(m)	

续表

序号	名称	图例	说明
9	电梯		1. 电梯应注明类型，并绘出门和平衡锤的实际位置 2. 观景电梯等特殊类型电梯应参照本图例按实际情况绘制
10	自动扶梯	上 上 下	1. 自动扶梯和自动人行道、自动人行坡道可正逆向运行，箭头方向为设计运行方向 2. 自动人行坡道应在箭头线段尾部加注上或下
11	自动人行道及自动人行坡道	上	

4 图 样 画 法

4.1 平 面 图

4.1.1 平面图的方向宜与总图方向一致。平面图的长边宜与横式幅面图纸的长边一致。

4.1.2 在同一张图纸上绘制多于一层的平面图时，各层平面图宜按层数由低向高的顺序从左至右或从下至上布置。

4.1.3 除顶棚平面图外，各种平面图应按正投影法绘制。

4.1.4 建筑物平面图应在建筑物的门窗洞口处水平剖切俯视(屋顶平面图应在屋面以上俯视)，图内应包括剖切面及投影方向可见的建筑构造以及必要的尺寸、标高等，如需表示高窗、洞口、通气孔、槽、地沟及起重机等不可见部分，则应以虚线绘制。

4.1.5 建筑物平面图应注写房间的名称或编号。编号注写在直径为 6mm 细实线绘制的圆圈内，并在同张图纸上列出房间名称表。

4.1.6 平面较大的建筑物，可分区绘制平面图，但每张平面图均应绘制组合示意图。各区应分别用大写拉丁字母编号。在组合示意图中要提示的分区，应采用阴影线或填充的方式表示。

4.1.7 顶棚平面图宜用镜像投影法绘制。

4.1.8 为表示室内立面在平面图上的位置，应在平面图上用内视符号注明视点位置、方向及立面编号(图 4.1.8)。符号中的圆圈应用细实线绘制，根据图面比例圆圈直径可选择 8～12mm。立面编号宜用拉丁字母或阿拉伯数字。内视符号如图 4.1.8 所示。

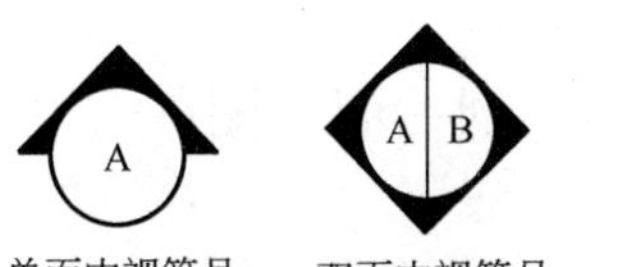

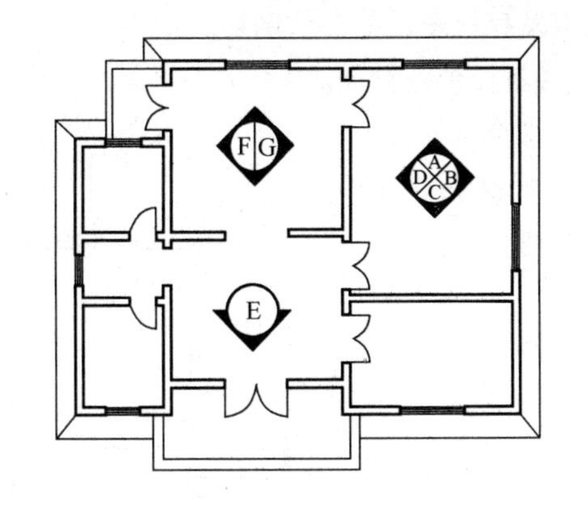

图 4.1.8 平面图上内视符号应用示例

4.2 立 面 图

4.2.1 各种立面图应按正投影法绘制。

4.2.2 建筑立面图应包括投影方向可见的建筑外轮廓线和墙面线脚、构配件、墙面做法及必要的尺寸和标高等。

4.2.3 室内立面图应包括投影方向可见的室内轮廓线和装修构造、门窗、构配件、墙面做法、固定家具、灯具、必要的尺寸和标高及需要表达的非固定家具、灯具、装饰物件等(室内立面图的顶棚轮廓线，可根据具体情况只表达吊平顶或同时表达吊平顶及结构顶棚)。

4.2.4 平面形状曲折的建筑物，可绘制展开立面图、展开室内立面图。圆形或多边形平面的建筑物，可分段展开绘制立面图、室内立面图，但均应在图名后加注“展开”二字。

4.2.5 较简单的对称式建筑物或对称的构配件等，在不影响构造处理和施工的情况下，立面图可绘制一半，并在对称轴线处画对称符号。

4.2.6 在建筑物立面图上，相同的门窗、阳台、外檐装修、构造做法等可在局部重点表示，绘出其完整图形，其余部分只画轮廓线。

4.2.7 在建筑物立面图上，外墙表面分格线应表示清楚。应用文字说明各部位所用面材及色彩。

4.2.8 有定位轴线的建筑物，宜根据两端定位轴线号编注立面图名称(如：①～⑩立面图、Ⓐ～Ⓕ立面图)。无定位轴线的建筑物可按平面图各面的朝向确定名称。

4.2.9 建筑物室内立面图的名称，应根据平面图中内视符号的编号或字母确定(如：①立面图、Ⓐ立面图)。

4.3 剖 面 图

4.3.1 剖面图的剖切部位，应根据图纸的用途或设计深度，在平面图上选择能反映全貌、构造特征以及有代表性的部位剖切。

4.3.2 各种剖面图应按正投影法绘制。

4.3.3 建筑剖面图内应包括剖切面和投影方向可见的建筑构造、构配件以及必要的尺寸、标高等。

4.3.4 剖切符号可用阿拉伯数字、罗马数字或拉丁字母编号(图 4.3.4)。

4.3.5 画室内立面时，相应部位的墙体、楼地面的剖切面宜有所表示。必要时，占空间较大的设备管线、灯具等的剖切面，应在图纸上绘出。

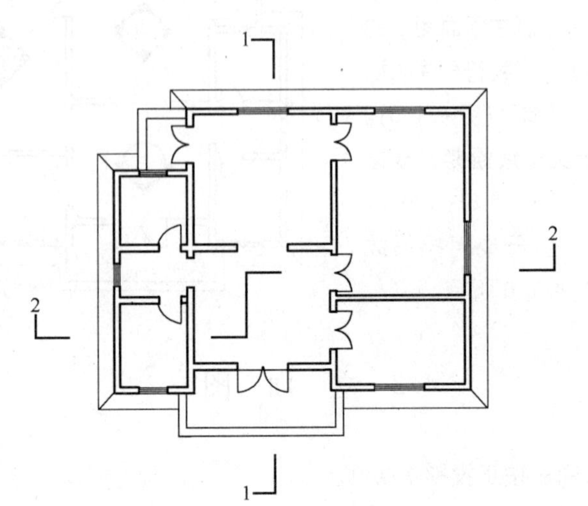

图 4.3.4 剖切符号在平面图上的画法

4.4 其 他 规 定

4.4.1 指北针应绘制在建筑物 ± 0.00 标高的平面图上，并放在明显位置，所指的方向应与总图一致。

4.4.2 零配件详图与构造详图，宜按直接正投影法绘制。

4.4.3 零配件外形或局部构造的立体图，宜按《房屋建筑制图统一标准》GB/T 50001—2001 中(轴测图)的有关规定绘制。

4.4.4 不同比例的平面图、剖面图，其抹灰层、楼地面、材料图例的省略画法，应符合下列规定：

1 比例大于 1∶50 的平面图、剖面图，应画出抹灰层与楼地面、屋面的面层线，并宜画出材料图例；

2 比例等于 1∶50 的平面图、剖面图，宜画出楼地面、屋面的面层线，抹灰层的面层线应根据需要而定；

3 比例小于 1∶50 的平面图、剖面图，可不画出抹

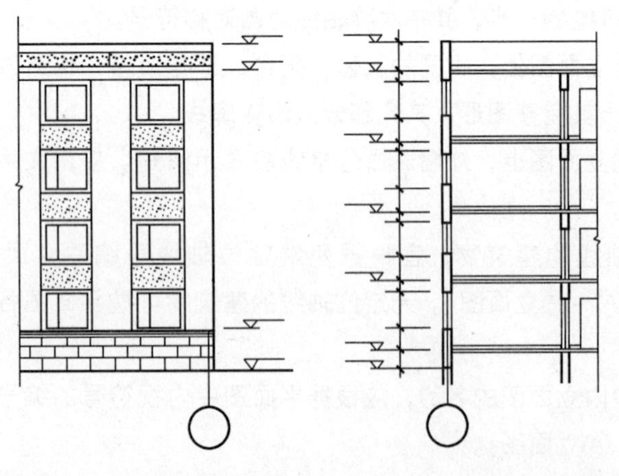

图 4.4.5 相邻立面图、剖面图的位置关系

灰层，但宜画出楼地面、屋面的面层线；

4 比例为 1：100～1：200 的平面图、剖面图，可画简化的材料图例(如砌体墙涂红、钢筋混凝土涂黑等)，但宜画出楼地面、屋面的面层线；

5 比例小于 1：200 的平面图、剖面图，可不画材料图例，剖面图的楼地面、屋面的面层线可不画出。

4.4.5 相邻的立面图或剖面图，宜绘制在同一水平线上，图内相互有关的尺寸及标高，宜标注在同一竖线上(图 4.4.5)。

4.5 尺寸标注

4.5.1 尺寸分为总尺寸、定位尺寸、细部尺寸三种。绘图时，应根据设计深度和图纸用途确定所需注写的尺寸。

4.5.2 建筑物平面、立面、剖面图，宜标注室内外地坪、楼地面、地下层地面、阳台、平台、檐口、屋脊、女儿墙、雨棚、门、窗、台阶等处的标高。平屋面等不易标明建筑标高的部位可标注结构标高，并予以说明。结构找坡的平屋面，屋面标高可标注在结构板面最低点，并注明找坡坡度。有屋架的屋面，应标注屋架下弦搁置点或柱顶标高。有起重机的厂房剖面图应标注轨顶标高、屋架下弦杆件下边缘或屋面梁底、板底标高。梁式悬挂起重机宜标出轨距尺寸(以米计)。

4.5.3 楼地面、地下层地面、阳台、平台、檐口、屋脊、女儿墙、台阶等处的高度尺寸及标高，宜按下列规定注写：

1 平面图及其详图注写完成面标高。

2 立面图、剖面图及其详图注写完成面标高及高度方向的尺寸。

3 其余部分注写毛面尺寸及标高。

4 标注建筑平面图各部位的定位尺寸时，注写与其最邻近的轴线间的尺寸；标注建筑剖面各部位的定位尺寸时，注写其所在层次内的尺寸。

5 室内设计图中连续重复的构配件等，当不易标明定位尺寸时，可在总尺寸的控制下，定位尺寸不用数值而用“均分”或“EQ”字样表示，如下所示：

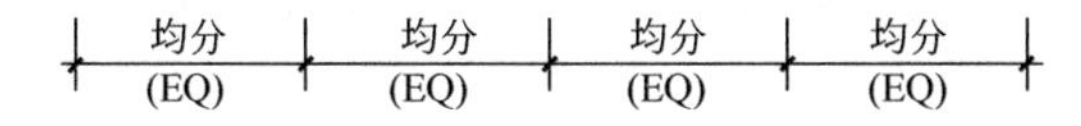

附录四

建筑施工图设计总说明

（中国建筑西北设计研究院内部规定，仅供参考）

■ 总述

一、工程概况

1. 建设单位：

2. 建设地点：

3. 建筑工程等级：________级

4. 设计使用年限：________年

5. 建筑防火分类：________类

耐火等级：地上建筑为________级，地下建筑均为一级

6. 建筑物抗震设防烈度：________度

7. 建筑结构类型：

8. 建筑规模：

9. 总建筑面积：________ m^2（地上________ m^2，地下________ m^2）

10. 建筑基底面积：________ m^2

11. 建筑层数：地上________层，地下________层

12. 建筑高度：________ m

13. 设计标高：相对标高±0.000等于绝对标高值（黄海系）________ m（或见总平面施工图）

二、设计范围

1. 本工程的施工图设计包括________、________、________等专业的配套内容，不包括________、________、________等专业的施工图设计，与协作设计单位的分工范围如下：____________________。

2. 本建筑施工图仅承担一般室内装修设计，精装修及特殊装修另行委托设计。

3. 本建筑施工图含总平面布置图，主要表示建筑定位及室内外高差，其他详见总施图。景观设计须另行委托。

三、设计依据

1. 相关文件

（1）初步设计（或方案设计）文件及其批文。

（2）规划、人防、消防、市政主管部门的批复文件（或经批准的报建图）。

（3）建设单位提供的有关文件（如设计要求、关键问题与资料的答复等）。

（4）设计合同名称及编号。

2. 相关主要规范、规定。

(1)《建筑工程设计文件编制深度规定》(2003 年);

(2)《民用建筑设计通则》GB 50352—2005;

(3)《全国民用建筑工程设计技术措施》(规划·建筑，2003 年版);

(4) 与本工程类型相应的现行建筑设计规范：________、________;

(5) 其他条文中直接引用者不再重复。

四、标注说明

除标高及总平面的尺寸以 m 为单位外，其他图纸的尺寸均以 mm 为单位。图中所注的标高除注明者外，均为建筑完成面标高。尺寸均以标注的数字为准，不得在图中量取。

五、本说明未提及的各项材料规格、材质、施工及验收等要求，均应遵照国家标准 GB 各项工程施工及验收规范进行。

六、当门窗(含采光屋顶、防火门窗、人防门)、幕墙(玻璃、金属及石材)、电梯、特殊钢结构等建筑部件另行委托设计、制作和安装时，生产厂家必须具有国家认定的相应资质。其产品的各项性能指标应符合相关技术规范的要求。还应及时提供与结构主体有关的预埋件和预留洞口的尺寸、位置、误差范围，并配合施工。厂家在制作前应复核土建施工后的相关尺寸，以确保安装无误。

七、施工前请认真阅读本工程各专业的施工图文件，并组织施工图技术交底。施工中如遇图纸问题，应及时与设计单位协商处理。未经设计单位认可，不得任意变更设计图纸。

八、根据《建筑工程质量管理条例》第二章第十一条的规定，建设单位应将本工程的施工图设计文件报有关主管部门审查，未经审查批准，不得使用。

九、未尽事宜应严格按国家及当地有关现行规范、规定要求进行施工。

■ 建筑防火

一、依据规范(选有关者书写)

1.《建筑设计防火规范》GBJ 16—87(2005 年版);

2.《高层民用建筑设计防火规范》GB 50045—95(2005 年版);

3.《建筑内部装修设计防火规范》GB 50222—95;

4.《汽车库、修车库、停车场设计防火规范》GB 50067—97;

5.《人民防空工程设计防火规范》GB 50098—98(2001 年版);

6. 相应建筑设计规范中的有关规定。

二、防火(防烟)分区的划分

本工程共分________个防火分区，各防火分区面积分别为______________。或见防火分区示意图。

三、设________部疏散楼梯，各层疏散宽度分别为____________________。

四、疏散楼梯采用________楼梯间。

五、消防控制室设于________层，设________部消防电梯。

六、施工注意事项

1. 防火墙及防火隔墙应砌至梁底，不得留有缝隙。

2. 管道穿过防火墙及楼板处应采用不燃烧材料将周围填实，管道的保温材料应为不燃烧材料。

3. 防火卷帘上部穿有管道时，应用防火板(或墙)封堵，并达到耐火极限要求。

4. 除工艺及通风竖井外，管道井安装完管线后，应在每层楼板处补浇相同强度等级的钢筋混凝土将楼板封实。

5. 金属结构构件应喷涂满足相应规范要求的防火涂料。

6. 防火门、窗和防火卷帘等消防产品应选用国家颁发生产许可证的企业生产的合格产品，以及经国家有关部门检验合格并符合建筑工程消防安全要求的建筑构件、配件及装饰材料。

■ 建筑防水

一、屋面防水

根据《屋面工程技术规范》GB 50345—2004，防水等级为________级，________道设防，具体见工程做法。

二、地下室防水

1. 地下水位在室外地面下________m。

2. 根据《地下工程防水技术规范》GB 50108—2001，防水等级为________级，________________道设防。其中围护结构采用防水混凝土，其抗渗等级见结施图；其他防水层详见工程做法。

3. 外设防水层的设防高度应高出室外地面 0.5m。

4. 桩基防水做法(仅用于桩基)：________。

5. 相关防水构造详见工程做法。

6. 施工注意事项

(1) 穿外墙的管线均应在混凝土浇筑前埋设套管，构造见详图。

(2) 变形缝、预留通道接头处的防水构造见详图。

(3) 地下室底板上的坑、池，以及底板局部降低时，其防水施工应保持连续完整。

三、其他防水

1. 卫生间、厨房、阳台、外廊和其他用水房间的楼面标高，应比同层其他房间、走廊的楼地面标高低 0.02m。

2. 卫生间墙根部应用 C15 混凝土现浇 150 高条带。

3. 配电室、强弱电井道楼地面标高比同层其他房间、走廊楼地面标高高出 0.05m 或设 120 高门槛。

4. 位于电梯机房上的水箱间楼面应采取防水及排水措施：________。

5. 相关楼(地)面防水层详见工程做法。

人防工程

一、依据规范

1.《人民防空地下室设计规范》GB 50038—2005；

2.《全国民用建筑工程设计技术措施》(防空地下室，2003年版)；

3.《防空地下室建筑设计》04FJ01—04图集。

二、本地下室为平战结合________类________级人防地下室，平时为________，战时为________。

三、人防建筑面积：________ m^2；划分为________个防护单元，(________个抗爆单元)。掩蔽面积分别为：________、________、________ m^2；掩蔽人数：________人；战时出入口总宽度：________ m。

四、抗爆隔墙和档墙做法：________。

五、平时出入口等的战时封堵措施：________。

六、集水坑尺寸及做法：________。

建筑节能

一、依据规范

1.《民用建筑热工设计规范》GB 50176—93；

2.《居住建筑节能设计标准》GB×××××—2006；

3.《公共建筑节能设计标准》GB 50189—2005；

4.《陕西省建筑节能设计导则》(2006年试行)；

5.《西安市居住建筑节能设计标准》(2006年试行)。

二、所属气候分区为__________区，建筑体形系数$S=$________，窗墙面积比=______________。

三、屋面保温层为________厚________________。

四、外墙构造为________。

五、外窗为________窗。飘窗顶板及底板附加保温层为________。阳台门为________门，户门为________门。

六、外窗及阳台门的气密性等级不应低于________级。

七、与非采暖房间相邻的内墙、楼板附加保温层为________。

无障碍设计

一、依据规范：《城市道路和建筑物无障碍设计规范》JGJ 50—2001。

二、在以下部位考虑无障碍设施：建筑入口及室内高差处的坡道、相关内外门、残疾人厕位(或专用厕所)、无障碍电梯，以及规范要求设置的轮椅席位等。详见有关建施图纸及________图集。

安全防范设计

一、住宅

1. 设计依据：《关于加强住宅安全防范设施的通知》（西安市建发［2004］79号文），以及相关建筑设计规范的有关规定。

2. 本工程住宅户门为________门；住宅楼入口或单元入口为________门；首层及其他有入侵可能的外窗或洞口设防盗护栏。

二、其他公共建筑（如金融、商业、档案等）有安全要求的部位，应依据相应行业的有关规定，采取防护措施。

■ 环保设计

一、依据规范：《民用建筑工程室内环境污染控制规范》GB 50325—2001，以及相关建筑设计规范的有关规定。

二、本工程采取的环保措施

1. 建筑材料及装修材料均应选用“环保型”产品；

2. 有噪声影响的房间均采取吸声、隔声处理；

3. 有射线危害的房间均采取防护设施；

4. 废弃物的运输与处理均符合有关规程。

■ 墙体

一、钢筋混凝土墙体的位置、厚度、构造详见结施图。

二、黏土砖墙

1. 承重墙：±0.000以上为承重黏土多孔砖，详见结施图，定位及厚度见建筑平面图；

±0.000以下采用实心黏土砖，详见结施图。

2. 非承重墙（隔墙及填充墙）：为非承重黏土空心砖（MU7.5）用M5号水泥石灰砂浆砌筑。定位及厚度见建筑平面图。

3. 墙身防潮

(1) 水平防潮层：设于底层室内地面以下60处，用料见工程做法。

(2) 当室内墙身两侧地面有高差时，在邻土的一侧做竖向防潮层（用料同上），以保证防潮层的连续性。

(3) 当防潮层部位遇有钢筋混凝土基础梁或圈梁时，可不另做防潮层。

4. 砖墙配筋及其与钢筋混凝土墙、柱的连接构造详见结施图。

5. 过梁

(1) 根据非承重墙上洞口宽度及该处的墙体厚度，按Ⅰ级荷载级别选用________图集中相应的预制过梁。

(2) 当洞口宽度≥2400，以及位于钢筋混凝土柱或墙边的现浇过梁，详见结施图。

6. 竖井的砌筑

空调送回风竖井的内侧应随砌随抹20厚保温砂浆压光，其他竖井内侧随砌随抹20厚水泥砂浆，并赶光压实。

7. 墙身留洞

钢筋混凝土构件上的留洞见结施图。建施图仅标示 300mm×300mm 以上的预留洞口，300mm×300mm 以下者根据设备工种图纸配合预留。

三、采用________轻质墙体，其位置和厚度见建筑平面图，构造详见________图集。

■ 室内地沟

一、本工程所在场地的土壤为________，并考虑地下水情况和地沟的使用要求，故选用________地沟。详见________图集。

二、地沟盖板及地沟盖板过梁按荷载等级________ kN/m^2 选用。

三、地沟平面及节点详图索引见建施________。

四、地沟穿钢筋混凝土墙处留洞见结施图。地沟穿砖墙处，根据洞宽度及墙厚选用________图集的相应过梁。

■ 门窗

一、依据规范

1.《建筑玻璃应用技术规程》JGJ 113—2003；

2.《建筑安全玻璃管理规定》(发改运行［2003］2116 号文)。

二、非标准门窗立面见建施________，该图仅表示门窗的洞口尺寸、分樘示意、开启扇位置及形式。据此，生产厂家应结合建筑功能、当地气候及环境条件，确定门窗的抗风压、水密性、气密性、隔声、隔热、防火、玻璃厚度、安全玻璃使用部位及防玻璃炸裂等技术要求，按照相应规范负责设计、制作与安装。

三、框料为________色________型材；玻璃为________色________玻璃，外窗开启扇处均设纱窗。

四、除注明者外，平开内门立樘与开启方向墙面平。弹簧门、内窗及外门窗立樘均为墙中。

五、屋顶天窗选用________色________玻璃。

■ 玻璃幕墙

一、依据规范

1.《玻璃幕墙工程技术规范》JGJ 102—2003；

2.《建筑玻璃应用技术规程》JGJ 113—2003；

3.《建筑安全玻璃管理规定》(发改运行［2003］2116 号文)。

二、选用________型玻璃幕墙，其立面见建施________，该图仅表示玻璃幕墙的外廓尺寸、分樘示意、开启扇位置及形式。据此，生产厂家应结合建筑功能、当地气候及环境条件，确定玻璃幕墙的抗风压、水密性、气密性、隔声、隔热、防火、防雷、玻璃厚度、安全玻璃使用部位及防玻璃炸裂等技术要求，按照相应规范负责设计、制作与安装。

三、玻璃幕墙露明框料为________色________型材。玻璃为________色________玻璃。

■ 金属及石材幕墙

一、依据规范:《金属与石材幕墙工程技术规范》JGJ 113—2001。

二、选用________型金属及石材幕墙，其范围见建筑立面图，金属幕墙选用________色________板；石材幕墙选用________色________板。

三、金属及石材幕墙的设计、制作与安装均由厂家负责。

■ 电梯

一、根据业主的意见，暂按____________________公司的电梯产品进行设计。是否变更，施工前必须确定。

二、选用电梯的主要参数如下:

1. 客梯________台，型号为________，载重量________kg(载客________人)，额定速度________m/s，停站数________，提升高度________m。

2. 货梯________台，型号为________，载重量________kg，额定速度________m/s，停站数________，提升高度________m。

3. 杂物梯________台，型号为________，载重量________kg，额定速度________m/s，停站数________，提升高度________m。

4. 消防电梯________台，与________梯兼用。

5. 客梯中有________台为无障碍电梯。

6. 自动扶梯________台，载客量________人/小时，额定速度________m/s，各台提升高度分别为________m，梯身角度为________，梯身宽________m。

三、具体设计见相关建施图。

四、电梯井壁、井底、机房楼面与墙身上的预埋件及预留孔，由厂家负责及时提供资料和配合施工。

五、当电梯井道底坑下方空间人员可到达时，应设置对重安全钳，并应得到厂家的书面文件确认其安全。

六、消防电梯井基坑下单独设置消防排水设施，其消防排水集水池应低于电梯基础且不应安装在电梯的正下方。

■ 室内二次装修

一、室内二次装修的部位详见工程做法。

二、不得破坏建筑主体结构承重构件和超过结施图中标明的楼面荷载值。也不得任意更改公用的给排水管道、暖通风管及消防设施。

三、不得任意降低吊顶控制标高以及改动吊顶上的通风与消防设施。

四、不应减少安全出口及疏散走道的净宽和数量。

五、室内二次装修设计与变更均应遵守《建筑内部装修设计防火规范》GB

50222—95 的规定，并应经原设计单位的认可。

六、二次装修设计应符合《民用建筑工程室内环境污染控制规范》GB 50325—2001 的规定。

■ 其他

一、若外墙贴面砖时必须严格执行：《外墙饰面砖工程施工及验收规程》JGJ 126—2000、《建筑工程饰面砖粘结强度检验标准》JGJ 110—97、《建筑装饰装修工程质量验收规范》GB 50210—2000 的有关规定。

二、所有预埋木砖及木门窗等木制品与墙体接触部分，均需涂刷两道环保型防腐剂。

三、室内为混合砂浆粉刷时，墙、柱和门洞口的阳角，应用 20 厚 1：2 水泥砂浆做护角，其高度≥2000，每侧宽度≥50。

四、屋面水落口：外落水选用________材质________色水斗及水管，尺寸及构造见详图。内落水详见水施图。

附录五

建筑施工图设计总说明
部分内容释义

一、建筑基底面积(原称建筑占地面积)

一般均同底层建筑面积。至于建筑面积的计算应符合《建筑工程建筑面积计算规范》GB/T 50353—2005 的规定。

二、建筑工程等级

根据《民用建筑设计通则》GB 50352—2005 第 3.1.3 条，民用建筑等级分类的划分应符合有关标准或行业主管部门的规定。如交通建筑一般按客运站的大小划为一级至四级，体育场按举办运动会的性质划分为特级至丙级，档案馆按行政级别分为特级至乙级。有的建筑只按规模大小划分为特大型至小型来提出要求，无等级之分，此时则可不填写等级。

三、设计使用年限

指建筑主体结构的设计使用年限，可根据《民用建筑设计通则》GB 50352—2005 第 3.2.1 条确定(见附表 5-1)。

附表 5-1

类别	设计使用年限(年)	示　例	类别	设计使用年限(年)	示　例
1	5	临时性建筑	3	50	普通建筑和构筑物
2	25	易于替换结构构件的建筑	4	100	纪念性建筑和特别重要的建筑

四、建筑层数

一般指建筑物的自然层数。其中半地下室计入地下层数；计算面积的夹层也应计入层数。但消防设计的计算层数应按相关规范的规定。例如，《住宅建筑规范》GB 50368—2005 第 9.1.6 条，即规定了住宅消防建筑层数的计算方法：

1. 当住宅和其他功能空间处于同一建筑内时，应将住宅部分的层数与其他功能空间的层数叠加计算建筑层数。

2. 当建筑中有一层或若干层的层高超过 3m 时，应对这些层按其高度总和除以 3m 进行层数折算，余数不足 1.5m 时，多出部分不计入建筑层数；余数大于或等于 1.5m 时，多出部分按 1 层计算。

五、建筑高度

1. 九层及九层以下的住宅(包括底层设置商业服务网点的住宅)和建筑高度不超过 24m 的其他民用建筑以及建筑高度超过 24m 的单层公共建筑(简称单层和多层建筑)，当为坡屋面时，其建筑高度应为室外设计地面到檐口的高度；当为平屋面时，其建筑高度为建筑物室外地面到其屋面面层的高度。屋顶上的瞭望塔、冷却塔、水箱间、微波天线间、电梯机房、排风和排烟机房以及楼梯出口小间等不计入建筑高度。详见《建筑设计防火规范》GB 50016—2006 第 1.0.2 条注 1。

2. 十层及十层以上的住宅(包括底层设置商业服务网点的住宅)以及建筑高度超过 24m 的多层公共建筑(简称高层建筑)，其建筑高度为建筑物室外地面到其檐口或屋面面层的高度，屋顶上的水箱间、电梯机房、排烟机房和楼梯出口小间等不计入建筑高度。详见《高层民用建筑设计防火规范》GB 50045—95(2005 年版)第 2.0.2 条。

六、建筑防火分类

1. 高层建筑根据使用性质、火灾危险性、疏散和扑救难度，其防火分类按附表 5-2 分为两类。详见《高层民用建筑设计防火规范》GB 50045—95(2005 年版)第 3.0.1 条。

高层建筑的防火分类 **附表 5-2**

一　类	二　类
1. 医院 2. 高级旅馆 3. 建筑高度超过 50m 或 24m 以上部分的任一楼层的建筑面积超过 1000m² 的商业楼、展览楼、综合楼、电信楼、财贸金融楼 4. 建筑高度超过 50m 或 24m 以上部分的任一楼层的建筑面积超过 1500m² 的商住楼 5. 中央级和省级(含计划单列市)广播电视楼 6. 网局级和省级(含计划单列市)电力调度楼 7. 省级(含计划单列市)邮政楼、防灾指挥调度楼 8. 藏书超过 100 万册的图书馆、书库 9. 重要的办公楼、科研楼、档案楼 10. 建筑高度超过 50m 的教学楼和普通的旅馆、办公楼、科研楼、档案楼等	1. 除一类建筑以外的商业楼、展览楼、综合楼、电信楼、财贸金融楼、商住楼、图书馆、书库 2. 省级以下的邮政楼、防灾指挥调度楼、广播电视楼、电力调度楼 3. 建筑高度不超过 50m 的教学楼和普通的旅馆、办公楼、科研楼、档案楼等

2. 车库防火分类应按附表 5-3 分为四类。详见《汽车库、修车库、停车场设计防火规范》GB 50067—97 中第 3.0.1 条。

3. 现行规范中无明文规定“建筑防火分类”者可不写此页，如住宅、单层和多层公共建筑等。

车库的防火分类 **附表 5-3**

类别 / 数量 / 名称	Ⅰ	Ⅱ	Ⅲ	Ⅳ
汽车库	＞300 辆	151～300 辆	51～150 辆	≤50 辆
修车库	＞15 车位	6～15 车位	3～5 车位	≤2 车位
停车场	＞400 辆	251～400 辆	101～250 辆	≤100 辆

注：汽车库的屋面亦停放汽车时，其停车数量应计算在汽车库的总车辆数内。

七、建筑耐火等级

1. 单层和多层民用建筑(住宅、汽车库除外)

(1) 单层和多层民用建筑的耐火等级分为四级，其构件的燃烧性能和耐火极限不应低于附表5-4，详见《建筑设计防火规范》GB 50016—2006第5.1.1条。

单层和多层民用建筑构件的燃烧性能和耐火极限 **附表5-4**

构件名称 \ 燃烧性能和耐火极限(h) \ 耐火等级		一级	二级	三级	四级
墙	防火墙	不燃烧体3.00	不燃烧体3.00	不燃烧体3.00	不燃烧体3.00
	承重墙	不燃烧体3.00	不燃烧体2.50	不燃烧体2.00	难燃烧体0.50
	非承重墙	不燃烧体1.00	不燃烧体1.00	不燃烧体0.50	燃烧体
	楼梯间和电梯的墙	不燃烧体2.00	不燃烧体2.00	不燃烧体1.50	难燃烧体0.50
	疏散走道两侧的隔墙	不燃烧体1.00	不燃烧体1.00	不燃烧体0.50	难燃烧体0.25
	房间隔墙	不燃烧体0.75	不燃烧体0.50	难燃烧体0.50	难燃烧体0.25
柱		不燃烧体3.00	不燃烧体2.50	不燃烧体2.00	难燃烧体0.50
梁		不燃烧体2.00	不燃烧体1.50	不燃烧体1.00	难燃烧体0.50
楼板		不燃烧体1.50	不燃烧体1.00	不燃烧体0.50	燃烧体
屋顶承重构件		不燃烧体1.50	不燃烧体1.00	燃烧体	燃烧体
疏散楼梯		不燃烧体1.50	不燃烧体1.00	不燃烧体0.50	燃烧体
吊顶(包括吊顶搁栅)		不燃烧体0.25	难燃烧体0.25	难燃烧体0.15	燃烧体

(2) 单层和多层民用建筑的耐火等级、层数和防火分区面积应符合附表5-5。详见《建筑设计防火规范》GB 50016—2006第5.1.7条。

单层和多层民用建筑的耐火等级、最多允许层数和防火分区最大允许建筑面积 **附表5-5**

耐火等级	最多允许层数	防火分区最大允许建筑面积(m^2)	备注
一、二级	按本规范第1.0.2条规定	2500	1. 体育馆、剧院的观众厅、展览建筑的展厅，其防火分区的最大允许建筑面积可适当放宽； 2. 托儿所、幼儿园的儿童用房及儿童游乐厅等儿童活动场所不应超过三层或设置在四层及四层以上楼层或地下、半地下建筑内
三级	5层	1200	1. 托儿所、幼儿园的儿童用房及儿童游乐厅等儿童活动场所、老年人建筑和医院、疗养院的住院部分不应超过2层或设置在三层及三层以上楼层或地下、半地下建筑(室)内； 2. 商店、学校、电影院、剧院、礼堂、食堂、菜市场不应超过二层或设置在三层或三层以上楼层
四级	2层	600	学校、食堂、菜市场、托儿所、幼儿园、老年人建筑、医院等不应超过一层
地下、半地下建筑(室)		500	——

注：建筑内设置自动灭火系统时，该防火分区的最大允许建筑面积可按本表的规定增加1.0倍。局部设置时，增加面积可按局部面积的1.0倍计算。

2. 高层建筑(住宅、汽车车库除外)

(1) 耐火等级分为两级，其构件的燃烧性能和耐火极限不应低于附表 5-6。详见《高层民用建筑设计防火规范》GB 50045—95(2005 年版)第 3. 0. 2 条。

(2) 一类高层建筑的耐火等级应为一级，二类高层建筑的耐火等级不应低于二级。详见同一规范第 3. 0. 4～3. 0. 7 条。

高层建筑构件的燃烧性能和耐火极限 **附表 5-6**

构件名称 \ 燃烧性能和耐火极限(h)		耐火等级	
		一级	二级
墙	防火墙	不燃烧体 3. 00	不燃烧体 3. 00
	承重墙、楼梯间的墙、电梯井的墙、住宅单元之间的墙、住宅分户墙	不燃烧体 2. 00	不燃烧体 2. 00
	非承重外墙、疏散走道两侧的隔墙	不燃烧体 1. 00	不燃烧体 1. 00
	房间隔墙	不燃烧体 0. 75	不燃烧体 0. 50
柱		不燃烧体 3. 00	不燃烧体 2. 50
梁		不燃烧体 2. 00	不燃烧体 1. 50
楼板、疏散楼梯、屋顶承重构件		不燃烧体 1. 50	不燃烧体 1. 00
吊顶		不燃烧体 0. 25	难燃烧体 0. 25

3. 住宅

(1) 耐火等级分为四级，其构件的燃烧性能和耐火极限不应低于附表 5-7 的规定。详见《住宅建筑规范》GB 50368—2005 中第 9. 2. 1 条。

住宅建筑构件的燃烧性能和耐火极限(h) **附表 5-7**

构件名称		耐火等级			
		一级	二级	三级	四级
墙	防火墙	不燃性 3. 00	不燃性 3. 00	不燃性 3. 00	不燃性 3. 00
	非承重外墙、疏散走道两侧的隔墙	不燃性 1. 00	不燃性 1. 00	不燃性 0. 75	难燃性 0. 75
	楼梯间的墙、电梯井的墙、住宅单元之间的墙、住宅分户墙、承重墙	不燃性 2. 00	不燃性 2. 00	不燃性 1. 50	难燃性 1. 00
	房间隔墙	不燃性 0. 75	不燃性 0. 50	难燃性 0. 50	难燃性 0. 25
柱		不燃性 3. 00	不燃性 2. 50	不燃性 2. 00	难燃性 1. 00
梁		不燃性 2. 00	不燃性 1. 50	不燃性 1. 00	难燃性 1. 00
楼板		不燃性 1. 50	不燃性 1. 00	不燃性 0. 75	难燃性 0. 50
屋顶承重构件		不燃性 1. 50	不燃性 1. 00	难燃性 0. 50	难燃性 0. 25
疏散楼梯		不燃性 1. 50	不燃性 1. 00	不燃性 0. 75	难燃性 0. 50

(2) 根据同一规范第 9.2.2 条的规定(不分住宅类型)：

一级耐火等级的住宅允许建造至 19 层及 19 层以上；

二级耐火等级的住宅允许建造至 18 层；

三级耐火等级的住宅允许建造至 9 层；

四级耐火等级的住宅允许建造至 3 层。

4. 汽车库

(1) 汽车库的耐火等级分为三级，其构件的燃烧性能和耐火极限不应低于附表 5-8。详见《汽车库、修车库、停车场设计防火规范》GB 50067—97 中第 3.0.2 条。

汽车库建筑燃烧性能和耐火极限 **附表 5-8**

构件名称 \ 燃烧性能和耐火极限(h)		耐火等级		
		一级	二级	三级
墙	防火墙	不燃烧体 3.00	不燃烧体 3.00	不燃烧体 3.00
	承重墙、楼梯间的墙、防火隔墙	不燃烧体 2.00	不燃烧体 2.00	不燃烧体 2.00
	隔墙、框架填充墙	不燃烧体 0.75	不燃烧体 0.50	不燃烧体 0.50
柱	支承多层的柱	不燃烧体 3.00	不燃烧体 2.50	不燃烧体 2.50
	支承单层的柱	不燃烧体 2.50	不燃烧体 2.00	不燃烧体 2.00
梁		不燃烧体 2.00	不燃烧体 1.50	不燃烧体 1.00
楼板		不燃烧体 1.50	不燃烧体 1.00	不燃烧体 0.50
疏散楼梯、坡道		不燃烧体 1.50	不燃烧体 1.00	不燃烧体 1.00
屋顶承重构件		不燃烧体 1.50	不燃烧体 0.50	燃烧体
吊顶(包括吊顶搁栅)		不燃烧体 0.25	难燃烧体 0.25	难燃烧体 0.15

注：预制钢筋混凝土构件的节点缝隙或金属承重构件的外露部位应加设防火保护层，其耐火极限不应低于本表相应构件的规定。

(2) 根据同一规范第 3.0.3 条的规定：

Ⅰ、Ⅱ、Ⅲ类汽车库的耐火等级不应低于二级；

Ⅳ类汽车库的耐火等级不应低于三级。

5. 上述各类建筑的地下部分，其耐火等级均应为一级。

八、建筑规模

系指建筑物使用功能的量化数值，综合性建筑可根据其主要项目参照填写。现将常见民用建筑的规模涵义列举如下：

单元式多层及高层住宅：总户数；

低层独立式住宅：建筑面积/户；

宿舍：总床位数及床位数/间；

旅馆：等级和标准客房数；

疗养院：总床位数；

医院：总床位数及门诊人次/日；

幼托、中、小学：班数；

大专院校：在校学生数

图书馆：藏书册数及阅览座位数；

会堂、影院、剧院、体育场、优育馆：观众席位数；

博物馆：等级(国家、省、市、县等)及类型(综合、专业)；

文化馆：总使用面积及主要活动用房(观演、游艺、展览、阅览等)的使用面积；

办公楼：办公使用面积；

档案馆：馆藏档案卷数；

法院：级别(高级、中级、基层)及审判庭席位数；

银行：级别(总行、分行、支行、营业所等)、营业厅面积及办公面积；

商业建筑：类型(购物中心、超市、百货商店、专业商店等)及营业面积；

饮食建筑：就餐人数(单位内部食堂)或席位数(营业店馆)；

铁路客运站：站级(特大、大、中、小型)及旅客最高聚集人数/日；

公路客运站：站级(一、二、二、四级)及旅客日发送量(人次)；

港口客运站：站级(一、二、二、四级)及旅客最大聚集量/日和年发客量(万人)；

航空港：站别(国际、国内)及最大容量(架次/小时)；

地铁站：类别(终点、中间、换乘等)及最大客流量/小时；

停车场、库：类别(公用、专用、储备等)及停车位数。

九、人防工程

人防工程的类别、防护等级和面积要求均由当地人防主管部门确定。

根据《人民防空地下室设计规范》GB 50038—2005 中第 1.0.2 及 1.0.4 条的规定，现将一般民用建筑中常设的人防工程介绍如下：

1. 多为附建于建筑物地下层内，供普通居民战时使用的二等人员掩蔽所，或战时配套工程(如物资库和汽车库)。

2. 防护等级多为防核武器(甲类)的核 5 级、核 6 级与核 6B 级，以及防常规武器(乙类)的常 5 级与常 6 级。

3. 为便于审查和指导设计尚应明确：

(1) 人防工程的平时用途。

(2) 人防建筑面积、防护单元和抗爆单元的划分、人员掩蔽面积和人数、战时疏散口的总宽度等。

十、建筑防水

1. 屋面防水等级和设防要求：应根据建筑物的性质、重要程度、使用功能以及防水层合理使用年限，按不同等级进行设防，并应符合附表 5-9 的要求。详见《屋面工程技术规范》GB 50345—2004 第 3.0.1 条。

屋面防水等级和设防要求 **附表 5-9**

项　目	屋面防水等级			
	Ⅰ级	Ⅱ级	Ⅲ级	Ⅳ级
建筑物类别	特别重要或对防水有特殊要求的建筑	重要的建筑和高层建筑	一般的建筑	非永久性的建筑
防水层合理使用年限	25 年	15 年	10 年	5 年
设防要求	≥三道防水设防	二道防水设防	一道防水设防	一道防水设防
防水层选用材料	宜选用合成高分子防水卷材、高聚物改性沥青防水卷材、金属板材、合成高分子防水涂料、细石防水混凝土等材料	宜选用高聚物改性沥青防水卷材、合成高分子防水卷材、金属板材、合成高分子防水涂料、高聚物改性沥青防水涂料、细石防水混凝土、平瓦、油毡瓦等材料	宜选用高聚物改性沥青防水卷材、合成高分子防水卷材、三毡四油沥青防水卷材、金属板材、高聚物改性沥青防水涂料、合成高分子防水涂料、细石防水混凝土、平瓦、油毡瓦等材料	可选用二毡三油沥青防水卷材、高聚物改性沥青防水涂料等材料

注：① 本规范中采用的沥青均指石油沥青，不包括煤沥青和煤焦油等材料。
② 石油沥青纸胎油毡和沥青复合柔性防水卷材，系限制使用材料。
③ 在Ⅰ、Ⅱ级屋面防水设防中，如仅作一道金属板材时，应符合有关技术规定。

2. 地下室防水等级与设防要求

(1) 地下室防水等级应根据工程的重要性和使用中对防水的要求按附表 5-10 确定。详见《地下工程防水技术规范》(GB 20108—2001) 第 3.2.1 和第 3.2.2 条。

地下工程防水等级标准和适用范围 **附表 5-10**

防水等级	标　准	适　用　范　围
一级	不允许渗水，结构表面无湿渍	人员长期停留的场所；因有少量湿渍会使物品变质、失效的贮物场所及严重影响设备正常运转和危及工程安全运营的部位；极重要的战备工程
二级	不允许漏水，结构表面可有少量湿渍 工业与民用建筑：总湿渍面积不应大于总防水面积(包括顶板、墙面、地面)的 1/1000；任意 $100m^2$ 防水面积上的湿渍不超过 1 处，单个湿渍的最大面积不大于 $0.1m^2$ 其他地下工程：总湿渍面积不应大于总防水面积的 6/1000；任意 $100m^2$ 防水面积上的湿渍不超过 4 处，单个湿渍的最大面积不大于 $0.2m^2$	人员经常活动的场所；在有少量湿渍的情况下不会使物品变质、失效的贮物场所及基本不影响设备正常运转和工程安全运营的部位；重要的战备工程
三级	有少量漏水点，不得有线流和漏泥砂 任意 $100m^2$ 防水面积上的漏水点数不超过 7 处，单个漏水点的最大漏水量不大于 2.5L/d，单个湿渍的最大面积不大于 $0.3m^2$	人员临时活动的场所；一般战备工程
四级	有漏水点，不得有线流和漏泥砂 整个工程平均漏水量不大于 $2L/m^2 \cdot d$；任意 $100m^2$ 防水面积的平均漏水量不大于 $4L/m^2 \cdot d$	对渗漏水无严格要求的工程

(2) 地下室防水的设防要求，应根据使用功能、结构形式、环境条件、施工方法及材料性能等因素按附表 5-11 确定。详见同一规范第 3.3.1 条。

明挖法地下工程防水设防 **附表 5-11-1**

工程部位		主体						施工缝					后浇带				变形缝、诱导缝						
防水措施		防水混凝土	防水砂浆	防水卷材	防水漆料	塑料防水板	金属板	遇水膨胀止水条	中埋式止水带	外贴式止水带	外抹防水砂浆	外涂防水涂料	膨胀混凝土	遇水膨胀止水条	外贴式止水带	防水嵌缝材料	中埋式止水带	外贴式止水带	可卸式止水带	防水嵌缝材料	外贴防水卷材	外涂防水涂料	遇水膨胀止水条
防水等级	一级	应选	应选一至二种					应选二种						应选	应选二种			应选	应选二种				
	二级	应选	应选一种					应选一至二种						应选	应选一至二种			应选	应选一至二种				
	三级	应选	宜选一种					宜选一至二种						应选	宜选一至二种			应选	宜选一至二种				
	四级	宜选	—					宜选一种						应选	宜选一种			应选	宜选一种				

暗挖法地下工程防水设防 **附表 5-11-2**

工程部位		主体				内衬砌施工缝							内衬砌变形缝、诱导缝		
防水措施		复合式衬砌	离壁式衬砌、衬套	贴壁式衬砌	喷射混凝土	外贴式止水带	遇水膨胀止水条	防水嵌缝材料	中埋式止水带	外涂防水涂料	中埋式止水带	外贴式止水带	可卸式止水带	防水嵌缝材料	遇水膨胀止水条
防水等级	一级	应选一种			—	应选二种					应选	应选二种			
	二级	应选一种				应选一至二种					应选	应选一至二种			
	三级	—		应选一种		宜选一至二种					应选	宜选一种			
	四级			应选一种		宜选一种					应选	宜选一种			

附录六

建筑节能计算(以西安地区为例)

一、公共建筑节能计算

1. 概述

(1) 本节所述仅为公共建筑节能设计的建筑和建筑热工部分，且主要介绍建筑外围护结构冬季保温和夏季防热节能设计计算的基本步骤。至于采暖、通风和空气调节节能设计部分则是暖通专业承担内容。

(2) 计算依据的规范：《公共建筑节能设计标准》GB 50189—2005 和《陕西省建筑节能设计导则》(2005 年试行)。

(3) 西安市的建筑气候分区属寒冷地区(陕西省三区)。

(4) 设计时首先应在总平面布置中，使建筑具有最佳的朝向和自然通风条件。

2. 建筑热工计算

(1) 填写工程概况与基本参数(附表 6-1)。

工程概况与基本参数 **附表 6-1**

设计号		工程名称		单项名称	
建筑类型		主要功能		气候分区	
建筑层数	主楼		建筑面积(m^2)	地上部分	
	裙房			总面积(A_0)	
	地上		建筑体积(m^3)	地上部分	
	地下			总体积(V_0)	
计算人		审核人		审定人	年 月 日
					年 月 日

(2) 按附表 6-2～附表 6-6 分别计算设计建筑物的体形系数、窗墙面积比、围护结构的传热系数、屋顶透明部分的面积比、遮阳系数。

屋顶透明部分面积比(M)值计算表 **附表 6-2**

Ⅰ	屋顶透明面积(m^2)=
Ⅱ	屋顶总面积(m^2)=
$M=\frac{Ⅰ}{Ⅱ}$	

围护结构基本构造及传热系数 **附表 6-3**

类型	屋顶		外墙		外窗(幕墙)	
	构造做法	传热系数	构造做法	传热系数	构造做法	传热系数
Ⅰ						
Ⅱ						
Ⅲ						

底面接触室外空气的架空或外挑楼板		非采暖空调房间与采暖空调房间的隔墙或楼板	
构造做法	传热系数	构造做法	传热系数

注：① 构造类型数根据实际情况增减。
② 宜尽量选用常规构造做法，因其多给出相应传热系数，可减少计算量。
③ 外窗的气密性不应低于《建筑外窗气密性能分级及其检测方法》GB/T 7107—2002 规定的 4 级；透明幕墙的气密性不应低于《建筑幕墙物理性能分级》GB/T 15225—1994 规定的 3 级。外窗可开启面积不应小于窗面积的 30%。
④ 设计外窗(含透明幕墙)的传热系数可参见《导则》表 3.2.6。

体形系数(S)计算表 **附表 6-4**

项目	部位	算式
建筑表面积 F_0(m^2)	东	
	西	
	南	
	北	
	屋顶	
	其他	
	总计	$F_0=$
建筑体积 V_0(m^3)	主体	
	裙房	
	其他	
	总计	$V_0=$
体形系数(S)		$S=\frac{F_0}{V_0}=$

窗(幕墙)墙面积比计算表 **附表 6-5**

方位	面积(m^2)	算　式	比值
东	窗面积		
	墙面积		
西	窗面积		
	墙面积		
南	窗面积		
	墙面积		
北	窗面积		
	墙面积		
总计	窗面积		
	墙面积		

注：① 窗面积以窗的展开面积计算，墙面积为含窗洞面积。

② 窗墙面积比为某朝向的外窗总面积与同朝向的墙面总面积之比。

遮阳系数(*SC*)计算表 **附表 6-6**

Ⅰ	已有玻璃*SC* 值为________________，限值为________________，故判断已满足要求。
Ⅱ	因已有玻璃*SC* 值不满足要求，故其外遮阳设计计算如下：

注：① 无外遮阳时，遮阳系数(*SC*)＝玻璃的遮阳系数；

有外遮阳时，遮阳系数(*SC*)＝玻璃的遮阳系数×外遮阳的遮阳系数。

② 外窗玻璃的遮阳系数和织物卷帘外遮阳的遮阳系数分别参见《导则》表 3.2.7-1 和表 3.2.7-2。

③ 固定外遮阳系数计算参见《标准》附录 A。

计算时应对照附表 6-7 中相应的限值，不符合时应调整相关的建筑设计措施，直到符合为止。然后将各项终值填入附表 6-7 中，连同上述计算表作为正式设计文件归档，并供上报审批。其相关参数和指标还应在施工图设计总说明中表述。

(3) 若某些项目(如体形系数、窗墙面积比等)不符合限值，但又不宜修改建筑设计措施时，则可转由暖通专业进行围护结构热工性能权衡判断，判定围护结构的总体热工性能是否符合节能设计要求。

陕西省二、三区公共建筑热工性能判定表 **附表 6-7**

设计号		工程名称			建筑面积		
设计建筑窗墙面积比					窗墙比限值	屋顶透明部分与屋顶总面积之比M	M的限值
南	东	西	北	总	东、西、北、南、总		
					≤0.70		≤0.30

围护结构项目		设计建筑 传热系数K_j [W/(m²·K)]	设计建筑 遮阳系数SC	传热系数限值K [W/(m²·K)]		遮阳系数SC限值	
屋顶非透明部分	S≤0.30			≤0.55		—	
	0.30<S≤0.40			≤0.45		—	
	S>0.40			≤0.40		—	
屋顶透明部分	M≤0.20			≤2.70		≤0.50	
	0.20<M≤0.25			≤2.50		≤0.40	
	0.25<M≤0.30			≤2.30		≤0.30	
外墙（包括非透明幕墙）	S≤0.30			≤0.60		—	
	0.30<S≤0.40			≤0.50		—	
	S>0.40			≤0.45		—	
外窗	—	—	—	S≤0.30	S>0.30	S≤0.30	S>0.30
	窗墙面积比≤0.20			≤3.50	≤3.00	—	—
	0.20<窗墙面积比≤0.30			≤3.00	≤2.50	—	—
	0.30<窗墙面积比≤0.40			≤2.70	≤2.30	≤0.70	≤0.70
	0.40<窗墙面积比≤0.50			≤2.30	≤2.00	≤0.60	≤0.60
	0.50<窗墙面积比≤0.70			≤2.00	≤1.80	≤0.50	≤0.50
	0.70<窗墙面积比≤0.85			≤1.80	≤1.60	≤0.45	≤0.45
	0.85<窗墙面积比≤1.00			≤1.60	—	≤0.45	—
接触室外空气的架空或外挑楼板				≤0.60	≤0.50	—	
非采暖空调房间与采暖空调房间的隔墙或楼板				≤1.50	≤1.50	—	
注：设计建筑的传热系数K_j和遮阳系数SC应小于等于传热系数限值K和遮阳系数SC的限值。		设计人					
		审核人					
		审定人				年　月　日	

二、居住建筑节能设计的建筑热计算(节能率 65%)

1. 概述

(1) 居住建筑系指：住宅、单身宿舍、公寓、幼托。

(2) 本节所述仅针对集中采暖的居住建筑节能设计的建筑和建筑热工部分，且主要介绍建筑外围护结构冬季保温的节能设计计算的基本步骤。

(3) 计算依据的规范：《居住建筑节能设计标准》GB×××××—2006 和《西安市居住建筑节能设计标准》(2006 年试行)，但均系报批稿，应以颁发本为准。

(4) 西安市的建筑气候分区属寒冷地区(陕西省三区)。

(5) 设计时首先应在总平面布置中使建筑具有最佳朝向。

(6) 住宅的耗热量指标及采暖设计热量负荷指标均由暖通专业计算。

2. 建筑热工计算

(1) 参照表 6-4 和表 6-5 计算设计建筑的体形系数(S)和窗墙面积比，以及各部位的围护结构的传热系数，如三者分别符合附表 6-8、附表 6-9 和附表 6-10 的限值，则可直接判定总体热工性能符合规定的节能要求，可不再由暖通专业进行建筑物耗热量指标计算。

建筑体形系数(S)限值 **附表 6-8**

建筑层数	≥6 层	5、4 层	3、2 层
体形系数限值	0.3	0.35	0.55

注：① 外表面积中不包括地面和不采暖楼梯间的隔墙和户门的面积。

② 如有封闭阳台时，仍以未封闭时的外表面积计算。

窗墙面积比限值 **附表 6-9**

朝向	窗墙面积比限值	朝向	窗墙面积比限值
南	0.5	北	0.3
东、西	0.3		

注：① 凸窗处的窗墙面积比应按凸窗的展开面积与房间立面单元面积(即建筑层高与开间定位线围成的面积)的比值计算。

② 封闭阳台的外檐墙上如不安装门窗，则阳台栏板及阳台窗应按外墙及外窗对待，阳台栏板与阳台窗应以展开面积计算其窗墙面积比。

③ 封闭阳台内的外檐墙上如安装门窗，则窗墙面积比按该门窗洞(含阳台门透明部分)的面积与房间立面单元面积的比值计算。

各部位围护结构传热系数限值 K [W/(m^2·K)] **附表 6-10**

围护结构部位		建筑层数		
		≥6 层	5、4 层	≤3 层
屋顶		0.50	0.50	0.40
外墙	外保温	0.70	0.60	0.50
	内保温的主体断面	0.35		

续表

围护结构部位		建筑层数		
		≥6层	5、4层	≤3层
不采暖楼梯间、封闭外廊及变形缝	隔墙	1.50		
	户门	2.00		
外窗(含阳台门透明部分)		2.80	2.70	2.60
凸(飘)窗非透明部分		0.70		
阳台门下部芯板		1.70		
地面	周边地面	0.52		
	非周边地面	0.30		
楼板	接触室外空气的楼板	0.60		
	不采暖空间上部的楼板	0.65		

注：① 表中外墙外保温的传热系数限值系指考虑过周边热桥影响后的外墙平均传热系数。

② 表中周边地面(外墙内侧2m范围内为周边部分)栏中传热系数限值0.52W/(m^2·K)相当于建筑物周边区内不带保温层的混凝土地面的传热系数；0.3W/(m^2·K)相当于非周边区内不带保温层的混凝土地面的传热系数。

③ 围护结构的构造宜选用常规做法，其传热系数多有现值可查，以减少计算量。

④ 不采暖楼梯间及户外公共空间的外墙和外门窗的传热系数应符合上表的规定。居住建筑入口处外门不应通透并应有随时关闭的可靠措施，外门的传热系数不应大于4.00W/(m^2·K)。

⑤ 封闭阳台内的外檐墙上如不安装门窗，则阳台栏板及阳台窗均按外墙及外窗对待；如外檐墙上按上表安装门窗，栏板的传热系数不应大于1.5W/(m^2·K)，阳台窗可用单玻璃。

⑥ 外窗(含阳台门)的气密性等级，在1～6层建筑中不应低于《建筑外窗气密闭性能分级及其测试方法》(GB 7107)规定的3级；在7～30层建筑中不应低于上述标准规定的4级。

(2) 如设计计算建筑的形态系数(S)、窗墙面积比以及各部位的围护结构的传热系数不符合各自相应的限值时，则应重新调整窗墙面积比或各部位围护结构的传热系数(一般情况下体形系数较难调整)，并由暖通专业进行计算，使建筑物耗热量指标达到规定的限值。

(3) 将上述计算的终值填入附表6-11内，连同计算书作为正式文件归档，并供上报审批。其相关参数与指标还应在施工图设计总说明中表述。

采暖节能建筑设计判定表

附表 6-11

建筑层数	体形系数(S)	设计建筑的窗墙面积比							
		南		东		西		北	

围护结构部位			K_j [W/(m^2·K)]	传热系数限值K [W/(m^2·K)]		
				≥6层	5、4层	≤3层
屋顶				0.50	0.50	0.40
外墙		南		外保温：0.70 内保温(主体断面)：0.35	外保温：0.60 内保温(主体断面)：0.35	外保温：0.50 内保温(主体断面)：0.35
		东、西				
		北				
外窗(含阳台门玻璃)	有阳台且封闭	南		2.80	2.70	2.60
		东、西				
		北				
	无阳台或有阳台但未封闭	南				
		东、西				
		北				
凸(飘)窗的非透明部分				0.70		
阳台门下部门芯板		南		1.70		
		东、西				
		北				
不采暖楼梯间、封闭外廊及变形缝		内墙		1.50		
		户门		2.00		
楼板		接触室外空气的楼板		0.60		
		不采暖空间上部的楼板		0.65		
地面		周边地面		0.52		
		非周边地面		0.30		

设计号	工程名称	项目负责人	审核人(建、暖)	校对人(建)	设计人(建)

注：① 体形系数(S)及窗墙面积比应符合附表 6-8、附表 6-9 的限值。
② K_j 为设计建筑的传热系数值。

年　月　日

附录七

住宅楼梯间形式、数量与位置的确定

对于2层以上的多户住宅，其垂直和水平安全疏散是建筑防火设计的主要内容。具体则归结为：如何确定楼梯间的形式、数量与位置。其中前二者尤因住宅类型和层数的不同而各异，从而对住宅的平面构成、使用功能、构造措施、立面处理产生极大的影响。

一、鉴于住宅建筑的使用性质、平面布局与公共建筑差别较大，加之编制单位、编制年代、防火理念的不同，导致住宅防火设计应遵循的三个主要规范——《住宅建筑规范》GB 50368—2005(简称《住建规》)、《建筑设计防火规范》GB 50016—2006(简称《建规》)和《高层民用建筑设计防火规范》GB 50045—95(2005年版)(简称《高规》)——的具体规定多处差异或空缺，使设计和审查人员难免困惑。不仅增加了工作量和难度，更可能留下隐患。为此，现将三个规范有关住宅楼梯间设置的规定，按住宅类型和层数，分析汇总如附表7-1至附表7-6所列，并附提示，以便于理解和执行。

2～9层(低层、多层、中高层)住宅楼梯间的形式及数量　　　附表7-1

<table>
<tr><th rowspan="3">类型</th><th rowspan="3">层数</th><th colspan="3">楼梯间的形式</th><th colspan="2">楼梯间的数量</th></tr>
<tr><th colspan="2">《建规》第5.3.11条(楼梯间宜通至屋面)</th><th rowspan="2">《住建规》第9.5.3条</th><th rowspan="2">《建规》第5.3.11条</th><th rowspan="2">《住建规》第9.5.1条第1款</th></tr>
<tr><th>非封闭楼梯间</th><th>封闭楼梯间</th></tr>
<tr><td rowspan="2">单元式和塔式住宅</td><td>2～6层</td><td>任一层的建筑面积≤$500m^2$，或任一层的建筑面积＞$500m^2$，但户门或通向走道、楼梯间的门窗为乙级防火门窗</td><td>任一层的建筑面积＞$500m^2$，或楼梯间与电梯井相邻且户门不是乙级防火门</td><td rowspan="4">楼梯间的形式应根据建筑的形式、[4]建筑的层数、建筑面积以及套型户门的耐火等级等因素确定(性能化要求)</td><td rowspan="4">住宅单元任一层的建筑面积＞$650m^2$或任一户门距楼梯间＞15m时，楼梯间应≥2个</td><td rowspan="4">同左</td></tr>
<tr><td>7～9层</td><td>户门或通向走道、楼梯间的门窗为乙级防火门窗</td><td>应为封闭楼梯间</td></tr>
<tr><td rowspan="2">通廊式住宅</td><td>2层</td><td>应为非封闭楼梯间</td><td>楼梯间与电梯井相邻且户门不是乙级防火门</td></tr>
<tr><td>3～9层</td><td>户门为乙级防火门</td><td>应为封闭楼梯间</td></tr>
</table>

提示：对于2～9层住宅无论何种类型，《住建规》与《建规》关于楼梯间形式与数量的规定是一致的，执行时应无矛盾。并可明确以下几点：

① 2～9层住宅不考虑设置防烟楼梯间。

② 楼梯间宜通至屋面，为非强制性要求。

③ 由于7～9层单元式和塔式住宅，以及3～9层通廊式住宅均应设封闭楼梯间，或者是户门为乙级防火门的非封闭楼梯间，故已满足与电梯井相邻楼梯间的形式要求。而对于一般多不设电梯的2～6层单元式和塔式住宅，以及2层的通廊式住宅，该项规定执行的概率也较少。

④ 楼梯间的形式与住宅类型有关。

10 层及 10 层以上(高层)单元式住宅楼梯间的形式及数量 **附表 7-2**

层数	楼梯间的形式				楼梯间的数量	
	《高规》第 6.2.3 条(楼梯间应通至屋面)			《住建规》第 9.5.3 条	《高规》第 6.1.1 条	《住建规》第 9.5.1 条第 2、3 款
	非封闭楼梯间	封闭楼梯间	防烟楼梯间			
10 层和 11 层	户门为乙级防火门且楼梯间靠外墙并直接天然采光和自然通风	应设封闭楼梯间	—	楼梯间的形式应根据建筑的形式、建筑的层数、建筑面积以及套型户门的耐火等级等因素确定(性能化要求)	每个单元设有 1 座通向屋面的疏散楼梯，并通过屋顶相连通，单元之间设有防火墙[3]，户门为甲级防火门，窗间墙宽度、窗槛墙高度≥1.2m且为不燃体墙时[4]，可设一个安全出口	住宅单元任一层的建筑面积>$650m^2$或任一套房的户门距楼梯间＞10m 时，楼梯间应≥2 个
12～18 层	—					
≥19 层	—	—	应设防烟楼梯间		≤18 层的每层做法同上；≥19 层的每层相邻单元楼梯通过阳台或凹廊连通(屋顶可以不连通)；每个单元设有 1 座通向屋面的疏散楼梯时，可设 1 个安全出口	每个住宅单元每层的楼梯间应≥2 个

提示：1. 鉴于《住建规》第 9.5.3 条系性能化要求，故楼梯间形式的确定应执行《高规》的相关条文。并可明确以下几点：

(1) 楼梯间均应通至屋面。

(2) 10～18 层单元式住宅一般应为封闭楼梯间，只有当 10 和 11 层并符合规定条件时可为非封闭楼梯间。

(3) ≥19 层的单元住宅均应为防烟楼梯间。

2. 至于楼梯间数量的确定，《住建规》与《高规》的规定相差较大：

(1) 对于 10～18 层住宅楼梯间的数量，两个规范的界定条件不同。

(2) 对于≥19 层的单元式住宅，《住建规》要求必须设 2 个以上的楼梯间，而《高规》尚给出了可设 1 个楼梯间的条件。

3. 一般情况时，住宅单元之间仅为耐火极限≥2.0h 的不燃性隔墙即可。

4. 该窗间墙宽度和窗槛墙高度的要求系针对此条设定的情况。前者仅为户间隔墙两侧的窗间墙；后者则为所有的窗槛墙(参见《高层民用建筑设计防火规范图示》第 60 及 61 页)。

10 层及 10 层以上(高层)塔式住宅楼梯间的形式及数量 **附表 7-3**

层数	楼梯间的形式				楼梯间的数量	
	《高规》第 6.2.1 条			《住建规》第 9.5.3 条	《高规》第 6.1.1.1 条	《住建规》第 9.5.1 条第 2、3 款
	非封闭楼梯间	封闭楼梯间	防烟楼梯间			
10 和 11 层	—	—	应设防烟楼梯间(根据《高规》第 6.2.7 条规定：除第 6.1.1.1 条的情况外，通向屋面的楼梯间不宜少于 2 座)	楼梯间的形式应根据建筑的形式、建筑的层数、建筑面积以及套房户门的耐火等级因素确定(性能化要求)	每层不超过 8 户、建筑面积≤$650m^2$，且设有 1 座防烟楼梯间和消防电梯时，可设 1 个楼梯间	住宅单元任一层的建筑面积＞$650m^2$ 或任一套房户门至楼梯的距离＞10m 时，楼梯间应≥2 个
12～18 层	—	—				
≥19 层	—	—			楼梯间应≥2 个	每个住宅单元每层的楼梯间应≥2 个

提示：对于高层塔式住宅楼梯间的形式与数量的确定，《住建规》与《高规》规定的差异仅为设置 1 座楼梯间的条件有所不同。并可明确几点：

1. 塔式高层住宅均应设置防烟楼梯间。

2. 对于 10～18 层塔式住宅设置 1 座楼梯间的条件，《住建规》与《高规》规定的不同在于：增加了“任一套房的户门至安全出口的距离应≤10m”，以及取消了“设置消防电梯的要求”。其实《高规》第 6.1.1.1 条中“且设有消防电梯”的条件是多余的，因为该规范第 6.3.1 条已规定高层塔式住宅均应设置消防电梯(《住建规》则要求≥12 层时设置)。

3. 对于≥19 层的塔式住宅均应设置≥2 座楼梯间。

10 层及 10 层以上(高层)通廊式住宅楼梯间的形式及数量 **附表 7-4**

层数	楼梯间的形式				楼梯间的数量	
	《高规》第 6.2.4 条和第 6.2.7 条			《住建规》第 9.5.3 条	《高规》第 6.1.1 条	《住建规》第 9.5.1 条第 2、3 款
	非封闭楼梯间	封闭楼梯间	防烟楼梯间			
10 和 11 层	—	应设封闭楼梯间(通向屋面的楼梯间不宜少于 2 座)	—	住宅建筑楼梯间的形式应根据建筑的形式、建筑的层数、建筑面积以及套房户门的耐火等级因素确定(性能化要求)	高层建筑每个防火分区的安全出口不应少于 2 个	任一层的建筑面积＞650m² 或任一套房户门至楼梯间的距离＞10m 时，楼梯间应≥2 个
12～18 层	—	—	应设防烟楼梯间(通向屋面的楼梯间不宜少于 2 座)			
≥19 层	—	—				每个住宅单元每层的楼梯间应≥2 个

提示：1. 通廊式高层住宅楼梯间的形式：10 层和 11 层时应为封闭楼梯间；≥12 层时应为防烟楼梯间。
2. 通廊式高层住宅楼梯间的数量：《住建规》与《高规》对此的规定差异较大。由于《住建规》基于不考虑住宅类型的理念，对通廊式住宅同样给出了设置 1 座楼梯间的条件。而《高规》将式高层住宅单元每层至少视为 1 个防火分区，故安全出口不应少于 2 个(参见《高层民用建筑设计防火规范图示》第 58 页)。另外，《高规》第 6.2.4 条条文说明认为：由于通廊式住宅火灾范围大，不利于安全疏散，因此对它的防火要求严于单元式住宅。

住宅楼梯间的位置(附表 7-1 至附表 7-4 中的相关规定不再列入) **附表 7-5**

《住建规》		《建规》		《高规》	
条文号	内容要点	条文号	内容要点	条文号	内容要点
第 9.5.1 条第 4 款	安全出口应分散布置，两个安全出口之间的距离应≥5m	第 5.3.1 条	同《住建规》第 9.5.1 条	第 9.1.5 条	同《住建规》第 9.5.1 条
第 9.5.2 条	每层有 2 个及 2 个以上安全出口的住宅单元，套房户门至最近安全出口的距离应根据建筑的耐火等级、楼梯间形式和疏散方式确定(性能化要求)	第 5.3.13 条第 1、2 款	安全疏散距离应符合表 5.3.13 的限值(含表注 2，该表从略)[3]	第 6.1.5 条	安全疏散距离应符合表 6.1.5 的规定值(该表从略)
		表 5.3.13 注 4	跃层式住宅户内楼梯的距离，可按其梯段总长度的水平投影尺寸计算	第 6.1.6 条	跃廊式住宅的安全疏散距离，应从户门算起，小楼梯的一段按其 1.5 倍水平投影计算
第 9.5.3 条	楼梯间的首层应设直通对外的出口，或距对外出口≤15m	第 5.3.13 条第 3 款	楼梯间的首层应设直接对外出口或采用扩大封闭楼梯间[2]。当建筑≤4 层时，可距对外出口≤15m	第 6.2.6 条及条文说明	疏散楼梯间在首层应有直通室外的出口。允许在短距离内通过公用门厅，但不允许经过其他房间再到达室外
		第 7.4.2 条第 2 款 第 7.4.3 条第 6 款	封闭和防烟楼梯间可在首层采用扩大封闭楼梯间或扩大防烟前室，用乙级防火门等措施与其相连通的走道和房间隔开[2]	第 6.2.2.3 条	封闭楼梯间的首层紧接主要出口时，可将走道和门厅包括在楼梯间内，形成扩大封闭楼梯间，但应用乙级防火门等防火措施与其他走道和房间隔开

提示：1. 从本表可以看出：《住建规》、《建规》和《高规》三者关于楼梯间位置的相关规定基本是一致的。
2. 《建规》第 7.2.3 条第 4 款规定：一、二级耐火等级建筑的门厅隔墙应为耐火极限≥2.0h 的不燃烧体，其上的门窗应为乙级防火门窗。此时的门厅已实为扩大封闭楼梯间或扩大防烟前室。
3. 该表的限值适用于封闭楼梯间者，如采用非封闭楼梯间时，其限值应按《建规》第 5.3.13 条第 2 款的规定相应减少。

有关住宅安全疏散的其他规定 **附表 7-6**

《住建规》		《建规》		《高规》	
条文号	内容要点	条文号	内容要点	条文号	内容要点
第 9.5.1 条 第 5 款	楼梯间及前室的门应向疏散方向开启；住宅直通室外的门应能从内徒手开启	第 7.4.2 条 第 5 款	除同条第 4 款规定者外，其他建筑的封闭楼梯间可采用双向弹簧门[1]	无	无
		第 7.4.12 条 第 1、2、4 款	疏散用门应向疏散方向开启，但人数≤60 人且每樘门的平均疏散人数≤30 人时，其门的开启方向不限； 疏散门应为平开门，不应为推拉门、卷帘门、吊门、转门； 对外防护门的疏散门，应设火灾时能徒手开启的装置，并应有显明标识和使用提示	第 6.1.16 条	公共疏散门应向疏散方向开启，且不应为侧拉门、吊门和转门。对外防护的疏散门，应设火灾时能徒手开启的装置
				第 6.2.1.3 条 第 6.2.2.2 条	楼梯间和前室的门均应向疏散方向开启
第 9.5.4 条	楼梯间的顶棚、墙面、地面均应为不燃性材料(性能化要求)	无	无	第 3.0.9 条	室内装修应执行《建筑内部装修设计防火规范》的有关规定[2]

提示：1. 本条条文说明又称：通向封闭楼梯间的门，正常情况下应采用防火门(乙级)。当有困难时，通向居住建筑封闭楼梯间的门才考虑选择双向弹簧门。
2.《建筑内部装修设计防火规范》第 3.1.6 条规定：无自然采光楼梯间、封闭楼梯间、防烟楼梯间及其前室的顶棚、墙面和地面均应采用 A 级装修材料。

二、此外，将相关术语注释如下，可供参考。

1. 住宅按层数划分为：低层住宅(1～3 层)、多层住宅(4～6 层)、中高层住宅(7～9 层)、高层住宅(10 层及以上)。

2. 单元式住宅：由多个住宅单元组合而成，每个单元均设有楼梯(和电梯)的住宅。

3. 塔式住宅：以共用楼梯(和电梯)为核心布置多套住房的住宅。

4. 通廊式住宅：由共用楼梯(和电梯)通过内(或外)廊进入各套住房的住宅。

5. 防烟楼梯间：在楼梯入口处设有防烟前室，或设有专供排烟用的敞开阳台、凹廊等，且通向前室和楼梯间的门均为乙级防火门的楼梯间。

6. 封闭楼梯间：用建筑构配件分隔，能防止烟和热气进入的楼梯间，应有直接的天然采光及自然通风，通入楼梯间的门应按规定采用防火门或双向弹簧门。

7. 非封闭楼梯间：有直接天然采光及自然通风，仅通入的一侧无建筑构配件分隔的楼梯间。

8. 敞开楼梯：有两侧或两侧以上无建筑构配件分隔的楼梯。该处应按上下层相连通的开口考虑防火设计。

9. 安全出口：供人员安全疏散用的楼梯间、室外楼梯的出入口或直通室内外安全区域的出口。

附录八

建筑施工图表达练习题

■　本练习仅绘制建筑施工图表达的基本图纸——平、剖、立面，不包括封面、目录、设计总说明、工程做法、门窗表及详图部分。并且尽可能不涉及相关的设计问题，其目的在于简化内容、降低难度、突出重点，可供建筑学专业学生初次绘制建筑施工图之用。

■　**已知条件**(标高单位为 m，单位为 mm)

一、图签填写(高×长＝30×240)

1. 设计单位：某建筑设计院

2. 工程名称：某大学

3. 单项名称：男单公寓

4. 设计号：0518

5. 图别：建施

6. 图号：自编

二、层数：主体 3 层，活动室凸出部分 1 层。

层高：底层 3300(活动室凸出部分至结构板面为 3270)；二、三层 3000。

三、墙体均为 240 厚砖墙 (砖壁柱宽 370，凸出 250)；活动室及门厅内独立柱为 400×400 钢筋混凝土柱。轴线均居中。

四、室内外高差 500(底层室内地面标高±0.000)。室外踏步高×宽＝120×360(4 步总高 480)；踏步平台净宽≥1400，平台长度自定。

五、混凝土散水宽 1000。墙身防潮层为 20 厚防水水泥砂浆，设于－0.060 标高处。

六、楼面及屋面均为 100 厚现浇钢筋混凝土板。楼面面层总厚 30，楼面标高系建筑完成面。屋面均不上人，面层最薄处总厚 150，油毡卷材防水，坡度 1∶50；屋面标高系结构板面；女儿墙厚 240，高度≥500(含活动室屋面女儿墙)。外露水落管排水(位置见附图)。

七、雨篷：底面标高 3.000；挑出外墙轴线 1500，主入口处者宽 6900，次入口者宽 2400，翻口高度 300。20 厚防水水泥砂浆面层，水舌排水。

八、楼梯踏步高×宽＝150×300，面层 30 厚；楼段第一跑升高 1800(12 步)，其他跑均升高 1500(10 步)；楼段及平台净宽均为 1430；扶手高 900。

九、门

1. 内门均为木门。活动室为 1500×2100 弹簧门(MM-2)，其他均为 900×

2100 平开门(MM-1)。

2. 外门均为铝合金弹簧门。主入口门宽×高=2400×2700(LM-2)，开启部分 1500×2100；次入口门为 1500×2700(LM-1)，门亮子高 600。

十、窗：均为塑钢推拉窗。其中，活动室外窗及管理室内窗为宽×高=2400×1800 (SC-2)，其他外窗均为 1200×1800(SC-1)。开启扇尺寸均为 600×1200。窗台均高 900。

十一、厕洗间楼(地)面比走道低 20，设施尺寸如下：

500×600 拖布池(1 个)；

500 宽盥洗池(2 个分别长 4800、2500，龙头间距 700)；

900×1200 外开门蹲式厕间(5 个)；

800 间距小便斗及隔板(4 个)。

十二、附图见后。

■ 绘图要求

一、制图规定 【5 分】

1. 一律用 2 号(420mm×594mm)或 2 号加长(420mm×743mm)图幅。

2. 应按《房屋建筑制图统一标准》和《建筑制图标准》绘制。 【5 分】

3. 手绘或电脑制图均可。

二、平面图(1：150) 【50 分】

1. 分别绘制一、二、三层及屋面平面图。 【10 分】

2. 编绘轴线及轴线号(屋面平面可只注主体和活动室两端者)。 【5 分】

3. 绘出墙体(含壁柱)、独立柱、门窗、楼梯、踏步、散水、厕洗设施、雨篷、女儿墙。 【10 分】

4. 标注外墙上的洞口宽度、轴线间距、总长度尺寸(二、三及屋面层可不注外包或轴线总长)。内墙上的门窗及厕洗设施的定位尺寸。墙厚及壁柱尺寸、轴线定位。 【10 分】

5. 各层楼地面(含楼梯平台和厕所盥洗间)、屋面、室外踏步平台、自然地面的标高。 【5 分】

6. 屋面排水方向、坡度、分水线和汇水线。 【2 分】

7. 标注门窗编号和门的开启方向。 【2 分】

8. 剖面图的索引。 【2 分】

9. 底层平面内绘出指北针。 【2 分】

10. 房间名称。 【2 分】

三、剖面图(1：150) 【30 分】

1. 应按照指定位置和剖向绘制剖面 1—1 和 2—2。 【4 分】

2. 绘制墙体、门窗、楼地面(含楼梯)、屋面、女儿墙、雨篷、踏步、散水、室外自然地面的断面。 【10 分】

3. 标注外墙上的洞口高度及定位、层高、室内外高差、女儿墙高及总高度

尺寸。【5分】

4. 标注室内楼地面、屋面、女儿墙顶、楼梯平台、室外踏步平台、自然地面的标高。【5分】

5. 绘出剖视方向所见的建筑立面及构配件的轮廓线。【2分】

6. 两端轴线及编号。【2分】

7. 每个楼梯间处的外窗均为两樘(仍为 SC-1)，窗台高距楼梯平台 900。剖面 2—2 中该处的洞口尺寸、层高尺寸均自楼梯平台标注。【2分】

四、立面图(1 : 150)【15分】

1. 根据平、剖面画出四个方向的立面图(含两端轴线和编号，关键性标高:室外地面、外门内(±0.000)地面、雨篷顶、女儿墙顶)。【10分】

2. 外墙饰面材料。有否线脚、分格、窗套等装饰自定。【5分】

附图

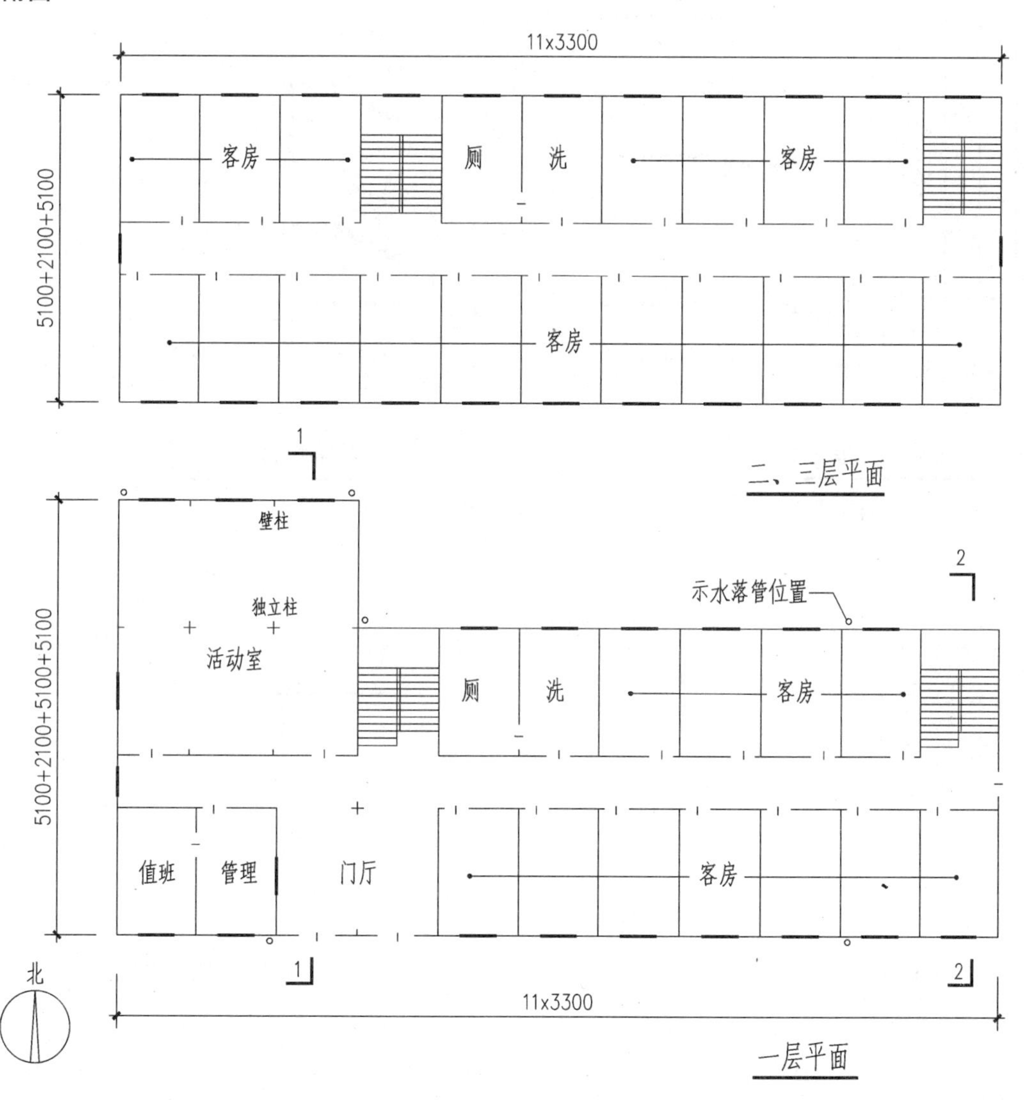

■ 难点示意图

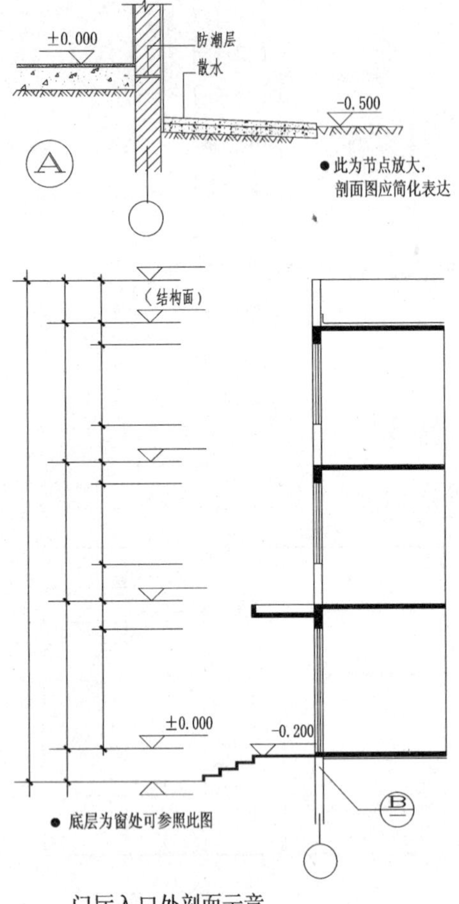

门厅入口处剖面示意

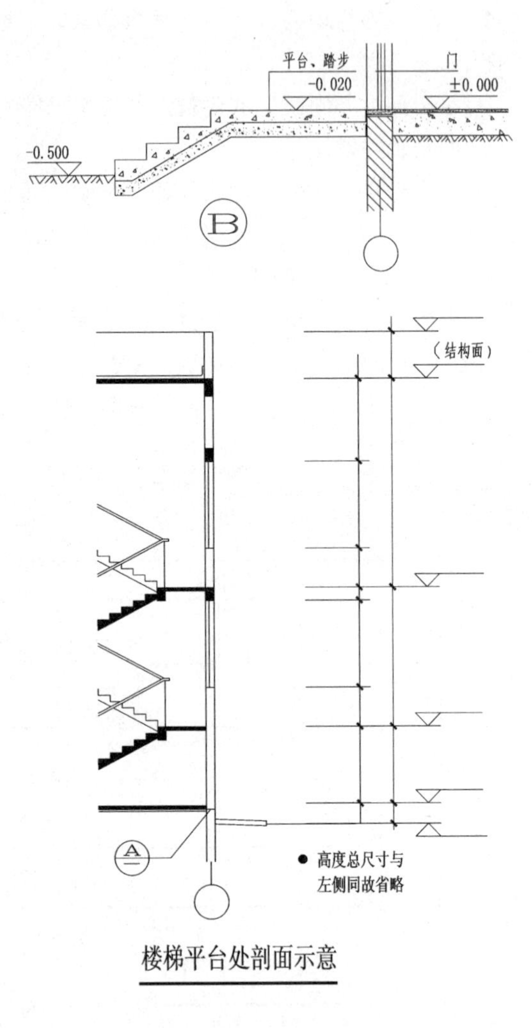

楼梯平台处剖面示意

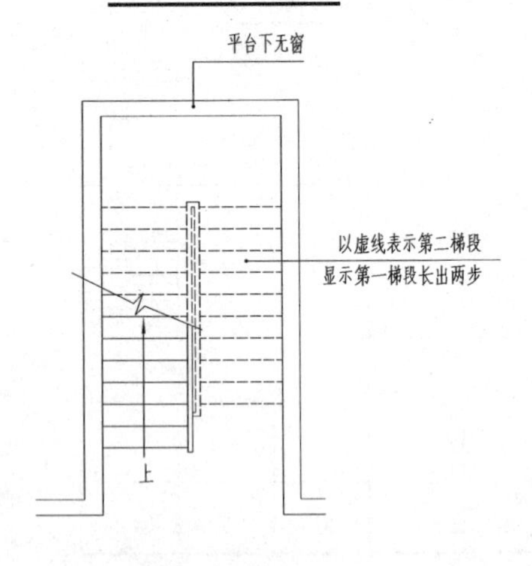

底层楼梯画法示意

● 此侧二、三层剖面
尺寸同左侧故省略

（结构面）

A

活动室处剖面示意

后　记

本书只是对建筑施工图表达理论体系的“初探”与“立论”，犹如枝脉清晰的春树，相信在学子们未来的辛勤实践中，定能长出浓绿夏叶和结出累累秋实。

因此，有必要记录本书参编者的名字，以示尊重和感谢。他们是(共 16 人)：

中国建筑西北设计研究院：教锦章、刘绍周、王　觉、屈兆焕、高朝君、王　军

西安建筑科技大学建筑学院：肖　莉、刘克成

北京奥兰斯特建筑工程设计有限公司：徐绍梅、蒋乐山、刘力萌、夏柏新、姜　衡、仇建亮、杨文选、庞京京

中国建筑西北设计研究院

西安建筑科技大学建筑学院

北京奥兰斯特建筑工程设计有限公司

2008 年 8 月 3 日